AMARILDO MELCHIADES DA SILVA

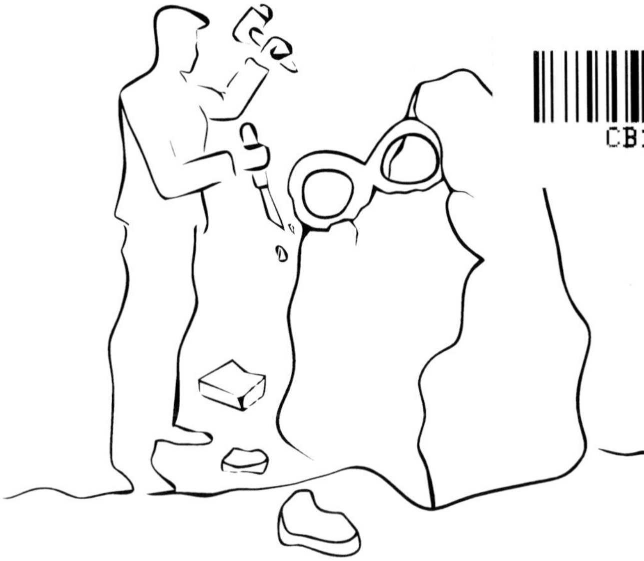

EDUCAÇÃO PARA A MATEMÁTICA

CONCEPÇÕES, PRÁTICAS E DISCURSO

EDITORA CIÊNCIA MODERNA

Educação para a Matemática: concepções, práticas e discurso
Copyright© Editora Ciência Moderna Ltda., 2025

Editor: Paulo André P. Marques
Produção Editorial: Dilene Sandes Pessanha
Revisão Textual: Cinthia Maritz dos Santos Ferraz Machado
Arte do Desenho: Melquisedeque Antunes Barbosa
Capa: Daniel Jara
Diagramação: Daniel Jara
Copidesque: Equipe Ciência Moderna

FICHA CATALOGRÁFICA

SILVA, Amarildo Melchiades da.

Educação para a Matemática: concepções, práticas e discurso

Rio de Janeiro: Editora Ciência Moderna Ltda., 2025.

1. Matemática

I — Título

ISBN: 978-65-5842-475-8 CDD 510

Editora Ciência Moderna Ltda.
R. Alice Figueiredo, 46 – Riachuelo
Rio de Janeiro, RJ – Brasil CEP: 20.950-150
Tel: (21) 2201-6662/ Fax: (21) 2201-6896
E-MAIL: LCM@LCM.COM.BR
WWW.LCM.COM.BR

07/25

Este livro é dedicado a João Carlos
Gilli Martins e a Roberto Ribeiro
Baldino e Tânia Cristina Baptista
Cabral (Os Cabraldinos)

(...) foi apenas a partir do século XIX que os matemáticos se engajaram num processo de depuração de sua área profissional, de sua profissão, de modo a livrá-la de tudo que fosse extra-sistêmico, que fosse "de fora" da Matemática dos matemáticos.

Romulo Campos Lins

Apresentação

Este livro é a primeira obra de uma trilogia que busca a elucidação dos problemas históricos e crônicos relativos à formação matemática dos estudantes da Educação Básica e à formação inicial de professores que ensinam Matemática. E em conjunto, estas obras têm como objetivo orientar a investigação de uma proposta alternativa para o desenvolvimento dos processos de ensino e aprendizagem dos escolares e professores em sua formação inicial, na direção de uma educação matemática escolar fundamentada na transcendência do que está estabelecido pela tradição até os dias atuais.

Para este empreendimento, não tivemos alternativa senão retornar a antigas discussões – que podem não ser antigas para jovens pesquisadores em Educação Matemática – com a finalidade de jogar luz à gênese dos problemas do ensino de Matemática que, em grande parte, vem da resistência do mundo acadêmico em não aceitar mudanças progressistas e na consequente dificuldade em efetivar transformações no *status quo* das instituições. Muitas vezes, estas instituições são protegidas por grupos muito bem constituídos e instalados e que sobrevivem sob a égide do *slogan* "É preciso mudar tudo, para deixar tudo do jeito que está". E, por esse motivo, importantes transformações do sistema de ensino vão sendo boicotadas em favor de propostas que atendem a estes grupos e a certas sociedades, com seus interesses próprios.

Nesta primeira obra, intitulada *Educação para a Matemática: concepções, práticas e discurso,* esclarecemos a partir de evidências, as concepções, as práticas e o discurso que sustentam o que designamos pelo nome de *Ensino da Matemática,* disseminado pela Sociedade Brasileira de Matemática (SBM).

Na segunda obra, denominada *Educação para a Educação: concepções, práticas e discurso*, analisamos a concepção vigente da formação didático-pedagógica na formação inicial de professores, sobre a qual, para nossa surpresa, identificamos uma analogia simetricamente oposta à do matemático puro, sugerindo que na formação do licenciando existem dois mundos dissociados e geradores do grande problema para a formação de estudantes da licenciatura e, consequentemente, como efeito secundário, para a formação matemática dos estudantes nas escolas.

Na terceira obra, intitulada *Educação pela Matemática*[1]*: a perspectiva do educador matemático,* propomos uma nova abordagem a partir da gênese da área denominada de Educação Matemática, entendida como sendo uma área de investigação e de prática docente, constituída pelo rompimento com as duas tradições anteriores e construída não pela soma das concepções apresentadas nos dois livros anteriores, mas, sim, exatamente pela superação daquelas perspectivas.

Em nosso entendimento, um dos principais motivos da existência da área de Educação Matemática é a de procurar e apresentar soluções ao problema do fracasso escolar nos processos de ensino e aprendizagem da matemática. Este será nosso ponto de partida, na direção de apresentar uma resposta para a intervenção desse fracasso – a nossa resposta.

Assim, esta trilogia pretende ser o primeiro passo na busca pelo entendimento dos problemas antigos e atuais, sobre os quais devemos transcender de modo que transformações reais sejam implementadas a partir da pesquisa, isto é, conhecendo de forma clara em que pontos devemos focar para efetivar possíveis mudanças.

Também temos o sentimento de que devemos deixar registrado, por escrito, em livros, todo o processo de investigação que se inicia nesta obra para que professores e jovens pesquisadores possam ter acesso às questões que nos afligem tanto na pesquisa quanto na prática docente na sala de aula. Desse modo, presentes e futuros profissionais poderão se orientar e, principalmente, buscar as mudanças nos rumos do ensino, caso isso seja desejável.

---

1 Esse termo foi originalmente mencionado, até onde sabemos, pela profa. Dra. Regina Maria Pavanello no artigo intitulado *O que ensinar de Matemática hoje?* (Pavanello, 1994). Lins, por sua vez, utilizou o termo educar através da Matemática (Veja Lins 2005). Assim, optamos por ampliar o significado do primeiro termo na terceira obra da trilogia.

Para que o leitor tenha a dimensão do que a abertura deste livro pode trazer de novo, indicamos que o ponto de partida deste estudo foi reunir pesquisadores com interesse nos processos de ensino e aprendizagem e professores com experiência no chão da escola em torno de um programa de investigação intitulado *Programa Linsiano de Investigação*[2]. Este Programa homenageia o educador matemático Romulo Campos Lins (1955- 2017) e o seu importante legado na área de Educação Matemática. Suas ideias foram a inspiração para a proposição do mesmo, cujas diretrizes são dadas pelas seguintes questões orientadoras: (i) como formar um(a) estudante educado(a) matematicamente ao longo da Educação Básica no século XXI? (ii) Como deve ser a formação inicial de professores(as) no interior das Licenciaturas em Matemática e Pedagogia para educar matematicamente o(a)s estudantes na Educação Básica neste século?

Assim, iniciamos nossa caminhada nesta obra perguntando quais são os problemas históricos, tradicionais e resistentes à mudança que teremos que enfrentar para encontrar uma resposta com base científica sobre o fracasso escolar, que exclui do processo de aprendizagem muitos estudantes que não conseguem ir até o final de sua formação. No cômputo final, para aqueles estudantes que se formaram, depois de anos de estudo, muito pouco de aprendizagem da matemática fica para orientar e organizar suas vidas na sua formação estudantil futura e na sua vida profissional. Este é o quadro geral do fracasso escolar no Brasil.

Ressaltamos que não era nosso objetivo inicial atacar o problema da formação de professores, uma linha de pesquisa na área de Educação Matemática. Nosso foco estava nos processos de ensino e aprendizagem dos estudantes ao longo de sua formação matemática na Educação Básica. Porém, ao iniciarmos a pesquisa, pareceu-nos existir uma relação muito íntima entre o que será a proposta de formação dos estudantes da Educação Básica e as características de uma outra formação de professores para educá-los matematicamente. Na verdade, todas as evidências nos estudos que estão sendo desenvolvidos pelos pesquisadores no *Programa Linsiano de Investigação* sugerem que só poderemos falar em formação de professores após o entendimento das demandas da escola e do que queremos para a formação matemática dos estudantes da Educação Básica.

2 Para os detalhes, veja Silva, Bastos e Oliveira (2024)

Assim, todas as análises e críticas que serão efetivadas ao longo dos livros estarão diretamente ligadas às duas questões orientadoras citadas anteriormente. Como decorrência, nossa discordância com os "puros" não diz respeito ao possível importante trabalho acadêmico que desenvolvem nas comunidades científicas ao qual pertencem, mas quando acreditam que podem entrar em outro domínio do qual não possuem competência acadêmica e nem competência de prática profissional para dizer sobre a formação de estudantes da Educação Básica e a formação inicial de professores. É exatamente este ponto que trataremos, em grande parte, nesta obra.

Ao longo deste livro trataremos de questões muito indigestas e que foram deixadas de lado, ou foram discutidas superficialmente, sem que pudessem indicar uma visão de conjunto. Por isso, o foco deste trabalho foi, principalmente, o de organizar em um único texto importantes ideias de alguns educadores matemáticos, tentando encontrar um todo coerente e reunindo também as críticas de filósofos, matemáticos e educadores matemáticos que identificaram problemas no ensino da Matemática.

O leitor encontrará, ao longo dos capítulos, muitas caracterizações – por exemplo, de Matemática do matemático, de Ensino da Matemática e da própria Matemática. Esta foi uma proposta metodológica deliberada, pois tais caracterizações têm como objetivo orientar nossa pesquisa em fases posteriores, mas também têm a função de subsidiar teoricamente os estudos de pesquisadores que investiguem os processos de ensino e aprendizagem em Matemática, bem como os professores em sua atividade de docência.

Como sabemos, perguntas do tipo "O que é *blues*?", "O que é arte?", e "O que é Matemática?" não são perguntas triviais de se responder. Ao longo da minha trajetória de formação profissional, presenciei muitas discussões em disciplinas, seminários, palestras em que se procurava responder à pergunta sobre o que é matemática. E, por ironia do destino, ou como diriam alguns, por "ossos do ofício", me encontrei paralisado em meus estudos por esta questão. O estudo sobre Epistemologia, as repetidas revisões da literatura em Matemática e Educação Matemática e, em particular, a revisão da produção científica dos pesquisadores

Romulo Campos Lins, Roberto Ribeiro Baldino e Tânia Cristina Baptista Cabral (Os Cabraldinos[3]) me levaram a tomar partido na discussão, uma vez que me influenciaram fortemente nas conclusões que serão encontradas neste livro.

Mas deixamos claro, desde já, o que vai se passar a partir de agora. A nossa perspectiva sobre o que é a Matemática e sobre o nosso entendimento de muitas outras coisas que o leitor encontrará nas páginas seguintes foi pautada em produzir *definições* (ou *caracterizações*) *de trabalho* com o objetivo de nos orientar em nossa atividade de pesquisa.

Em nossos termos, uma "*definição* (*caracterização*) *de trabalho*", como também tem sido o entendimento de outros pesquisadores, é produzida em situações em que não há uma definição satisfatória ou não sabemos de sua existência; ou ainda, quando achamos as definições existentes insatisfatórias para o estudo que estamos desenvolvendo. Ela tem como característica intrínseca ser uma definição provisória até segunda ordem, mas que potencialmente, pode vir a ser tratada e alterada com o objetivo de criar uma definição oficial. Por isso, em nossa proposição, não desejamos que nossas caracterizações tenham amplitude universal; o que pretendemos é que elas sejam boas para pensar em nosso domínio de estudo – a Educação Matemática – e nos orientar sobre as questões que formularemos e em nossos estudos futuros.

Além disso, a definição de trabalho foi "invocada" em nosso estudo como um caminho para retirar uma nebulosidade existente sobre diversos temas – indigestos, de fundo ideológico, corporativista – sobre os quais precisamos de alguma lucidez para tratá-los.

Informamos, ainda, ao leitor, que foi excessivo, mas necessário, o número de citações ao longo do texto, apresentadas como forma de legitimar, a partir de evidências, nossas afirmações. Porém, assumimos como procedimento metodológico que teriam igual valor as citações acadêmicas vindas da pesquisa e os relatos

---

3 Roberto Ribeiro Baldino e Tânia Cristina Baptista Cabral se autodenominaram *Os Cabraldinos*, termo que usaremos quando fizermos menção ao trabalho que desenvolvem em conjunto.

de experiência – coisas que ouvimos ou que vivenciamos ao longo de nossa trajetória profissional – e que ajudaram a sustentar nossos argumentos.

Nossa preocupação particular ao escrever este livro reside no fato de que a Educação Matemática, como área de pesquisa, passou por várias fases – criação de uma sociedade científica, constituição de um corpo teórico para além da visão positivista – e, ao nosso ver, chegamos agora em nosso momento mais difícil: provar porque existimos e para que existimos. Mas é justamente o nosso pertencimento a essa comunidade científica aquilo que nos impulsiona a dar uma contribuição na temática que acreditamos ser nosso principal objetivo de existir: atacar e resolver o problema histórico do fracasso escolar de crianças e adolescentes em Matemática propondo uma educação matemática escolar condizente com as demandas atuais, e atacar e resolver o problema da formação de professores que irão formar estes estudantes. Esta é a tônica dos três livros.

Dentre todas as dificuldades deste trabalho, uma das alegrias foi que ele foi lido, no seu processo de construção, por professores em pleno exercício de suas funções docentes e por colegas pesquisadores em Educação Matemática, o que propiciou muitos momentos de interação (virtual e presencial) e longas reflexões conjuntas. Nessas oportunidades, os colegas apresentaram sugestões de alteração, emitindo suas opiniões e aprovaram, em conjunto, a publicação do texto atual.

Entre os muitos débitos intelectuais para com amigos, agradeço ao prof. Dr. Alexandre Krüger Zocolotti, pela leitura atenta, conversas e sugestões na revisão do texto, ao prof. Me Vitor Rezende Almeida, por fazer mais de uma leitura de todo o material em construção e pela colaboração na revisão final e ao prof. Dr. Ronaldo Rocha Bastos pelas orientações e discussão sobre Estatística.

Agradeço à minha amiga Chang Kuo Rodrigues, por mais de uma vez ter me provocado para encontrar uma caracterização de Ensino da Matemática que os educadores matemáticos pudessem utilizar em suas análises.

Agradeço aos membros do grupo de pesquisa que, durante a pandemia, discutiram comigo a primeira versão deste livro em encontros semanais virtuais: Prof. Dr. Hernando José Rocha Franco, Prof.ª Me Aretha Fontes Alves, Prof. Me Tiago de Oliveira, Prof.ª Me Lectícia Sobreiro Rezende de Souza e o Prof. Me Leandro de Araújo Pires. E, após a nona revisão do texto, a leitura atenta e as sugestões dos novos membros do grupo de pesquisa: Prof.ª Me. Camila Vieira Rabello, Prof.ª Me. Helen Maria Pedrosa de Oliveira, Prof.ª Me. Márcia Fernandes Pinheiro Hara, Prof. Kaio Cruz e Silva, Prof. Márcio Carlos Vital, Prof.ª Maria Eduarda Alvim Pedrosa, Prof.ª Taynara Schincariol Alves, Prof.ª Sinai Elizabeth Ferreira dos Santos e Prof.ª Sara Cristina dos Santos. Minha gratidão a todos e a todas vocês pela força e pela ajuda para ir até o fim.

Amarildo Melchiades da Silva
Departamento de Matemática /
Universidade Federal de Juiz de Fora/MG

Sumário

CAPÍTULO 1

Introdução

Devemos temer o homem que só leu um livro, pois ele vai julgar tudo por esse único livro – o que é uma presunção.
Jacob Bazarian

Neste livro discutiremos o que designamos por *educação para a Matemática*[1], entendida como a concepção de formação matemática cujo objetivo é preparar o futuro matemático para a prática científica.

Em nosso estudo, identificamos dois caminhos para se educar para a matemática: o primeiro, tradicionalmente utilizado nas universidades, parte do discurso que ensinar Matemática se reduz a transmitir e reproduzir o "conhecimento" expresso em teorias matemáticas. E o segundo caminho, expresso por Imre Lakatos em sua obra *A lógica do descobrimento matemático: provas e refutações*, propõe uma visão alternativa para o ensino da Matemática caracterizado pela oposição, em seus termos, ao estilo dedutivista. Nos dois casos, o objetivo é o mesmo: educar para a matemática.

O primeiro caminho tem sido o mais praticado no ensino dos cursos de Licenciatura em Matemática e, em geral, em todas as graduações em que se ensina a Matemática acadêmica servindo, igualmente, para formar o matemático e profissionais de outras áreas sem considerar as especificidades e demandas de cada profissão.

1 É preciso informar ao leitor que o uso do termo *educação para a Matemática* é uma atribuição nossa e poderá não expressar a visão da comunidade dos matemáticos, pois, em sua formação, não existe uma proposta que sugira educar alguém – talvez porque se pressupõe que gênios se formam sozinhos.

Assim, uma educação para a Matemática tem sido, portanto, a *única* possibilidade de formação para todos aqueles que querem aprender matemática na Academia. Esta concepção de ensino tem gerado problemas de toda a natureza, tanto na formação acadêmica dos licenciandos em Matemática quanto no seu impacto sobre o ensino da Matemática na escola.

Com base nessa constatação, o plano geral de nossa análise subsequente será o de elucidar as *concepções, as práticas e o discurso* resultante da crença de que ensinar Matemática é reproduzir o texto produzido pelo matemático segundo as concepções vindas de sua prática científica, fruto de um processo que resultou nas teorias axiomático-dedutivas no século XX.

Nossa jornada inicia-se no capítulo 2, intitulado *O processo de depuração da Matemática*, em que indicamos o processo milenar que levou ao que denominaremos de a Matemática do matemático.

A utilização do termo "processo de depuração" foi inspirada nos textos do educador matemático Romulo Campos Lins, que, ao mencioná-lo, nos motivou a ampliar sua afirmação para atender aos nossos fins. Ele observou que:

> O processo de depuração que torna a matemática acadêmica impermeável aos significados da rua, como ela é hoje, começa em meados do século XIX e culmina, na passagem do século, com o programa de David Hilbert. Quase quarenta anos depois, já completamente dentro desse espírito, começa o trabalho de Bourbaki, que vai dar tanto em noções fundamentais nas teorias de Piaget quanto no movimento da chamada matemática moderna. Depois de completada a depuração, a matemática acadêmica[2] pôde olhar para trás e dizer que *na verdade* os matemáticos sempre estiveram trabalhando com os significados matemáticos, embora estes estivessem muitas vezes mascarados (Lins; Gimenez, 1997, p. 24).

2 Optamos neste livro por não usar o termo Matemática acadêmica como sinônimo daquela produzida e ensinada pelos matemáticos. Como indicaremos nas páginas seguintes, alternativamente, usaremos os termos Matemática do matemático ou Matemática pura.

A esta citação foram reunidas as pesquisas do matemático e educador matemático Roberto Ribeiro Baldino, que pode ser representado pela frase: "A matemática do matemático é o esforço milenar de evitar o deslize do significado sob o significante". Esta frase é fruto de sua ótica psicanalítica e que foi lida da seguinte maneira por Lins (2004):

> [Baldino] considera que a matemática dos matemáticos seja o resultado de um esforço (processo histórico) de colar significados a significantes. O que entendo por isso pode ser exemplificado na seguinte situação: se um matemático diz que "limite de uma função f é tal e tal", *é isso* que "limite de uma função f" *fica sendo*, e isso não se dá por alguma causa *natural* (definição descritiva), mas por uma determinação simbólica (definição constitutiva) (Lins, 2004, p. 95, destaques do autor).

Estas duas perspectivas, em conjunto, sugerem-nos olhar para este processo *milenar*, para que possamos entender o que vem a ser aquilo que designaremos por Matemática do matemático e, como consequência, aprofundar o impacto que esta perspectiva tem sobre o ensino da Matemática.

Nesta direção, o termo *depurar* será utilizado no seu sentido usual do dicionário – tornar puro, limpar, purificar – para expressar o processo milenar de separação da Matemática de todas as outras áreas do conhecimento por diferentes sujeitos em diferentes contextos históricos. E, como consequência, ocorre aí um processo de exclusão de todos os outros significados que não forem entendidos como estritamente matemáticos, tais como, os significados físicos, filosóficos e aqueles vindos da experiência prática de outros profissionais.

Para minimizar nosso esforço neste empreendimento, analisaremos esse processo focando em três projetos situados historicamente e em momentos diferentes, os quais trarão as evidências necessárias para a nossa discussão, a saber: o projeto de Euclides de Alexandria, o projeto de axiomatização da Matemática de David Hilbert, e o projeto do grupo Bourbaki. Na prática, as evidências são apresentadas ao longo das citações, deixando uma trilha que, em conjunto, sugerem o processo de depuração.

Parece oportuno deixar claro que, ao longo de todo o nosso caminho, orientaremos nossa discussão pelo que denominamos de processo de produção de significados, entendido como modos de expressar, modos de dizer das pessoas. E, mais especificamente, como Lins propôs em seu modelo teórico, em nossas palavras, dizer que o sujeito *produziu significados* para alguma coisa (a qual designamos por objeto), uma noção matemática, por exemplo, é dizer que ele produziu ações enunciativas (falas, redação de um texto escrito, esboço gráfico etc.) sobre este objeto no interior de uma atividade em que ele esteja imerso, como, por exemplo, na atividade de pesquisa. Neste sentido, significado é tudo o que o sujeito pode e efetivamente diz sobre o objeto num interior de uma atividade. Na perspectiva linsiana, objetos são entendidos, portanto, como coisas sobre as quais o sujeito pode dizer algo e diz.

Assim, nossos sujeitos da enunciação, muitas vezes, serão sujeitos situados historicamente em diferentes culturas – tais como, Euclides, Al-Khwarizmi, Diofanto, Newton, Hilbert, Dieudonné – em que estaremos interessados no que eles "disseram" a partir das suas produções matemáticas, das suas falas e através das suas enunciações a partir do texto matemático, isto é, suas produções de significado.

Em particular, nosso interesse estará em observar, e, na maioria das vezes, sugerir que *objetos* eles constituíram a partir da sua produção de significados, qual era a sua *maneira de operar* (isto é, o que ele, sujeito, fez/faz com os objetos) e a *lógica* subjacente à sua operação. Pois, para Lins e Gimenez (1997) a lógica das operações é o que garante que o sujeito pode fazer com os objetos. Além disso, segundo esta perspectiva, toda operação é realizada segundo uma lógica[3].

Para tirar nossas conclusões, com o mínimo de esforço teórico, consideraremos vários personagens situados no processo histórico da produção matemática, como pessoas referenciadas na cultura a qual pertenciam e que resolveram problemas utilizando de métodos e técnicas diferentes, que se expressaram das mais diferentes maneiras e a isso chamaremos também de produção de significados.

3 Para os detalhes, veja Lins e Gimenez (1997) ou Silva (2022).

Não temos interesse – nem muito menos condições de tempo – em apresentar um estudo histórico aprofundado sobre as diferentes maneiras de operar dos sujeitos. Deixaremos isto a cargo dos historiadores da Matemática e do leitor que queira se aprofundar nestas questões. Por isto, basearemos nossos argumentos em estudos e evidências que corroboram nossas afirmações, que acreditamos serem aceitas sem dificuldade pelo leitor.

Por exemplo, a História da Matemática nos informa sobre a existência de duas análises matemáticas: a primeira designada de *Análise Standard* (padrão), que é aquela estudada nos cursos de graduação em Matemática e que foi produzida pelas mãos de sujeitos como Augustin-Louis Cauchy, Karl W.T. Weierstrass e a contribuição de Julius W. R. Dedekind. A segunda, designada por *Análise não-Standard*, foi formalizada por Abraham Robinson na década de 1960, quando fundamentou os infinitésimos rigorosamente a partir das teorias dos conjuntos (Veja Baldino, 1995a).

Os sujeitos que participaram de sua elaboração constituíram objetos diferentes, maneira de operar e lógicas distintas quando comparamos as duas teorias. Enquanto na primeira, os objetos constituídos são, por exemplo, números reais – como um corpo ordenado completo –, limites, épsilons e deltas; na segunda, os objetos números reais são parte dos números hiper-reais que incluem os infinitésimos e os números infinitos; têm-se, ainda, outros objetos, tais como, o filtro de Frechet e o ultrafiltro livre[4]. Por simplicidade, indicaremos uma única diferença crucial entre as duas análises que sugerem o que acabamos de afirmar: na Análise Standard opera-se com a certeza de que 0,999999.... = 1, já na *Análise não-Standard* tem-se como pressuposto que 0,999999.... < 1[5].

Para aqueles que estudaram apenas a Análise *Standard*, devem se recordar que a propriedade arquimediana é uma das mais básicas e, talvez, fáceis de aceitar por um aluno iniciante: se x > 0, para qualquer número real y, existe um número

4 Para os interessados nos detalhes, veja Baldino (1991, 1995a), Robinson (1966).

5 Para aprofundar a nossa maneira de abordar o tema, sugerimos comparar as obras Lima (1976) e Robinson (1966).

natural n, tal que nx > y. Mas, quando comparamos as duas, faz sentido perguntar se esta propriedade tem validade também na Análise *não-Standard*. Porque a diferença supracitada sugere que cada uma delas segue por construções diferentes ou, como preferimos, por constituição dos objetos, modos de operar e lógica das operações diferentes.

Esta será nossa proposta de leitura da matemática e da enunciação dos sujeitos ao longo da história, isto é, nosso olhar se dirige aos objetos por eles constituídos, sua maneira de operar e a lógica das operações envolvidas (expressas em particular pelo padrão de rigor da época). Desse modo, podemos perguntar, se tomarmos o cálculo diferencial e integral como nosso objeto de estudo: o que podemos dizer se analisarmos a produção científica na época de Isaac Newton e compará-la à de Leibniz, a partir da perspectiva que propomos? Será que eles operavam da mesma maneira e segundo uma mesma lógica?

Se o leitor, a esta altura, estiver curioso para saber a razão de nossa opção metodológica, ela se explica pelo nosso referencial teórico – O Modelo dos Campos Semânticos –, mas principalmente por ser o caminho que seguiremos no sentido de uma possível proposta para a Matemática escolar e acadêmica. Pois concordamos com a perspectiva de Valerie Walkerdine, citada por Baldino (1995c, p. 3), quando comenta que "em toda aprendizagem, mesmo de matemática, trata-se sempre de uma produção de significados".

Uma das conclusões importantes que chegaremos ao final de nossa reflexão é que, sobre o mesmo texto matemático, os profissionais que designamos atualmente por matemáticos, filósofos, engenheiros e economistas podem operar, segundo seus interesses, de maneiras distintas e segundo lógicas que podem ser inaceitáveis ou desinteressantes para os outros. Mas estes pontos serão passíveis de identificação e entendimento ao longo de nossa discussão.

No capítulo 3, denominado *A Matemática do matemático: uma caracterização*, descreveremos como o processo de depuração levou à construção de uma Matemática com características próprias, carregando concepções e práticas e, como consequência, um discurso que construiu o "mundo" do matemático puro.

Sobre esta temática, Lins faz o seguinte alerta:

> Este é um assunto espinhoso. Em certa medida sua discussão poderia confundir-se com tentar dar uma resposta à pergunta "O que é matemática?", e é bem sabido que ao tentar responder a esta pergunta nos envolvemos com assuntos complicados e polêmicos, dos problemas técnicos à discussão dos pressupostos de onde partimos (Lins, 2005, p. 95).

Ao fazer esta ponderação, ele observou que o caminho que ele visualizava naquele momento era olhar para "toda a extensa literatura em Filosofia da Matemática" (*Idem*), como outros pesquisadores já haviam feito.

Apesar de conhecer este alerta, não dei ouvidos ao ex-orientador e amigo, e também procurei a resposta por um caminho que não passou pela Filosofia da Matemática. Além disso, como nosso interesse sempre esteve em criar uma reflexão para o(a) professor(a) em exercício e jovens pesquisadores em Educação Matemática, o caminho deveria ser o menos academicista e hermético possível, sem deixar de ser acadêmico em sua fundamentação. Assim, desconsiderando o alerta do pesquisador, jogamos todas as fichas apoiando na perspectiva linsiana para responder à pergunta: o que é a Matemática?

Os capítulos 2 e 3 foram uma preparação para atingir nosso interesse principal de compreender como se constitui o ensino da Matemática. Assim, o capítulo 4, intitulado *O Ensino da Matemática: caracterização, concepções, práticas e discurso*, foi dedicado a este entendimento. Neste capítulo, identificamos as principais características desta perspectiva de ensino, que herda sua proposta das concepções dos matemáticos sobre a sua Matemática e sua prática de pesquisa e nos informa sobre vários pontos nebulosos, que serão discutidos nos capítulos posteriores.

A partir deste capítulo, fizemos duas opções metodológicas. A primeira opção foi por uma deferência a todos os licenciandos de Matemática, que em sua formação receberam uma educação para a Matemática, e que, muitos deles, pela dificuldade em entendê-la, acreditavam estar estudando *Mateologia*, cuja acepção presente nos dicionários significa "o estudo inútil de assuntos superiores ao alcance do entendimento humano". Assim, optamos por designar todos aqueles docentes que professam as concepções, práticas e discurso do *Ensino da Matemática* de *mateólogos.*

Estes docentes se encontram em qualquer nível de ensino, podendo ser professores da Educação Básica, matemáticos e educadores matemáticos. Porém, é importante informar que, em nosso entendimento, esta não é, necessariamente, uma condição permanente na prática do docente; pois ela pode e é, por vezes, alterada quando o professor rompe com os pressupostos deste tipo de ensino.

Uma segunda opção metodológica foi selecionar dois representantes de referência que, ao falar de ensino, produzir livros-texto e publicar artigos, expressam de maneira exemplar as concepções, práticas e discurso vigente no *Ensino da Matemática*, a saber: o matemático brasileiro Elon Lages Lima e o matemático húngaro George Polya. Suas enunciações serão trazidas ao longo dos capítulos 4, 5 e 6 para ilustrar nossa caracterização.

O capítulo 5, denominado *A invisibilidade de uma fronteira entre a pesquisa e o ensino*, é dedicado a discutir duas atividades que *não* deveriam ser confundidas, mas que a presença do matemático em sala de aula fez parecer ser a continuidade de uma única atividade. São elas: a atividade de pesquisa e a atividade de ensino.

Para a reflexão que desenvolveremos sobre a formação de professores, utilizaremos, como proposta metodológica, a introdução na discussão da noção de *atividade*, proposta originalmente por Karl Marx. A atividade laboral – de interesse particular neste estudo – foi entendida por Marx como um processo que ligava o homem à natureza, o processo de ação e transformação do homem sobre a natureza.

Essa noção foi depois desenvolvida pelo psicólogo russo Leontiev, a partir do entendimento de que o trabalho, em sua gênese, é caracterizado por dois elementos interdependentes: um deles é o uso e a fabricação de instrumentos e o outro elemento é que ele acontece em condições de atividade comum coletiva, em que os homens entram em relação com outros homens. O trabalho é, portanto, mediatizado, desde a sua origem, simultaneamente pelo instrumento e pelos membros da sociedade.

A noção de atividade foi tratada no interior da Teoria Histórico-Cultural produzida por Vygotsky e outros pesquisadores russos e, em particular, por Leontiev, como bem observou Oliveira:

> As atividades humanas são consideradas por Leontiev, como formas de relação do homem com o mundo, dirigidas por motivos, por fins a serem alcançados. A ideia de atividade envolve a noção de que o homem orienta-se por objetivos, agindo de forma intencional, por meio de ações planejadas (Oliveira, 1995, p. 96).

Nossa leitura da caracterização de atividade (individual do sujeito), no sentido proposto por Leontiev, foi formulada nos seguintes termos: a atividade é um processo psicológico consciente do sujeito e, portanto, é uma atividade interna em que as seguintes condições devem ser satisfeitas: (i) Surge de uma necessidade; (ii) Existe por parte do sujeito, um objetivo preciso que o estimula a executar a atividade para satisfazer uma necessidade determinada, denominada o motivo da atividade; (iii) Existe, para o sujeito, uma direção concreta determinada, um fim; denominado o objeto da atividade; e (iv) Motivo e fim devem coincidir na atividade (Silva, 2022, p. 77).

Na atividade de pesquisa, o motivo é formulado a partir de uma questão de investigação ou uma problemática e o fim a ser alcançado é exatamente encontrar as respostas, ou soluções para a(s) questão(ões) formulada(s). Já na atividade de ensino, o motivo se baseia no fato de que existe um aprendiz para o qual devem ser sugeridos novos modos de produção de significados e a finalidade é que a aprendizagem aconteça efetivamente. Com isso em mente, concluímos – olhando para os motivos e fins em cada caso – que a atividade de pesquisa é, em sua essência, absolutamente diferente da atividade de ensino.

Pelo fato das atividades de pesquisa e ensino serem diferentes – apesar de que em alguns casos elas possam estar relacionadas, como na área de pesquisa em Educação Matemática – usaremos a metáfora da fronteira separando as duas atividades. Assim, o que designaremos por invisibilidade de uma fronteira tem como objetivo analisar esses dois tipos de atividade laboral e constatar que, por ingenuidade, ignorância ou astúcia, em muitas situações, nem o matemático "puro" nem o educador "puro" lhe conferem existência.

Nesse sentido, tanto um como o outro, por diferentes motivos e interesses, transformam a atividade de ensino na continuidade de sua atividade de pesquisa no que diz respeito à manutenção de suas concepções, práticas e discursos vindos da pesquisa. E esta atitude causa um impacto negativo na formação de professores, já fragmentada pela ausência de diálogo e interação entre as duas áreas na formação inicial de professores.

Para reforçar a nossa tese de que as atividades são distintas e de que há uma fronteira que indica que o profissional não deveria atravessá-la sem a formação adequada para praticá-la, ou que deveria se preparar para a prática da nova atividade, inserimos na discussão um matemático de formação, que ao fazer a travessia da pesquisa matemática para a docência considerou a existência de uma fronteira.

Assim, para elucidar essa questão, introduzimos na discussão alguém com formação matemática equivalente à de nossos representantes matemáticos, o professor Roberto Ribeiro Baldino, um matemático de formação e educador matemático por reorientação de objetivos de pesquisa e de docência e cuja respeitabilidade na comunidade de educadores matemáticos sempre foi inquestionável. A sua prática vai ser o nosso indicativo da existência de uma fronteira e o exemplo de que um pesquisador puro deve fazer para atravessá-la.

No capítulo 6, denominado *O impacto do Ensino da Matemática na formação de estudantes e professores,* desenvolvemos nossa análise identificando o discurso do matemático a respeito do ensino de Matemática expresso em documentos oficiais, artigos, revistas e livros, concluindo que suas propostas e práticas podem ser *contraproducentes* e com impacto negativo para a aprendizagem de estudantes e futuros professores quando não se tem em mente qual é a sua finalidade na formação de não matemáticos.

Neste capítulo será forte a presença da Sociedade Brasileira de Matemática (SBM), que, recordamos ao leitor, é a signatária do discurso do *Ensino da Matemática* no Brasil, tendo como sua matriz o Instituto de Matemática Pura e Aplicada (IMPA) no Rio de Janeiro. Os artigos intitulados "A Expansão do IMPA durante o Regime Militar no Brasil", de Diogo Franco Rios, e "O IMPA e a comunidade de Matemáticos no Brasil", de Circe Mary Silva da Silva, nos dão uma visão desta sociedade a partir do movimento da criação e manutenção desse Instituto.

A criação do IMPA está envolta em várias questões desconcertantes para a comunidade de matemáticos brasileiros e sua origem foi indicada por Rios nos seguintes termos:

> Terminada a II Guerra Mundial, intelectuais em geral, cientistas, técnicos, militares, diplomatas e políticos, mais particularmente, eram otimistas em relação ao papel positivo que a ciência e a tecnologia poderiam desempenhar no desenvolvimento socioeconômico dos países latino-americanos, como o Brasil. Eles acreditavam, por outro lado, no papel estratégico que muito provavelmente desempenhariam na solução dos problemas militares decorrentes do novo confronto internacional que dominaria o ambiente político durante as décadas seguintes, a Guerra Fria (Rios, 2022, p. 33).

Neste contexto, houve uma aproximação entre os militares e os matemáticos que no período da ditadura militar no Brasil tiveram uma contribuição financeira importante ao injetarem uma quantidade considerável de recursos financeiros no Instituto.

Esse apoio recebido dos militares para o processo de expansão do Impa contou, em contrapartida, com a ausência dos matemáticos nas práticas de resistência da área acadêmica ao regime militar, como observa Rios, a partir da fala do matemático César Camacho:

> A matemática não participou das lutas da SBPC [Sociedade Brasileira para o Progresso da Ciência] de oposição ao regime militar; ao contrário, o IMPA beneficiou-se durante o governo militar e conviveu sem nenhum problema. Já os físicos, por exemplo, alguns deles foram exilados, o CBPF [Centro Brasileiro de Pesquisas Físicas] sofreu com isso – Leite Lopes e Roberto Salmeron tiveram que ir para a França. E os matemáticos não. Houve algumas exceções, mas não vinculadas propriamente ao IMPA. A verdade é que a comunidade matemática não se integrou a SBPC durante o regime militar, quando esta ocupou um importante espaço de reivindicação política (Camacho *apud* Rios, 2022, p. 39, grifos do autor).

O discurso cômodo dos pesquisadores do IMPA era o da neutralidade científica, sugerindo que seus membros estavam envolvidos exclusivamente em suas atividades acadêmicas – o que foi bastante favorável naquele momento histórico.

O que percebemos é que não se trata apenas da criação de um instituto; é muito que mais que isso. Tem a ver com a legitimação de um discurso veiculado através da criação de um monopólio de uma suposta competência no campo científico brasileiro. Para discutir este ponto, Silva (2009) faz menção ao sociólogo Pierre Bourdieu, que define campo científico nos seguintes termos:

> O campo científico é sempre um lugar de luta mais ou menos desigual, entre agentes desigualmente dotados de capital específico (...). Em todo campo (...) os dominantes, ocupando as posições mais altas na distribuição de capital científico, e os dominados, isto é, os novatos, que possuem um capital científico tanto mais importante quanto maior a importância dos recursos científicos acumulados no campo (Bourdieu *apud* Silva, 2009, p. 906).

Silva (2009) comenta que, para Bourdieu, "(...) o que está em jogo na luta dentro do campo científico é o monopólio da autoridade científica, ou seja, o monopólio da competência científica", que segundo ele, "(...) é entendida como a capacidade de falar e agir legitimamente, isto é, de maneira autorizada e com autoridade" (*Idem*).

Como consequência nefasta desta pretensa autoridade, observamos que até os dias atuais os pesquisadores do IMPA têm ocupado posições importantes em órgãos de fomento, como a Coordenação de Aperfeiçoamento de Pessoal de Nível Superior (Capes) e o Conselho Nacional de Desenvolvimento Científico (CNPq), influenciando decisões fora do seu campo de competência, como, por exemplo, na área de Educação.

Tal influência possibilitou a criação, junto à Capes, do Programa de Mestrado Profissional em Matemática em Rede Nacional (PROFMAT), um programa de formação *stricto sensu* para professores de Matemática, e as Olimpíadas de Matemática como caminho para formar futuros matemáticos, a qual ganhou nos últimos tempos dimensão nacional. Estes são dois programas que gastam vultuosas somas de dinheiro público, embora não apresentem retorno social na mesma proporção. Estes dois temas serão discutidos detalhadamente ao longo do capítulo 6.

Poderíamos nos perguntar o porquê do interesse dos matemáticos, desviando de seu foco na pesquisa, na formação inicial de professores e o treinamento de futuros matemáticos. A resposta pode ser dada em dois planos: no primeiro plano está a capitação de verbas para a sobrevivência financeira, possivelmente deslocada para a pesquisa, e, no segundo plano, como observou Jean Dieudonné, este tipo de trabalho é destinado àqueles que fracassaram como pesquisadores.

As consequências do discurso que vem da SBM para justificar a sua participação em espaços de formação de estudantes e professores estão na produção de falácias que um dia serão ditas, tais como: "Estudar para as olímpiadas matemáticas é um meio de ensinar Matemática aos escolares", ou que "O Instituto de Matemática Pura e Aplicada tem condições de formar mentes brilhantes em nível de graduação[6]". E assim vai se abocanhando as verbas de agências do governo e dos governos estadual e federal para coisas que teriam melhores resultados por outras vias.

A análise de Silva (2009) sobre o IMPA e a comunidade de matemáticos no Brasil indica muitas características desses profissionais e suas práticas, que envolvem, muitas vezes, um ego inflado, o corporativismo, a luta por manutenção de prestígio na área, e o discurso de excelência acadêmica e do talento, que leva a um elitismo na seleção dos futuros matemáticos (em particular, para ingresso no IMPA) a partir da prática de uma meritocracia aceita pelos pares. A pesquisadora comenta este assunto dizendo:

> Vimos, em vários discursos da comunidade matemática brasileira, ligada ao Impa, o desejo de reputação social, a necessidade de manter e exercer o poder. Segundo essa visão, o instituto não poderia permitir a entrada de membros que não fossem detentores de qualidades intelectuais superiores: "jovens talentosos", "jovens brilhantes", "matemáticos de alto nível" (Silva, 2009, p. 913).

Não seria motivo de nota essa discussão se ela não fosse transferida para as salas de aula de Matemática das universidades brasileiras por aqueles que não se tornaram matemáticos praticantes, causando impacto sobre as concepções dos licenciandos em Matemática.

Sobre essa última questão, nos chama a atenção o fato de grande parte dos doutores em Matemática não ser vista como merecedora de participar da "comunidade dos matemáticos". Esta constatação aparece na fala de matemáticos em diversos momentos em que refletem sobre a profissão, como na citação de Silva sobre a fala de Jacob Palis, César Camacho e Elon Lages Lima, na comemoração dos 50 anos do Impa:

> Hoje deve haver umas cem mil pessoas no mundo fazendo matemática, divididas em núcleos pequenos, mas só um número limitado realmente conta:

6 Mas... os candidatos a este curso serão os supostos alunos brilhantes das Olimpíadas de Matemática.

> os líderes formam um conjunto pequeno. É uma estrutura vertical e quase eclesiástica: cardeal, bispo, arcebispo... Cada um conhece o próprio lugar; as regras de acesso não são escritas, mas são conhecidas (Palis; Camacho; Lima *apud* Silva, 2009, p. 911).

Com base neste comentário, Silva (2009) traz a discussão a metáfora proposta por Paul Ernest para designar a comunidade matemática, entendida por ele como um "conjunto *Fuzzy*" de pessoas e que a pesquisadora explica seu entendimento da metáfora da seguinte maneira:

> A pertinência das pessoas no conjunto dos matemáticos é como a pertinência num conjunto *Fuzzy*, que varia entre 0 e 1. Quanto mais próximo de 1, maior será a intensidade da pertinência da pessoa ao conjunto, e quanto mais próximo a 0 estiver, mais distante estará pertencer à comunidade de matemáticos. Assim, constata-se a existência de membros fortes (institucionalmente poderosos ou pesquisadores matemáticos ativos), e membros fracos (professores [universitários] de matemática) (Silva, 2009, p. 911).

Com estas questões em mente, buscamos identificar ao longo do capítulo 6 o impacto que uma educação para a Matemática trouxe ao ambiente escolar e à formação de professores, cuja gênese está nas concepções, práticas e discursos vindos da comunidade dos matemáticos.

Na sequência, nosso próximo passo será entender como superar essa tradição vestida de razão para que possamos direcionar nosso olhar para uma outra perspectiva, para além daquilo que se procura constituir como discurso hegemônico não autorizado.

Assim no capítulo 7, intitulado *Destruindo as pontes que nos conectam à tradição*, de posse das concepções expressas pela comunidade dos matemáticos sobre o ensino da Matemática, começamos a romper com o discurso veiculado pelas premissas do *Ensino da Matemática*, nos colocando em condições de nos posicionarmos sobre diversas questões que sempre ofuscaram uma mudança clara de rumo acerca da formação matemática dos estudantes da Educação Básica e a formação inicial e continuada de professores e que, pela nossa omissão ou descuido, fomos permitindo a manutenção desse discurso que, como sabemos, quando repetido muitas vezes, pode vir a parecer verdadeiro.

Com o foco nesse objetivo, fizemos uma entrada na História da Matemática e na História da Ciência para buscar evidências de que o que se rotula chamar de Matemática não se reduz ao que caracterizaremos de Matemática do matemático. Do mesmo modo, nem a produção matemática, em seu processo de desenvolvimento, se reduziu, histórica e culturalmente, ao que *só* os matemáticos fizeram e fazem.

Porém, quando nos debruçamos sobre este estudo histórico, mesmo buscando apenas por evidências, o capítulo em questão resultou em muitas páginas, o que nos levou a tomar uma decisão metodológica de deixar nossa análise em um anexo (Anexo 1) para não ofuscar os pontos centrais de nossas conclusões.

Neste processo, também nos pareceu oportuno apresentar ao leitor uma opção alternativa àquela proposta pela maioria dos matemáticos, em que as únicas possibilidades de se pensar sua Matemática é segundo as concepções platonista ou formalista (discutidas no capítulo 3). Isto nos levou a produzir mais um anexo (Anexo 2).

Com base em tudo o que discutimos, desenvolvemos uma reflexão final sobre a formação matemática dos licenciandos e dos escolares na Educação Básica, a qual nos permitirá tomar decisões e propor, no futuro, um caminho alternativo de rompimento com a tradição baseada em uma educação para a Matemática. Este projeto será realizado no livro 3 desta coleção.

Encerramos nosso estudo com o capítulo denominado *Considerações Finais*, sugerindo ao leitor que, caso ele se interesse pelas mudanças na tradição que propomos, não bastará apenas estudos e desenvolvimentos de pesquisa, mas ações políticas em conjunto com todos aqueles que anseiam pela coisa mais básica de todas em educação, mas que não acontece da maneira como queremos: que nossos alunos aprendam Matemática para utilizarem na organização de suas atividades ao longo da vida, e que nossos professores sejam bem preparados para se tornarem os agentes formadores de crianças e adolescentes, habitantes do século XXI.

CAPÍTULO 2
O processo de depuração da Matemática

(...) no século XIX e começo do século XX, operou-se, naquela ciência [a Matemática], uma espécie de "limpeza étnica" (e sugiro que se lembrem mesmo dos Balcãs), que resultou em uma matemática simbólica, internalista, livre de intuições físicas e que, acima de tudo, tinha finalmente donos bem definidos.

Romulo Campos Lins

Neste capítulo apresentamos um processo que foi denominando, nos termos linsianos[1], de *processo de depuração da Matemática*, com vistas a caracterizar o que designaremos como sendo a *Matemática do matemático* e o *Ensino da Matemática.*

Como elucidaremos, a principal característica desse processo de depuração que queremos destacar diz respeito ao afastamento definitivo da Matemática de suas origens e de sua relação íntima com outras áreas de conhecimento, tais como, a Física, as Artes, a Filosofia, a Engenharia e, principalmente, de sua gênese vinda da busca por soluções de problemas práticos, se tornando um domínio *exclusivo* da comunidade dos matemáticos.

Este esclarecimento é central em nossa discussão por vários motivos. Primeiro, porque o entendimento do processo permitirá uma caracterização para a Matemática produzida pelos matemáticos e, segundo, porque nos permitirá,

1 Utilizaremos o termo linsiano para nos referir à perspectiva proposta pelo educador matemático Romulo Campos Lins.

também, caracterizar o que entenderemos por *Ensino da Matemática*, para que possamos entender quais são as premissas, concepções, práticas e discurso que o sustenta. Como decorrência, explicitaremos o forte impacto dessa perspectiva no ensino de Matemática tradicional, ainda vigente na formação de estudantes da Educação Básica e na formação inicial e continuada dos professores que ensinam a disciplina.

A análise que desenvolveremos a seguir tem como objetivo apresentar, em linhas gerais, o que estamos querendo dizer com o termo processo de depuração da Matemática. Esse processo tem sua gênese na Antiguidade, na Grécia, e ganhou um impulso definitivo aproximadamente dois milênios após seu início, no século XIX, encontrando o seu auge no século XX.

Porém, é importante explicitar que tal processo *não* representou todo o percurso histórico da emergência e desenvolvimento do que denominamos de Matemática, uma vez que seu desenvolvimento não foi linear, nem contínuo, e muito menos hegemônico. Isso significa dizer que muita produção matemática aconteceu alheia e paralelamente a esse processo de depuração e em muito maior volume quando olhamos para toda a história até os dias atuais.

Nosso interesse, neste capítulo, reside em apresentar evidências que indiquem ao leitor o processo de depuração sem um aprofundamento exaustivo, o qual exigiria muito tempo e energia neste empreendimento. Com isto em mente, minimizamos nosso esforço analisando três projetos exemplares para a nossa discussão – o projeto de Euclides de Alexandria; o projeto de axiomatização da matemática, de David Hilbert; e o projeto do grupo Bourbaki. Incorporamos a estas informações alguns aspectos que mereceram destaques vindos do processo histórico e, em particular, relativos à produção matemática no século XIX. Acreditamos que as referências deixadas ao longo do capítulo possam auxiliar o leitor ávido por mais informações ou por aprofundamento dos temas aqui mencionados.

O projeto euclidiano e a gênese do método dedutivo em Matemática

Revisando o processo histórico de desenvolvimento da Matemática, o primeiro projeto que analisaremos e que sugere um ponto de partida do processo de depuração teve início na Grécia antiga, quando Euclides de Alexandria apresentou sua versão do que viria a ser um modelo dedutivo para a Matemática por volta do ano de 300 a.C., e que se encontra materializado no conjunto de livros reunidos na obra intitulada *Os Elementos*.

Esta obra está dividida em treze livros, que tratam de diferentes assuntos matemáticos conhecidos na época, tais como geometria plana, teoria das proporções, comensurabilidade e incomensurabilidade de magnitudes, estudo dos números inteiros e geometria no espaço.

Segundo Bicudo, na sua introdução a Euclides (2009), a obra *Os Elementos* foi escrita por volta do final do século IV a.C. Para se ter uma ideia de sua estrutura, o Livro I inicia com um conjunto de 23 definições, das quais destacamos as cinco primeiras:

1. Ponto é aquilo de que nada é parte.
2. E linha é comprimento sem largura.
3. E extremidades de uma linha são pontos.
4. E linha reta é a que se está posta por igual com os pontos sobre si mesma.
5. E superfície é aquilo que tem somente comprimento e largura (Euclides, 2009, p. 97).

É importante ressaltar que o modelo dedutivo apresentado por Euclides é considerado pelos historiadores da Matemática como um dos compêndios da Matemática grega da época e, como observamos pelo exposto acima, inicia sua apresentação com as definições de ponto, linha e superfície. Na sequência dessas definições, seguem cinco postulados, dos quais apresentaremos os três primeiros: "1. Fique postulado traçar uma reta a partir de todo ponto até todo o ponto. 2. Também prolongar uma reta limitada, continuamente, sobre uma reta. 3. E, com todo centro e distância, descrever um círculo" (*Ibidem*, p. 98).

Sobre estas definições e postulados, Lins comenta:

> Embora muito se diga que em Euclides encontramos as "origens" de "nossa" matemática, o fato é que as definições de Euclides são descrições do que já é e não poderia ser de outro modo (reta, por exemplo), e os postulados são verdades evidentes, e vale a pena observar que são e-videntes (vistas) e não e-pensantes (pensadas). Os sentidos tem aí um papel importante (Lins, 2005a, p. 96).

Imediatamente após os postulados são apresentadas nove afirmações intituladas noções comuns, das quais apresentaremos as três primeiras: "1. As coisas iguais à mesma coisa são também iguais entre si. 2. E, caso sejam adicionadas coisas iguais a coisas iguais, os todos são iguais. 3. E, caso de iguais sejam subtraídas iguais, as restantes são iguais" (Euclides, 2009, p. 99).

E na continuação, quarenta e oito proposições são demonstradas, dando fim ao Livro I, das quais apresentamos as três primeiras: "I. Construir um triângulo equilátero sobre a reta limitada dada. II. Pôr, no ponto dado, uma reta igual à reta dada. III. Dada duas retas desiguais, subtrair da maior uma reta igual à menor" (*Idem*). No total, Euclides demonstrou quatrocentos e sessenta e cinco proposições ao longo de sua obra, em que usou exclusivamente régua e compasso em suas construções geométricas.

A pesquisadora brasileira Tatiana Roque (2012, p. 163) apresenta duas possíveis motivações para o projeto euclidiano, ao expor um argumento sobre a questão do por que Euclides tenha feito uso exclusivo de régua e compasso, sugerindo que seria pela necessidade "de uma ordenação e de uma sistematização da geometria com vistas a uma melhor arquitetura da matemática". Na continuação, ela comenta:

> Na época de Euclides, o conjunto dos conhecimentos dos geômetras já estava bastante desenvolvido e era necessário ordená-lo. Essa ordem implicaria na gradação da matemática, do nível mais elementar em direção ao superior. E Euclides se teria proposto, nos *Elementos*, a expor a matemática elementar da época, aquela que demanda somente o emprego de régua e compasso. Quer optemos

> pela motivação pedagógica ou por essa segunda razão, de cunho epistemológico, parece mais adequado entender a exclusividade da régua e do compasso nos *Elementos* como uma restrição pragmática cujo objetivo poderia ser apresentar um uso ótimo dos instrumentos mais simples possíveis (Roque, 2012, p. 163).

Assim, *Os Elementos* de Euclides, segundo a visão de Roque, tinham motivações de cunho pedagógico e epistemológico, porém, outros pesquisadores entenderam a obra como um projeto que envolvia prioritariamente organizar a Matemática e, em particular, a Geometria produzida na época.

Nosso foco nesta obra está em analisá-la como sendo os primeiros passos na direção de um método dedutivo em Matemática e de identificar na obra as evidências do início do processo de depuração. Uma delas foi expressa nas palavras de Lars Garding, ao discutir a ideia de modelos matemáticos, em que sugeriu que os matemáticos gregos criaram um modelo que veio a ser designado por geometria euclidiana. Em suas palavras:

> Ele [o modelo] está descrito nos Elementos de Euclides e trata de linhas retas, triângulos e outros objetos geométricos que aparecem na vida diária, por exemplo, cordas esticadas e figuras desenhadas na areia. *Esses objetos geométricos foram convertidos em abstrações e suas relações mútuas foram codificadas numa série de axiomas* do tipo: "por quaisquer dois pontos distintos passa só uma reta". Assim, o modelo é fixado. A teoria foi depois construída só com o instrumento da lógica. *Ela contém um grande número de resultados que a observação nunca contrariou*, por exemplo, o teorema segundo o qual a soma dos ângulos internos de um triângulo é igual a dois ângulos retos. Através da geometria euclidiana, a matemática ganhou a reputação de ser a mais precisa e pura das ciências (Garding, 1981, p. 7, destaques nossos).

Esse comentário de Garding evidencia, no olhar que colocamos sobre ele nos destaques da citação, o início do afastamento dos objetos matemáticos de sua origem prática a partir da maneira como Euclides organizou a geometria plana conhecida na época. Devemos recordar que, na sua gênese, a geometria no Egito esteve relacionada com a mensuração prática, por exemplo, no apagamento das demarcações de terras provocadas pelas inundações do rio Nilo, que tornou necessária a presença dos "estiradores de corda" para a solução do problema.

O olhar do presente para o passado do matemático Howard Eves para *Os Elementos* o levou a sugerir que, além da importância dos conteúdos matemáticos apresentados na obra, talvez o mais importante ainda recaia sobre a apresentação desse conteúdo de maneira diferenciada, produzindo um protótipo da forma da Matemática moderna (o que designaremos, mais à frente, de a Matemática do matemático). Eves assim comenta:

> Certamente um dos grandes feitos dos matemáticos gregos antigos foi a criação da forma postulacional de raciocínio. A fim de estabelecer uma afirmação num sistema dedutivo, deve-se mostrar que essa afirmação é uma consequência lógica necessária de algumas afirmações previamente estabelecidas. Estas, por sua vez, devem ser estabelecidas a partir de outras também estabelecidas previamente e assim por diante. Como a cadeia não pode recuar indefinidamente, deve-se, ao início, aceitar um corpo finito de afirmações não demonstradas para evitar imperdoáveis círculos viciosos consistindo em provar uma afirmação A, a partir de uma afirmação B e depois fazer ao contrário. Essas afirmações assumidas inicialmente se denominam *postulados* ou *axiomas* do discurso e delas devem decorrer todas as demais afirmações do discurso. Quando se arranjam dessa maneira as afirmações de um discurso diz-se que ele se apresenta na forma postulacional (Eves, 1995, p. 179).

Para reforçar sua afirmação, Eves tece ainda o seguinte comentário:

> Tão grande foi a impressão causada pelo aspecto formal dos *Elementos* de Euclides nas gerações seguintes que a obra se tornou um paradigma de demonstração matemática rigorosa. A despeito de um considerável abandono nos séculos XVII e XVIII, o método postulacional inspirado em Euclides penetrou quase todos os campos da matemática a ponto de alguns matemáticos defenderem a tese de que não só o raciocínio matemático é postulacional, mas que também, no sentido inverso, raciocínio postulacional é raciocínio matemático (*Idem*).

Este comentário de Eves, em seu detalhe, reforça nosso comentário anterior de que o método dedutivo não foi hegemônico no desenvolvimento da Matemática. Ainda é possível perceber em um estudo mais detalhado da História da Matemática que o método também não foi utilizado em várias culturas diferentes da grega.

A citação de Eves indica, ademais, que os gregos e, em particular, Euclides, foram os protagonistas do que podemos denominar de a primeira versão do método dedutivo, como reforçou Courant e Robbins, quando afirmaram que: "A tendência postulacional dedutiva originou-se na época de Eudóxio e foi cristalizada nos Elementos de Euclides" (Courant; Robbins, 2000, p. v).

Alguns matemáticos e filósofos sugeriram que o método dedutivo de Euclides não chegou a ser satisfatório porque utilizou, em vários momentos, de suposições que não enunciou de modo explícito, chamando a atenção para os defeitos do projeto euclidiano[2]. Em defesa de Euclides, podemos citar a frase do matemático estadunidense E.H. Moore, formulada com outro objetivo em mente, quando afirmou, em tradução nossa, que "O rigor desse dia é suficiente para esse dia"[3].

Da nossa perspectiva, o que vemos acontecer com a organização proposta por Euclides, naquela época, foi uma nova maneira de constituir os objetos – como entes abstratos dissociados da coisa física e uma nova maneira de operar com esses objetos – com inspiração dedutiva – segundo uma lógica específica, em que era sugerida, por exemplo, sua opção pela demonstração usando régua e compasso ao invés do que era comum na época: o uso de construções mecânicas, realizadas com ferramentas.

---

2 Veja, por exemplo, Blanchè (1978, p. 9).

3 Nossa tradução para a frase "Sufficient unto the day is the rigor thereof" (este rigor é suficiente para hoje) (Moore *apud* Niven, p. 8).

O projeto de axiomatização de Hilbert

No processo histórico identificamos vários matemáticos que contribuíram de maneira original para a axiomatização da Matemática no século XIX. Entre eles, encontramos o matemático italiano Giuseppe Peano (1858-1932), um dos primeiros matemáticos a apreciar, em todo o seu valor, a obra do matemático alemão Hermann Grassmann (1809-1877), assim apresentando a primeira definição axiomática de um espaço vetorial e iniciando um processo que levaria à definição atual.

Além disso, Peano apresentou uma definição axiomática dos números naturais, a qual foi formulada em 1889 e ilustra alguns pontos sobre este tipo de definição. Ele partiu de três termos básicos: o zero[4], o número e o sucessor de um número. Decorreram daí cinco axiomas, denominados de Axiomas de Peano, que transcritos da notação simbólica para a linguagem usual são assim apresentados:

Axioma 1. Zero é um número natural.
Axioma 2. Todo número natural possui outro número natural como sucessor.
Axioma 3. Zero não é sucessor de nenhum número natural.
Axioma 4. Números naturais diferentes têm sucessores diferentes.
Axioma 5. Se P é uma propriedade referente aos números naturais, se o zero gozar da propriedade P e se do fato de um número natural n gozar de P, então todos os números naturais gozam dessa propriedade (princípio de indução).

Em outras palavras, o que se propõe dizer com estes axiomas é que, no conjunto dos números naturais, está definida a função sucessor, que a cada número associa o número seguinte na ordem da contagem com as propriedades 1 a 5. Com isto, é possível construir o Conjunto N dos números naturais pelos axiomas de Peano apresentando os números naturais como "números ordinais"[5], ou seja, como objetos que ocupam lugares determinados numa sequência ordenada em que o 0 é o primeiro número natural, o 1 é o segundo número natural, o 2 é o

4 É indiferente que iniciemos a sequência de números com o número zero ou o número 1.
5 Também é possível apresentar os números naturais como "números cardinais", isto é, como resultado de uma operação de contagem. Nesse caso a construção é outra.

terceiro número natural e assim sucessivamente. A partir daí, toda a teoria dos números naturais pode ser deduzida dos cinco axiomas apresentados.

Os axiomas de Peano são um exemplo simples de constituição da noção de número como um objeto matemático desvinculado da ideia de quantidade, portanto, como um exemplo de depuração produzido pelo matemático Giuseppe Peano. Assim, um sistema axiomático ou teoria axiomatizada ou uma axiomática passou a ser construída com o propósito de ser a forma última e mais perfeita de uma teoria dedutiva.

Observamos, desse modo, que método dedutivo iniciado por Euclides se tornou cada vez mais rigoroso, acompanhando as mudanças no padrão de rigor através do tempo. Nesse ínterim, o processo de axiomatização da Matemática que estava em curso, desenvolvido por diferentes estudiosos, alcançou seu apogeu na obra do analista alemão David Hilbert, com a obra publicada em 1899 e intitulada *Grundlagen der Geometrie* (Fundamentos da Geometria). Dessa forma, chegamos ao segundo projeto de nossa análise: o projeto de axiomatização da matemática de David Hilbert.

Esta proposta, segundo Davis e Hersh (1985), nasceu da tentativa de Hilbert defender a Matemática da crítica vinda de membros da escola construtivista promovida, em particular, pelo topólogo holandês L. E. J. Brower, que entendia que muitas demonstrações-padrão da matemática clássica não eram válidas e que deveria haver uma reestruturação da teoria denominada análise matemática.

Segundo estes autores, Hilbert ficou assustado com a situação, como informa seu comentário:

> O que Weyl e Brower fazem equivale a seguir os passos de Kronecker! Eles tentam salvar a matemática lançando ao mar tudo o que causa problemas... Dispõem-se a retalhar e deformar a ciência. Se seguíssemos uma reforma como sugerem, correríamos o risco de perder grande parte do nosso tesouro valioso! (Hilbert *apud* Davis; Hersh, 1985, p. 377).

Sua defesa de uma visão formalista da Matemática em oposição à visão construtivista da Matemática de Weyl e Brower indica o ponto de partida de seu projeto expresso em suas palavras:

> O objetivo de minha teoria é estabelecer de uma vez por todas a certeza nos métodos matemáticos... O estado atual das coisas, em que nos chocamos com os paradoxos, é intolerável. Imaginem as definições e os métodos dedutivos que todos aprendem, ensinam e usam em matemática, os paradigmas de verdade e de certeza, conduzindo a absurdos! Se o pensamento matemático é defeituoso, onde acharemos verdade e certeza? (*Ibidem*, p. 378)[6].

Sobre o projeto de Hilbert, Tatiana Roque comenta:

> A visão modernista da matemática prega uma renúncia ao mundo, uma vez que não se deve fazer geometria ou análise com os objetos dados pelo senso comum, mas sim construir o edifício da matemática sobre noções dotadas de uma consistência interna. Se quisermos saber o que é uma reta, não podemos aceitar o que é comumente concebido como tal. Será preciso fornecer um sistema de definições que a constituem como objeto da geometria. Esse modelo axiomático, um dos principais traços da matemática moderna, é associado ao nome de Hilbert, que se tornou o matemático mais importante de Göttingen na virada do século XIX para o XX. Depois de serem identificados diversos paradoxos na teoria dos conjuntos, esta passou a ser axiomatizada e as sugestões de Hilbert para os fundamentos da geometria foram exportadas para outros ramos da matemática. No entanto, este matemático alemão nunca concebeu a axiomatização como um fim em si mesmo. Tratava-se de um método com o objetivo de fundamentar as matemáticas existentes e efetivamente praticadas (Roque, 2012, p. 409).

Neste comentário de Tatiana Roque, gostaríamos de realçar dois pontos: o primeiro deles, é que Hilbert promoveu uma mudança na maneira de constituir os objetos matemáticos, operando segundo uma lógica diferente: uma reta não

6 Para os detalhes, veja a seção intitulada "Os Fundamentos, Achados e Perdidos" em Davis e Hersh (1985, p. 371-380).

pode mais ser concebida, por exemplo, como uma corda esticada, como a utilizam pedreiros e engenheiros. No segundo ponto, Roque (2012, p. 409) observa que "(...) este matemático alemão nunca concebeu a axiomatização como um fim em si mesmo", sobre o que completamos sugerindo que, possivelmente, nunca imaginou como objeto de ensino como se faz atualmente.

O processo de axiomatização de Hilbert tinha como objetivo provar a consistência de uma teoria matemática, que foi descrita por Costa (1980) nos seguintes termos:

> 1. Axiomatização: axiomatiza-se a teoria em pauta.
>
> 2. Formalização: formaliza-se a axiomática obtida, isto significa que seus conceitos primitivos, os axiomas, relações e princípios lógicos são substituídos por símbolos e arranjos simbólicos sujeitos a regras bem definidas, como as de um jogo, o xadrez, por exemplo. Uma axiomática formalizada converte-se, em resumo, numa espécie de jogo grafo-mecânico, efetuado com símbolos destituídos de significação e regulado por meios de regras determinadas.
>
> 3. Demonstração da consistência desta axiomática: para esta axiomática procura-se mostrar, mediante investigação de sua estrutura grafo-mecânica, a sua consistência, evidenciando-se que não se poderá chegar jamais a arranjos simbólicos contraditórios, se operar de acordo com as regras estabelecidas (Costa, 1980, p. 35).

As vantagens atribuídas ao método axiomático são, em geral, vinculadas à ideia de se economizar pensamento[7], sistematizar teorias e de ser um método de pesquisa que validaria o trabalho do matemático. A partir da sua criação, ele passou a ser o método utilizado em praticamente toda a Matemática, vindo a se constituir na técnica básica de sua produção[8].

---

7 Essa justificativa, da economia de pensamento proporcionada pelo método axiomático-dedutivo, foi um dos fortes argumentos utilizados em favor da reforma de ensino da Matemática baseado na chamada Matemática moderna, a qual adotou o ponto de vista proporcionado pelo método axiomático-dedutivo.

8 Veja Costa (1992).

Sobre a perspectiva de Hilbert, Costa comenta:

> Para Hilbert, o matemático pode estudar qualquer sistema simbólico, admitindo-se que o sistema não encerre contradições, isto é, que no sistema não se possa provar uma proposição e, ao mesmo tempo, sua negação. Hilbert emprega o termo "existência" como sinônimo de "não contraditório". A liberdade do matemático é completa: basta provar a consistência (ou seja, ausência de contradição) de uma teoria matemática, para torná-la inteiramente lícita (Costa, 1992, p. 53).

Segundo Costa (1992), com esse entendimento, Hilbert e seu grupo atacaram o problema da demonstração de consistência de várias partes da Matemática, obtendo resultados relevantes. Eles se preocuparam, em particular, com os problemas de consistência da aritmética e da análise matemática. Porém, um filósofo, matemático e lógico, de origem austríaca, chamado Kurt Friedrich Gödel (1906-1978) provou que o método axiomático está sujeito a grandes limitações, destruindo a maior parte das aspirações de Hilbert.

Gödel demonstrou que qualquer sistema matemático axiomático, suficiente para incluir a aritmética dos números naturais, necessariamente: (i) não pode ser simultaneamente completo e consistente (teorema da incompletude), e (ii) se o sistema é consistente, sua consistência não pode ser provada internamente ao sistema. Com estes dois resultados, terminaram as tentativas de estabelecer um conjunto completo de axiomas que possibilitassem deduzir toda a Matemática como propunha Hilbert.

Sobre o feito de Gödel, Ernest Nagel e James Newman, em seu livro intitulado *A Prova de Gödel*, comentam:

> Ele colocou os matemáticos diante da espantosa e melancólica conclusão de que o método axiomático tem certas limitações inerentes que eliminam a possibilidade de que mesmo a aritmética comum dos inteiros possa ser plenamente axiomatizada. Mais ainda, ele provou que é impossível estabelecer a consistência lógica interna de uma amplíssima classe de sistemas dedutivos – aritmética

> elementar, por exemplo – a menos que adotemos princípios de raciocínios tão complexos que sua consistência interna fica tão aberta à dúvida quanto a dos próprios sistemas. À luz destas conclusões, é inatingível qualquer sistematização final de numerosas áreas importantes da matemática e é impossível dar garantia absolutamente impecável de que muitos ramos significativos do pensamento matemático estejam inteiramente livres de contradição interna (Nagel; Newman, 1998, p. 15).

Este banho de água fria no projeto de Hilbert não fez com que os matemáticos abandonassem o processo de axiomatização, pois este continuou em outro projeto, levado a cabo por alguns matemáticos.

Novamente, da nossa perspectiva, o que vemos acontecer com o projeto de Hilbert, de maneira similar ao projeto euclidiano, foi uma nova maneira de constituir os objetos, uma nova maneira de operar com esses objetos, segundo uma lógica específica.

O projeto do grupo Bourbaki e a noção de estrutura matemática

Já no século XX, um grupo de matemáticos franceses – que contou com a participação do matemático estadunidense André Weil – reuniu-se sob o pseudônimo de *Nicholas Bourbaki*. O principal nome do grupo era o do matemático Jean Dieudonné, cujas concepções se aproximavam muito das de Hilbert e cujo objetivo era colocar toda a Matemática clássica[9] em bases estritamente axiomáticas e estruturais. Este é o terceiro projeto que mencionamos na introdução deste capítulo.

A pesquisadora Tatiana Roque indica claramente a postura de Jean Dieudonné no afastamento da Matemática de suas aplicações e no projeto do grupo Bourbaki. Ela comenta:

---

9 A Matemática clássica se refere, nos fundamentos da Matemática, à abordagem que é baseada na lógica clássica (a classe de lógica dedutiva) e na teoria dos conjuntos de Zermelo-Fraenkel; teoria designada, em símbolos, por ZFC, em que o C significa escolha (em inglês, *choice*).

> Durante o século XIX, enquanto *a matemática se organizava e se institucionalizava como matemática "pura"*, sua história seguia a mesma tendência, esquecendo os domínios técnicos, como a física e a engenharia, que marcaram o desenvolvimento da matemática até meados do século XIX e continuaram sendo importantes. Esse desequilíbrio pode ser sentido em obras influentes até hoje, como o livro de J. Dieudonné, *Abrégé d'historie des mathématiques* 1700-1900 (Resumo da história da matemática 1700-1900), de 1978. O autor, integrante do grupo N. Bourbaki, adotava uma visão modernizante, excluindo tacitamente a maior parte da matemática produzida no período anunciado no título, justamente por ser tratar de contribuições relacionadas a aplicações tidas como irrelevantes. Foi, portanto, quando a matemática passou a se enxergar como matemática "pura" que a distinção entre teoria e prática se tornou importante na escrita de sua história. *Essa tendência, que se iniciou no final do século XIX, se estendeu pelo século XX e continua a ser bastante marcante na história escrita por matemáticos.* Nesse sentido, a história da matemática de Bourbaki é exemplar, pois seu objetivo é apresentar novos métodos matemáticos, legitimando-os por meio da história (Roque, 2012, p. 475, destaques nossos).

Este é outro exemplo que pode ser identificado como uma ação deliberada de alguns matemáticos de separar a Matemática de outras áreas de conhecimento, de sua vertente aplicada e de sua gênese ligada a questões práticas cotidianas, sugerindo o processo de depuração que queremos chamar a atenção.

O trabalho do grupo Bourbaki foi reunido sob o título de *Elementos da Matemática*, contendo mais de trinta volumes e cuja proposta principal foi a "algebrização" sistemática de toda a Matemática. Segundo Fuchs (1970), eles partiram de estruturas básicas, a partir das quais construíram estruturas cada vez mais complexas, baseados no lema "Matemática como teoria das estruturas", e cuja proposta se tornou um programa[10]. Podemos constatar essa afirmação nas palavras de Dieudonné em seu livro *A formação da Matemática Contemporânea*[11]

---

10 Veja Fuchs (1970, p. 179).

11 Neste livro, o leitor poderá encontrar muita informação sobre o processo de depuração da Matemática, como descrevemos em linhas gerais neste capítulo.

ao comentar o processo histórico de desenvolvimento da Matemática a partir do século XVIII:

> Pouco a pouco, desenha-se uma ideia geral que será precisada no século XX, a de *estrutura* na base de uma teoria matemática; é a consequência da constatação de que aquilo que desempenha o papel primordial numa teoria são as *relações* entre os objectos matemáticos que aí figuram, antes da *natureza* destes objectos, e que, em duas teorias diferentes, pode acontecer que haja relações que se exprimem da *mesma* maneira nas duas teorias; o sistema destas relações e as suas "correspondências" é uma mesma estrutura "subjacente" às duas teorias (Dieudonné, 1990, p. 118).

Esta menção de Dieudonné explicita a importante informação de que há uma mudança em curso no pensamento e na prática dos matemáticos daquele grupo, a qual emerge da natureza dos problemas que estão investigando, mas também indica uma continuidade, sob outra perspectiva, do projeto de Hilbert. Para Dieudonné, a noção de estrutura surgiu de uma necessidade dos matemáticos "(...) para atacar com sucesso problemas herdados das matemáticas *clássicas* e não uma fantasia de matemáticos criando novas noções abstratas sem nenhuma finalidade precisa" (*Idem*). Ele esclarece essa importância com o seguinte comentário:

> O facto de a mesma estrutura poder aparecer em teorias muito diferentes vai fazer tomar cada vez mais consciência da unidade fundamental da matemática, além da compartimentação tradicional baseada na natureza dos objcetos estudados. Mas será necessário muito tempo para que esta visão de conjunto se desenvolva, e no século XIX cada teoria nova desenvolve-se no mais das vezes sem pensar nos seus laços possíveis com as outras (*Idem*).

Por outro lado, reforçando esses argumentos e se baseando numa nova linguagem em curso para a Matemática, Dieudonné reforça seus comentários anteriores ao dizer:

> A importância dessa linguagem é que ela permite aos matemáticos, a partir dos últimos anos do século XIX, falar de relações entre objectos cuja natu-

> reza é *completamente indeterminada*: são pura e simplesmente elementos de conjuntos considerados como objectos primitivos de uma teoria axiomática. Uma *estrutura* será determinada por um certo número de tais relações "primitivas", submetidas a um sistema de axiomas; a teoria de uma tal estrutura será o desenvolvimento das propriedades que são apenas consequência dos seus axiomas, e não dependem da natureza dos objectos matemáticos que podem verificar estes axiomas (Dieudonné, 1990, p. 150).

Esses comentários do pesquisador são extremamente importantes para a compreensão do processo de depuração que buscamos esclarecer, pois, como vimos, em vários momentos, os números, por exemplo, que historicamente emergiram de atividades como contar e medir, passam a ser objetos abstratos, elementos de um conjunto de base de uma estrutura algébrica. Essa é uma mudança significativa quando levada para o ensino na formação de professores e na maneira como isso vai impactar o ensino da matemática na escola.

Davis e Hersh (1985), esclarecendo a noção de estrutura em Matemática como ideia essencial para o matemático no século XX, comentam:

> Na prática contemporânea, uma estrutura matemática consiste em um conjunto de objetos S, que podem ser imaginados como sendo o suporte da estrutura, um conjunto de operações ou relações, que são definidas sobre os objetos de S, e um conjunto de elementos distinguidos em S, por exemplo, 0, 1, etc. Estes ingredientes básicos são chamados a "assinatura" da estrutura, e são frequentemente exibidos em forma de uma lista com n elementos. Por exemplo: < IR, +, ., 0, 1 > significa o conjunto dos números reais combinados pela adição e multiplicação, com dois elementos distinguidos, 0 e 1. Quando a assinatura for submetida a um conjunto de axiomas que impõem exigências sobre seus elementos, emerge então uma estrutura matemática (Davis; Hersh, 1985, p.171).

O caminho para se chegar às estruturas matemáticas não foi simples, como podemos observar no seguinte registro do grupo Bourbaki:

> É, portanto, tentador asseverar que a moderna noção de 'estrutura' existia substancialmente por volta de 1900, mas de fato outros trinta anos de preparação se evidenciaram necessários, antes de sua completa aparição. Certamente, não é difícil reconhecer estruturas da mesma espécie quando elas são de natureza suficientemente simples; como as estruturas de grupo, por exemplo, isto se alcançou em meados do século XIX. Porém, no mesmo período, Hankel estava ainda lutando, sem sucesso total, para extrair as ideias gerais de corpo e extensão de corpos, que ele manejou para expressá-las apenas na forma semi-metafísica de um princípio de permanência (...), e que foram definitivamente formuladas por Steinitz quarenta anos depois. Mostrou-se especialmente difícil se escapar do sentimento de que os objetos matemáticos são 'dados' *junto com suas estruturas*, e tardou diversos anos de análise funcional para fazer com que os matemáticos se familiarizassem com a ideia de que, por exemplo, existem várias topologias 'naturais' no conjunto dos números racionais e várias medidas na reta real. Com esta dissociação, a passagem à definição geral de estrutura (...) se efetuou finalmente (Bourbaki, 1968, p. 317-318).

Assim, o grupo Bourbaki, ao investigar as diferentes estruturas presentes na matemática do século XX, identificou as designadas *estruturas-mães*, que são as estruturas algébricas, as estruturas de ordem e as estruturas topológicas, que quando combinadas convenientemente, produziriam todas as outras estruturas.

O estudante de graduação em Matemática vai encontrar estas estruturas em várias disciplinas do seu curso, em particular, nos livros-texto de Análise Matemática[12] em que, por exemplo, a caracterização de números reais é apresentada como um corpo (estrutura algébrica), ordenado (estrutura de ordem) completo (estrutura topológica). A ideia, nessa disciplina é caracterizar os números reais pela identificação das propriedades que possui, de modo a distingui-lo, a menos de um isomorfismo, dos outros conjuntos numéricos quando tomados como conjunto de base da estrutura.

12 Veja, por exemplo, Curso de Análise de Elon Lages Lima (1976).

Novamente, reiteramos que em nosso entendimento, o que vemos acontecer no projeto do grupo Bourbaki é uma nova maneira de constituir os objetos, por exemplo, em que números são entendidos como elementos de um conjunto de base de uma estrutura algébrica; ou, como atualmente em Álgebra Linear, em que vetor é entendido como elemento de um espaço vetorial e não mais apenas como um segmento orientado. Isto também vai implicar em uma maneira de operar com esses objetos pelos matemáticos segundo uma lógica específica[13].

Como muito bem observou Fuchs (1970), o que se pode constatar é que existiu um longo caminho entre os *Elementos* de Euclides e os *Elementos* de Bourbaki, mas o projeto de ambos não sofreu muita alteração: o conhecimento matemático da época deveria ser ordenado de maneira uniforme e rigorosamente metódica. Enquanto "Euclides começou seu sistema pela formulação de proposições simples dotadas de conteúdo concreto, os axiomas; Bourbaki, ao contrário, usa as 'estruturas básicas', muito mais abstratas, é certo, porém muito mais exatas" (Fuchs, 1970, p. 189).

O grupo Bourbaki, além de intervir na maneira como a História da Matemática foi contada, influenciou também, negativamente, no ensino da Matemática como sugere Tatiana Roque ao observar:

> Por volta dos anos 1960, *as ideias de Bourbaki contaminaram a educação, o que ajudou a cristalizar a concepção pouco ou nada histórica da matemática. Com o movimento da matemática moderna, que teve grande repercussão no Brasil,* defendia-se que a disciplina devia ser ensinada com os conceitos de base definidos à maneira bourbakista, que seria adaptada às novas estruturas cognitivas. Nessa época, muitos matemáticos e educadores compartilharam a crença de que os alunos têm de ser acostumados a pensar em termos de conjuntos e operações. Piaget chegou a estabelecer uma correspondência entre as estruturas definidas por Bourbaki e as primeiras operações por meio das quais as crianças interagem com o mundo (Roque, 2012, p. 476, destaques nossos).

13 Este será um ponto determinante no futuro quando sugerirmos que físicos, engenheiros, economistas e estatísticos, por exemplo, não necessariamente operam como os matemáticos e, muitas vezes, operam segundo uma lógica inaceitável para o matemático. Mas isto nunca foi um problema para estes outros pesquisadores e profissionais.

Assim, o projeto do grupo Bourbaki influenciou por muito tempo o ensino da Matemática, e os resquícios dessa concepção de ensino ainda estão presentes entre nós, com seu conhecido efeito devastador para a aprendizagem dessa disciplina de muitos estudantes em diferentes partes do mundo e por várias décadas posteriores à sua proposição.

Em busca por mais evidências vindas do processo histórico

Nesta seção, nosso interesse reside em apresentar mais evidências sobre dois pontos que nos interessam: primeiro, indicar que o processo de depuração da Matemática não foi algo linear, nem contínuo e não se tornou um padrão na produção matemática para todos aqueles que estavam produzindo ideias originais. E o segundo ponto, como já delineado na seção anterior, será apresentar mais alguns indícios do surgimento daquilo que denominamos de Matemática pura e de como ela foi se constituindo na Matemática do matemático, para que tenhamos maior clareza das suas características internas.

Assim, para sustentar nosso empreendimento, lançaremos mão da leitura histórica de matemáticos, historiadores da Matemática e de educadores matemáticos, apresentando algumas evidências para motivar o leitor a procurar por outras.

O matemático Hygino H. Domingues apresentou alguns argumentos a nosso favor ao afirmar, por exemplo, que na Aritmética de Diofanto, que é considerada por alguns matemáticos como "(...) uma das grandes realizações da matemática grega, especialmente pelo seu caráter inovador tanto pelo conteúdo como pela abordagem", "(...) não se encontram definições, postulados e proposições (nem, portanto, demonstrações)" (Domingues, 2002, p. 60). Com isso, sugere que uma obra de relevância histórica escrita por Diofanto não foi estruturada dedutivamente.

Na continuação, Domingues reforça ainda mais nossa tese ao observar que:

> Posteriormente, durante a Idade Média, com o grande declínio cultural verificado no Ocidente, em particular na matemática, *os Elementos* tornaram-se uma obra de um nível muito acima das possibilidades da época, só usada muito restrita e superficialmente. Nesse meio tempo, o epicentro da matemática mudou-se para os mundos árabe e hindu, mas estes povos, em que pese sua importância para o desenvolvimento da matemática, não priorizaram a demonstração como os gregos do período clássico (*Idem*).

Na sua leitura progressivista[14] da História da Matemática, Domingues, interpretando a prática dos sujeitos históricos com a lente do presente, comenta:

> (...) novas áreas da matemática, como a geometria analítica e o cálculo, por exemplo, muito possivelmente não chegaram a satisfazer, sob o ponto de vista do rigor, nem mesmo aos seus criadores. Haja vista que R. Descartes (1596-1650), um cientista que valorizava o método axiomático-dedutivo, em particular o método matemático, ao escrever sua única obra matemática, *A geometria*, não utilizou nem postulados e nem demonstrações, marginalizando assim sua própria epistemologia. Quanto ao cálculo, basta citar um de seus criadores I. Newton (1643-1727), fez três tentativas para passar a limpo as ideias, nenhuma delas convincente, rigorosamente falando (*Ibidem,* p. 61).

Apesar da incorreção de Domingues de não compreender que o rigor em Matemática é, como observa Tatiana Roque, um conceito histórico[15], ele nos dá alguns elementos necessários para sugerir que grandes pensadores e produtores de Matemática não utilizaram o método dedutivo em seus trabalhos.

Como citamos anteriormente, Howard Eves sugeriu, no capítulo do seu livro dedicado a Euclides, que o método postulacional euclidiano foi abandonado nos séculos XVII e XVIII, mas não apresentou detalhes sobre esta afirmação[16].

---

14 Veja Anexo 1.

15 Para esclarecer esta afirmação ela comenta: (...) a noção de rigor de Lagrange era diferente da de Cauchy, que, por sua vez, também seria criticada por Weierstrass, baseado em sua própria concepção aritmética. (Roque, 2012, p. 407)

16 Eves (1995, p. 179).

Chamamos a atenção que estas evidências dizem respeito apenas àqueles sujeitos históricos considerados pelos historiadores da Matemática como sendo dignos de aparecer em sua história. Porém, se trouxermos à discussão outros personagens produtores de Matemática que chamamos, nos dias atuais, de engenheiros, físicos e filósofos, teríamos a indicação de que o fluxo da produção matemática desses profissionais que buscavam resolver seus problemas esteve alheio ao método dedutivo e que ele seria bastante volumoso. Além disso, toda essa produção esteve distante do processo de depuração da Matemática iniciado por Euclides.

Dando um salto no processo histórico do desenvolvimento da Matemática de aproximadamente dois milênios após Euclides escrever *os Elementos*, ingressamos no século XIX. Durante este século, veremos emergir o processo de axiomatização da Matemática, que ocorreu em diferentes momentos e em diferentes ramos de estudo matemático, dos quais podemos indicar como principais: a aritmetização da análise e a axiomatização dos sistemas numéricos; a criação das estruturas algébricas e a criação das geometrias não euclidianas. Analisaremos alguns argumentos que sugerem o processo de depuração em três destes quatro domínios e evitaremos a análise sobre as geometrias não euclidianas para não tornar a nossa exposição muito longa.

Um dos ramos do conhecimento matemático que esteve intimamente relacionado ao processo de depuração da Matemática foi a análise matemática, cujas mudanças na teoria estiveram em um momento histórico que foi descrito como a "idade do rigor", como nos lembra Tatiana Roque. Ela utiliza o comentário do historiador J. Lützen para validar sua afirmação:

> O século XIX foi frequentemente chamado de idade do rigor. Essa é uma caracterização correta no sentido de que a análise adquiriu um fundamento que ainda reconhecemos como satisfatório. A rigorização não foi somente uma questão de esclarecer alguns poucos conceitos básicos e mudar as provas de alguns teoremas básicos; ao invés disso, ela invadiu quase toda a análise e transformou-a na disciplina que aprendemos hoje (Roque, 2012, p. 405).

Neste contexto, o processo de depuração da Matemática acontece por questões que se colocavam naquele momento como, por exemplo, a reflexão dos matemáticos sobre a estrutura interna da Matemática, como nos sugere Roque:

> Por volta de 1800, a matemática era teórica e prática ao mesmo tempo. Fazia parte de seu projeto representar a natureza por equações, e os matemáticos teóricos se viam pertencentes à mesma tradição inaugurada por Newton e outros. Uma das consequências da *reflexão sobre a estrutura interna da matemática*, que ocupou o século XIX, foi a sua *separação da física*. Ainda que procurasse se estabelecer como uma *disciplina independente*, a análise do século XVIII era motivada por problemas físicos que continuaram a exercer grande influência por alguns anos. Mas, com a abstração e a formalização impostas pela reflexão sobre os fundamentos da matemática, sua relação com a física se transformou. No final do século XIX, esta não será mais central para a recém-formada comunidade dos matemáticos (*Ibidem*, p. 408, destaques nossos).

Tatiana Roque nos esclarece que, nas primeiras décadas do século XIX, os matemáticos franceses estavam muito envolvidos com a resolução de problemas físicos e de engenharia:

> Durante as primeiras décadas do século XIX, a matemática francesa foi profundamente influenciada pelo legado de Cauchy[17]. Mas no ideal da Revolução, ilustrado pelo pensamento de Lagrange e Laplace, *a justificativa para qualquer empreendimento teórico permanecia atrelada à sua relevância para a resolução de problemas de física ou de engenharia. A matemática não era a ferramenta central de uma busca especulativa pela verdade, e sim o elemento principal de uma cultura ligada à engenharia* (*Ibidem*, p. 416, destaque nosso).

Na continuação, a pesquisadora indica o deslocamento do centro de atividade matemática da França para a Alemanha, por volta de 1850, com ascensão das universidades alemãs adquirindo uma posição dominante no cenário internacional e se tornando o destino principal dos estudantes que queriam estudar Matemática avançada.

17 Segundo Tatiana Roque, Cauchy é visto por alguns historiadores como um típico "engenheiro-cientista".

Naquele momento o entendimento da Matemática como uma ciência pura encontrou solo fértil na Alemanha e foi externalizado por vários pensadores da época, como podemos constatar, por exemplo, no comentário do matemático alemão August Leopold Crelle:

> A matemática em si mesma, ou a assim chamada *matemática pura*, não depende de suas aplicações. Ela é completamente idealista; seus objetos, *número*, *espaço* e *força*, não são tomados do mundo externo, são ideias primitivas. Eles seguem seu desenvolvimento independentemente, por meio de deduções a partir de conceitos básicos. Qualquer adição de aplicações ou ligação com estas das quais ela não depende, são, portanto, desvantajosas para a própria ciência (Crelle *apud* Roque, 2012, p. 419).

Notamos, nesta afirmação, de maneira clara, uma proposta de ação deliberada de afastamento da Matemática de suas aplicações, a qual a coloca como desvantajosa para a ciência matemática. Como observa Tatiana Roque, nas universidades alemãs, em particular, as de Göttingen e Berlim, "Os matemáticos não eram mais vistos como práticos; participavam de uma elite intelectual de professores universitários que valorizava o saber puro" (Roque, 2012, p. 420).

Ao olharmos para a axiomatização dos sistemas numéricos, observamos que este processo teve uma íntima relação com a análise matemática, pois questões internas, como a busca de Dedekind por uma teoria satisfatória dos números reais, estava em jogo. Porém, nosso olhar será dirigido a esse contexto na perspectiva de identificar elementos do processo de depuração decorrente.

A problemática que envolvia os números na época era muito mais abrangente e esteve relacionada não apenas aos números naturais e reais, mas também aos números inteiros, irracionais e complexos. Como Observa Tatiana Roque:

> Um dos problemas internos a demandar uma nova noção de rigor surgiu da crítica à concepção dos números como *quantidades*. Essa associação, a partir de certo momento, passou a bloquear o desenvolvimento da matemática. A discussão sobre as quantidades negativas, durante o século XVIII, mostra que

> somente os números absolutos eram aceitos, pois se pretendia relacionar a existência em matemática a uma noção qualquer de "realidade". Para avançar, era preciso migrar para um conceito abstrato de número não subordinado à ideia de quantidade (*Ibidem*, p. 407).

Este é outro ponto em que podemos indicar o processo de depuração da Matemática em curso, caracterizado pelo afastamento da noção de número associado à ideia de quantidade. Segundo a pesquisadora, a "(...) substituição do paradigma das quantidades implicou numa mudança irreversível do edifício da matemática, que culminou com a transformação desta em matemática 'pura'" (Roque, 2012, p. 407).

Roque (2012) chama a atenção ainda para o importante fato de que o desenvolvimento da noção de número não teve historicamente relação com a teoria dos conjuntos, apresentada bem depois. Em particular, os números cujos matemáticos tinham dificuldades de aceitação de sua cidadania numérica, tais como, os irracionais, os inteiros e os números complexos, estiveram em discussão em diferentes contextos matemáticos. Ela sugere que, antes de serem formalizados como elementos de conjuntos numéricos, o que ocorreu no século XIX, o conceito de número passou por algumas etapas que implicaram:

- o desenvolvimento da álgebra, quando a resolução de equações fez aparecer números indesejáveis, que não possuíam um estatuto definido em matemática;
- a teoria das curvas, nos séculos XVII e XVIII, e a proliferação de métodos infinitos para resolver problemas do cálculo infinitesimal, como as das quadraturas;
- a algebrização da análise no século XVIII;
- as tentativas de representação geométrica das quantidades negativas e imaginárias no início do século XIX (Roque, 2012, p. 408).

Na sequência, a pesquisadora reforça suas considerações chamando a atenção para o processo que levaria a compreensão abstrata de número e sua relação com a noção de operação – um passo importante na criação da noção de estrutura algébrica. Além disso, ela também situa nesse processo o que foi chamado de "aritmetização da análise":

> Normalmente, a história desses números [inteiros, irracionais, reais e complexos] é desconectada das questões internas que apareceram em outros problemas da matemática. Mas a percepção da necessidade de incorporá-los envolveu etapas essenciais do processo de generalização, incluindo uma compreensão abstrata dos números e das operações. A transição do conceito de quantidade para o de número foi marcante para a noção de rigor que se constituiu a partir do século XIX. Enquanto os números eram associados a quantidades geométricas, não se concebiam operações abstratas e arbitrárias sobre eles. Os matemáticos que se deparavam com problemas relativos à fundamentação da análise estavam cientes de que seu progresso dependia de uma extensão do conceito de número. Não à toa uma parte importante desse movimento ficou conhecida como "aritmetização da análise" (*Ibidem*, p. 409).

De fato, a história informa que, quando Dedekind, em 1858, estudava critérios de convergência para sequências de números, ao tentar provar que toda sequência monótona limitada é convergente, utilizando um método puramente aritmético, o pesquisador constatou a impossibilidade de fazê-lo sem antes possuir uma teoria satisfatória dos números reais. Esta situação que o motivou a construir os números reais através dos "cortes", o que passou a ser denominado de cortes de Dedekind. Assim, Roque conclui que "(...) para dar consistência às práticas de análise tornou-se necessário introduzir a noção abstrata de número, independente das noções de quantidade e grandeza". (Roque, 2012, p. 409).

Em suma, o texto de Tatiane Roque apresenta os elementos necessários que indicam alguns aspectos do processo de depuração da Matemática associado à análise matemática e ao processo de axiomatização dos números. Ela comenta, por exemplo, que:

> Esse contexto em que o conceito de número, desvinculado da noção de quantidade e de qualquer associação com a realidade externa, tornou-se um dos objetos principais da matemática. As tentativas anteriores de assegurar as bases

> ontológicas dos conceitos fundamentais da matemática a partir da relação com certa realidade, não importa qual fosse, colocavam os alicerces dessa disciplina no mundo externo. No entanto, as dificuldades encontradas na legitimação das operações com números negativos e na conceitualização dos imaginários, juntamente com as discussões epistemológicas sobre o cálculo infinitesimal, levaram ao desenvolvimento de uma matemática baseada em conceitos abstratos que passou a ser designada de "pura" (*Ibidem*, p. 422).

Porém, esta afirmação da pesquisadora, na direção dos argumentos que apresentaremos na sequência deste capítulo, é lida por nós de uma outra maneira, que poderia ser redigida assim: "Esse contexto em que o conceito de número, desvinculado da noção de quantidade e de qualquer associação com a realidade externa, tornou-se um dos objetos principais da matemática *do matemático*". Pois, como indicaremos no futuro, a Matemática, como construção histórica e cultural, é muito mais que a delimitação proposta pelos matemáticos. Para muitos outros profissionais e usuários da Matemática, este modo de constituir o objeto número, e a maneira de operar com ele não foram necessários e nem incorporados.

Um outro domínio em que o processo de depuração avançou no século XIX foi com o surgimento das estruturas algébricas, associado à compreensão das chamadas álgebras não convencionais, que fez surgir as noções de grupos, corpos, anéis e espaços vetoriais, entre outros.

Optamos, para discutir sobre esta vertente, considerar a Álgebra Linear como um bom exemplo para ilustrar uma teoria emergente nesse momento histórico, como indicou Jean-Luc Dorier em seu trabalho intitulado *Analysis historique de l'emergence des concepts élémentaires d'algébre linéaire*[18] (Análise histórica do surgimento de conceitos elementares da álgebra linear). Nesta obra, o autor descreve como tais noções emergiram de diferentes teorias e problemas matemáticos no que hoje conhecemos como sendo os conceitos de uma disciplina acadêmica.

18 Grande parte dos comentários que faremos a seguir sobre a álgebra linear é referenciada por esta obra (Dorier, 1990).

Para se ter uma ideia, no processo histórico de emergência das ideias que comporiam o que se ousa chamar de álgebra linear estavam sendo desenvolvidos estudos na busca de uma teoria geral de sistemas lineares, iniciada por estudos de casos particulares sobre interseção de curvas vindos da geometria analítica. Sobre isto, Dorier comenta: "O estudo dos sistemas lineares foi desde o início, um domínio privilegiado. Ele esteve na origem da emergência de todos os primeiros conceitos e foi também o quadro de elaboração dos primeiros resultados teóricos, mesmo que informais". (Dorier, 1990, p. 88).

Encontramos, também, o desenvolvimento da teoria das equações diferenciais lineares de ordem n a partir do trabalho de seus precursores, entre eles, D'Alembert e Euler. E, em outra direção ainda, alguns matemáticos começaram a vislumbrar a álgebra numa visão moderna, dos quais, George Peacock foi um dos primeiros a iniciar o estudo das estruturas algébricas.

Nesse processo de emancipação da álgebra como um campo hipotético-dedutivo formal, encontramos o matemático Irlandês Willian Rowan Hamilton e o matemático alemão Hermann Günter Grassmann. Eles publicaram resultados de grande alcance e que abriram as comportas para a álgebra abstrata.

É importante ressaltar que, no início do século XIX, era inconcebível que pudesse existir uma álgebra, diferente da álgebra comum da aritmética em que, por exemplo, a lei comutativa da multiplicação pudesse ser violada. Isto é, parecia impossível aos matemáticos da época uma álgebra lógica tal que a x b fosse diferente de b x a. A derrubada desse dogma foi consequência do trabalho de Hamilton, quando em 1843 foi forçado, por considerações físicas, a produzir uma álgebra em que não valia a lei comutativa da multiplicação. Em seu trabalho na direção de descobrir o que foi denominado de quatérnios[19], ele observou que a operação de adição não oferecia dificuldade, mas, durante dez anos, ele lutou com

19 Um quatérnio é um número da forma a + bi + cj + dk, em que a é a parte real, chamada a parte escalar do quatérnio, e o restante é a parte vetorial. Os três coeficientes da parte vetorial são as coordenadas cartesianas retangulares de um ponto P, enquanto i, j, k são chamadas unidades qualitativas que geometricamente são dirigidas ao longo dos três eixos.

a multiplicação de *n-uplas* para n maior que dois. Assim, a álgebra dos quatérnios exibe um exemplo da existência de um conjunto em que não vale a lei comutativa da multiplicação.

A parte mais conhecida do cálculo dos quatérnios foi a teoria dos vetores, cujo nome é devido a Hamilton. Além disso, como observa Gilles-Gaston Granger (1974), o trabalho de Hamilton contribui para a visão moderna de uma teoria geral das estruturas algébricas definidas por leis de composição (interna ou externa) de elementos, para os quais os seus fundadores conservarão o nome tradicional de álgebra (Granger, 1974).

Enquanto Hamilton desenvolvia os quatérnios, ideias similares surgiam na Alemanha com o trabalho de Hermann Grassmann. Segundo Bourbaki: "Ele construiu um vasto edifício algébrico-geométrico, baseando-se em uma concepção geométrica ou intrínseca (e mais ou menos axiomática) do espaço vetorial de n dimensões". (Bourbaki, 1976, p. 93).

Grassmann, com sua obra de título extenso no original alemão e que, por este motivo foi traduzida de maneira simplificada para *Teoria da Extensão*, apresentou uma antecipação das teorias da Álgebra Linear e mesmo da Álgebra Multilinear. Segundo Dorier, quando foi publicada a primeira edição da *Teoria da Extensão*, em 1844, Grassmann enviou cópias do livro para vários matemáticos, em particular para Gauss – a figura mais importante do mundo matemático da época – e para Möbius – que segundo Dorier, era o mais próximo matematicamente dele.

Dorier observa que nenhum deles se dignou a dar uma resposta à altura do trabalho de Grassmann e nenhum deles se esforçou para entender o que continha aquela obra original. Gauss, por exemplo,

> (...) contentou-se em enviar uma breve carta na qual indicava que havia trabalhado em um assunto relacionado, cujos resultados, havia publicado em 1831 (a representação geométrica dos complexos) e que, muito ocupado, não tinha

tempo para se dedicar a um estudo aprofundado da obra (Dorier, 1990, p. 58).

Möbius, segundo Dorier, reconheceu a genialidade do trabalho de Grassmann, mas parece nunca ter aceitado sua abordagem filosófica. E em uma carta datada de 2 de fevereiro de 1845, expõe muito claramente sua aversão a essa abordagem:

> Respondo que fiquei sinceramente feliz em vê-lo de perto, mas nossa familiaridade diz respeito apenas à matemática, não à filosofia. Como me lembro de lhe dizer pessoalmente, sou um estranho no reino da especulação filosófica. Não estou preparado para apreciar adequadamente o elemento filosófico em seu excelente trabalho, que subjaz ao elemento matemático, nem mesmo para compreendê-lo corretamente. Fiquei suficientemente ciente disso nas muitas tentativas de estudo ininterrupto que fiz de seu trabalho; cada vez fui parado pela grande generalidade filosófica (Dorier, 1990, p. 58).

O estudioso assim complementa:

> (...) essa declarada incapacidade de Möbius para aceitar ou até mesmo entender o ponto de vista filosófico de Grassman mostra o quanto ele estava à frente de seu tempo. Como consequência, Grassmann, desesperado por ver que seu trabalho não era compreendido pelos matemáticos da época pediu a Möbius que se reportasse a ele; mas com base nos argumentos acima expostos, se recusou a fazê-lo (*Idem*).

Dorier comenta que a natureza da censura de Möbius, mesmo que apenas implícita, é evidenciada por sua correspondência com o filósofo E.F. Apelt. Möbius parece concordar com a opinião do filósofo, quando ele comenta que:

(...) uma filosofia errônea da matemática está na base do trabalho de Grassmann, e que o caráter essencial do conhecimento matemático, seu lado intuitivo (Anschaulichkeit), parece estar banido dele. Para ele, uma teoria tão abstrata da extensão como ele (Grassmann) busca só pode ser desenvolvida a partir de conceitos, mas a fonte do conhecimento matemático não está nos conceitos, mas na intuição[20] (*Idem*).

Porém, segundo os revisores da *Teoria da Extensão*, a metodologia que Grassmann empregou foi particularmente moderna e revolucionária para a época e no seu estilo muito individual, o livro era de difícil leitura, a notação era nova e com forte apelo filosófico. As ideias lançadas por ele, como observou Dorier, foram responsáveis por muitas produções ulteriores parciais e se desenvolveu até a metade do século XX. Em particular, os trabalhos de outros algebristas, como Arthur Cayley, e geômetras, como o italiano Giuseppe Peano, deram continuidade ao trabalho de Grasmann.

Em 1862, o livro Teoria da Extensão foi reescrito por Grassmann, então com o título mais curto *Die Ausdehnungslebe lebre, Vollständing und in Strenger Form Beartbeitet*, e o conteúdo matemático escrito anteriormente foi devolvido e enriquecido com as últimas descobertas do autor e sob influência de sua leitura dos trabalhos de seus contemporâneos.

Esta apresentação sobre a gênese da álgebra linear pretendeu trazer alguns aspectos históricos para ilustrar um importante contexto que levou ao processo de depuração da matemática no século XIX. Além disso, uma questão que se pode colocar é: a postura de Möbius foi uma atitude deliberada de sugerir para Grassmann que o afastamento de sua teoria da filosofia deveria acontecer para que ela fosse apreciada por um matemático, ou seria apenas incompreensão de Möbius das ideias presentes na teoria da extensão?

Independente da resposta que poderia ser encontrada ou sugerida, o que fica para nós é que este é mais um exemplo de afastamento, de maneira deliberada ou não, de alguns matemáticos, de tudo aquilo que envolvesse outras áreas de conhecimento.

---

20 Não sabemos se o entendimento de intuição que Apelt usa é o mesmo que Dieudonné possui, mas é interessante observar o que para um matemático significa a palavra intuição: "A dificuldade é aquilo que o matemático chama de 'intuição' é para ele uma experiência psicológica absolutamente pessoal, quase incomunicável e há toda razão para acreditar que as intuições de dois matemáticos são a maioria das vezes muito diferentes". (Dieudonné, 1990, p.177)

Em direção à Matemática do matemático

Os projetos de Euclides, Hilbert e do grupo Bourbaki e o caminho que a produção matemática tomou no século XIX tiveram, em conjunto, e ao longo do tempo, importante impacto na pesquisa matemática, cujo principal aspecto positivo foi a criação de um padrão de comunicação da produção acadêmica entre os pares na comunidade dos matemáticos. Além disso, a partir desse momento, possuindo um objeto de estudo separado de todas as outras áreas de conhecimento, fez sentido em designar "o matemático" como sendo o profissional pesquisador que produz esta Matemática (resultado do processo de depuração).

Um dos pontos centrais a ser observado no processo de depuração da Matemática, caracterizando assim a chamada Matemática pura, é que a partir desse momento, a matemática deixa de ser "ferramenta" e passa a ser "objeto" – o objeto de estudo dos matemáticos. A partir daí, temos uma abordagem internalista, isto é, uma reflexão da matemática para dentro de si mesma; o estudo da Matemática pela Matemática.

Em nosso entendimento, então, faz sentido perguntar: quem é o matemático a partir do século XX? Essa pergunta foi respondida parcialmente pelo matemático brasileiro Manfredo Perdigão do Carmo da seguinte maneira:

> Os problemas da matemática que contribuem para o seu desenvolvimento são aqueles que forçam a criação de novas técnicas, relacionam ideias aparentemente distintas e iluminam a nossa compreensão da Matemática como um todo. É a dedicação à solução de tais problemas (nem sempre bem sucedida) que caracteriza e distingue um matemático propriamente dito (Carmo, 1987, p. 58).

Porém, esta afirmação parece dizer mais da atividade do matemático do que caracterizá-lo. Assim, ao procurarmos uma caracterização menos vaga, encontramos uma formulação mais direta de Dieudonné, que responde à pergunta nos seguintes termos: "Um matemático (...) será, portanto, definido como alguém que publicou pelo menos a demonstração de um teorema não trivial" (Dieudonné, 1990, p. 26)[21].

Com base na resposta de Dieudonné, em nosso estudo, identificaremos o matemático como sendo um pesquisador praticante – isto é, que tem como principal atividade a pesquisa –, que produziu um número suficiente de resultados relevantes (não triviais) para a comunidade a qual pertence, e que no século XX se tornou, por diferentes razões, em um especialista, diferente de outros estudiosos da Matemática de séculos anteriores, como Leonard Euler, que foi um generalista por atacar diferentes assuntos em matemática, e também fora dela[22]. A avaliação sobre sua importância profissional é determinada pela comunidade a qual pertence e que, em geral, é determinada pelas novas frentes de investigação que seus estudos proporcionam.

Um ponto importante a destacar sobre todo esse processo é que a Matemática produzida no século XIX trouxe um novo padrão de rigor que avançou para o século XX. Isso pode ser observado na emergência dos assuntos que se tornaram disciplinas acadêmicas como a análise matemática e a álgebra linear como mencionamos anteriormente. Essa tendência marcará o que designaremos como a Matemática do matemático no capítulo seguinte.

Em suma, ao analisar os projetos Euclides, Hilbert e do grupo N. Bourbaki, não queremos sugerir que houve um processo linear, nem mesmo olhar para eles como algo que aconteceu de maneira deliberada para se chegar a um resultado final. Além disso, tivemos uma enorme dificuldade em analisar as obras de História da Matemática disponíveis na busca por evidências, visto que a maioria delas, como observa Tatiana Roque (2012, p. 15), "(...) segue uma abordagem retrospectiva, que parte dos conceitos tais como os conhecemos hoje para inves-

---

21 Dieudonné esclarece o termo *trivial* fazendo menção aos trabalhos de pesquisa em matemática que se limitam a tirar algumas consequências fáceis de princípios bem conhecidos (Dieudonné, 1990, p. 26).

22 Para efeito de informação, Maurice Mashaal, um jornalista científico, sugeriu que Henri Poincaré (1854-1912) e David Hilbert (1862-1943) foram os últimos matemáticos universais, "(...) no sentido que foram ativos, ou no mínimo bem informados, em relação a todos os domínios da matemática". (Mashaal, 2006, p. 78)

tigar sua origem". Mas este é um ponto que discutiremos no Anexo 1, na seção intitulada *Um outro olhar para o processo histórico da Matemática.*

Apesar disso, o que buscamos evidenciar com os três projetos, foi o que eles tiveram em comum: a promoção de um afastamento da matemática de suas origens práticas e da sua relação íntima e constitutiva com as outras diferentes áreas do conhecimento.

Desse modo, o processo de depuração da Matemática aconteceu em diferentes momentos da História da Matemática e ocorreu por diferentes motivos: quer seja porque alguns pesquisadores estavam pensando e produzindo Matemática em uma direção específica; ou porque em um determinado momento houve o interesse dos estudiosos por investigar problemas internos à própria Matemática em construção no século XIX; ou ainda, por uma ação deliberada de alguns desses pesquisadores que, em algum momento, tiveram clareza da necessidade de afastamento da Matemática das outras áreas de conhecimento e das aplicações da Matemática com o objetivo de delimitar o seu objeto específico de estudo.

Para deixar clara a nossa perspectiva, o que pretendemos com a análise desenvolvida até aqui foi entender esse processo de depuração para podermos caracterizar a Matemática produzida como fruto desse processo e dizer que não há nenhuma crítica a ela, que será o objeto de estudo da comunidade dos matemáticos. Nossa crítica e rompimento, é com o discurso que pretende sugerir que toda a Matemática – fruto de um processo histórico e cultural – se reduz hegemonicamente à Matemática produzida por este processo de depuração.

No que segue, tomaremos como base esse processo de depuração com o intuito de dar uma caracterização para a Matemática assim produzida. Mas, lembramos que a questão que realmente importa, para os nossos fins, será a de identificar o impacto dessa perspectiva para o ensino da Matemática e a consequência para a formação de professores que é mantida até os dias atuais. Seguiremos, a partir de agora, o caminho que vai nesse sentido e analisaremos suas decorrências para o ensino.

CAPÍTULO 3

A Matemática do matemático: uma caracterização

Matemática é o que o matemático faz quando ele diz que está fazendo matemática.

Para o matemático, a matemática é o que sai de seu gabinete, não o que acontece lá dentro.

Roberto Ribeiro Baldino

A Matemática que foi sendo produzida seguindo a trilha Euclides-Hilbert-Bourbaki até chegar ao século XX foi, como discutimos, fruto do processo de depuração da Matemática e seu produto será designado como a *Matemática do matemático* ou *Matemática pura*.

Na busca de uma caracterização para esta Matemática, identificamos três características que serão descritas a seguir, e que visam evidenciar aspectos que temos interesse em elucidar, pois serão a causa original do impacto sobre o ensino da Matemática em nível escolar e acadêmico.

A primeira característica é fruto do esforço milenar de depuração que reduziu os possíveis modos de produção de significados para a Matemática a um único modo. Esta característica é assim descrita: *A Matemática do matemático se constitui como uma teoria axiomática e dedutiva (ou uma teoria matemática) construída a partir da noção de estrutura matemática e, ao se constituir desta maneira, reduziu os objetos, a maneira de operar e as lógicas correspondentes dessas operações a um único modo de produção de significados, excluindo todas as possibilidades de outros modos possíveis que foram historicamente constituídos por diferentes sujeitos, em diferentes culturas e atividades.*

Lins e Gimenez (1997) chamaram essa Matemática de Matemática acadêmica e elucidaram a primeira característica com o seguinte comentário:

> (...) a matemática acadêmica trabalhava com um conjunto de afirmações, mais ou menos sem se importar com a origem dos significados, contanto que eles parecessem corretos e aceitáveis. A uma certa altura, começou um processo de tomar aquelas afirmações e de produzir para elas significados que não dependiam da rua. Por exemplo, números sempre foram vistos como emergindo de atividades como contar e medir, e nessas atividades seus significados foram produzidos. Depois que uma coleção de afirmações sobre números se estabelece, pode-se dizer "bem, *na verdade* números não têm nada a ver com contar e medir, eles são objetos abstratos, que *aplicamos* aos objetos concretos com os quais queremos lidar", e a partir daí produz-se um conjunto de princípios que definem *número*, e que não fazem menção alguma aos significados não matemáticos; esses princípios definidores podem basear-se em conjuntos ou num princípio de construção de sucessores, mas nada de medida ou contagem (Lins; Gimenez, 1997, p. 24, destaques do autor).

Recordamos ao leitor que o comentário destes educadores matemáticos faz menção, por exemplo, à teoria dos números naturais, construída a partir dos axiomas de Peano, como vimos anteriormente.

Todavia, nosso interesse particular está nas *propriedades internas* constitutivas da Matemática pura, quais sejam: a de ser definicional, internalista, simbólica, dedutiva e determinada por um padrão de rigor variável no tempo, sobre o qual passaremos a discorrer.

Ser *definicional* se refere ao fato de que a definição matemática é o ponto de partida para a apresentação de um assunto ou uma teoria em Matemática. O que é função, limite e derivada, por exemplo, está bem circunscrito e muito bem delimitado pelas definições produzidas, e nenhum outro significado para esses termos pode ser apresentado como explicação alternativa[1]. A definição de derivada, por exemplo, é dada da seguinte maneira em um livro de análise matemática:

> Sejam X $\rightarrow$ IR, f: X $\cap$ IR e a X X' (isto é, a é um ponto de acumulação de X pertencente a X). Diremos que f é *derivável* no ponto a quando existir o limite
>
> $$f'(a) = \lim \frac{f(x) - f(a)}{x - a}$$
>
> No caso afirmativo, o limite f'(a) chama-se a *derivada* de f no ponto a (Lima, 1976, p. 200).

Neste livro, a definição acima e o que segue ao longo do texto desconsidera, por completo, os significados geométricos – associados à reta secante, reta tangente, gráfico de uma função – e os significados físicos – associados à velocidade média, velocidade instantânea, movimento, deslocamento –, isto é, os significados de onde a ideia de derivada emergiu. Por outro lado, parece que o autor, entendendo o problema gerado pela limpeza produzida por ele, procura contornar o possível desconforto do leitor ou aprendiz transferindo para ele a responsabilidade de fazer as conexões adequadas:

> *Pressupomos* que o leitor tenha estudado, num curso de cálculo, os aspectos computacionais e as aplicações mais elementares da derivada. *Esperamos*, principalmente, que *ele esteja familiarizado com o significado geométrico da derivada* como coeficiente angular da tangente ao gráfico de uma função. *Embora essas imagens intuitivas não desempenhem papel algum no desenvolvimento lógico do texto, consideramos indispensável a atitude mental de pensar no gráfico de cada função* mencionada no último capítulo. Do contrário, seria difícil imaginar soluções para os exercícios propostos e entender o significado das proposições e

---

1 Como veremos, a seguir, esta afirmação é uma expectativa que existe para o matemático e que funciona bem entre os pares, na ausência de um aprendiz. A inserção do aprendiz no processo frustra esta certeza.

> dos exemplos. Até mesmo o próprio *conceito* de derivada se tornaria artificial e injustificado (Lima, 1976, p. 200, destaques nossos).

Note que, para falar de derivada a partir da definição – que no final das justificativas do autor vira conceito –, ele fica nas mãos do leitor que vai precisar introduzir uma informação anterior relativa aos significados geométricos. Seu discurso é, no mínimo, paradoxal: o intuitivo, o geométrico não pode aparecer na discussão no estudo de análise matemática, mas é indispensável que estejam presentes.

Em geral, as principais definições matemáticas são axiomáticas como aquelas produzidas para definir número natural, espaços vetoriais e números reais. Além disso, o que é definir em Matemática é bem diferente, por exemplo, do que se concebe em Filosofia, como comenta Baldino:

> (...) em vez de uma definição ser a expressão de um conhecimento sobre um objeto, como na filosofia, na matemática, o objeto é dado, é um conjunto bem determinado e a definição é um <u>nome</u>, um mero rótulo que se põe nele. Portanto, as propriedades das funções contínuas não devem ser procuradas na noção de "continuidade" do dicionário ou da vida corrente, nem as propriedades dos números complexos devem ser procuradas na "complexidade" de um certo "plano" (Baldino, 2000, p. 2).

Lins, em concordância com a afirmação de Baldino, acrescenta à nossa descrição o fato de que para o matemático "um objeto existe apenas na medida em que ele é definido, e apenas como assim definido". (Lins, 2008, p. 539)

A segunda propriedade interna se refere ao fato de que a Matemática pura é *internalista*. E ela surge, como as outras propriedades, na própria constituição desta Matemática, como é evidenciado por Baldino (2001), quando apresenta uma crítica à concepção de Boyer sobre a matemática em seu livro *The History of the Calculus and its Conceptual Development* (A História do Cálculo e seu Desenvolvimento Conceitual) de 1949. Baldino (2001, p. 1) observa que "O texto de Boyer apresenta a matemática como a clareza positiva atual que brilha contra um passado confuso, eivado de noções espúrias: infinitésimos, indivisíveis, razões últimas, quantidades evanescentes" e que "Tais noções espúrias são devidas a nossas impressões sensoriais das quais os matemáticos devem se 'emancipar' porque elas 'prejudicam' o desenvolvimento da matemática". Ele se refere à seguinte parte do texto em que Boyer afirma:

> A história do cálculo fornece um exemplo inusitadamente contundente da lenta formação dos conceitos matemáticos pela emancipação de todo dado sensorial de ideias provenientes de nossas intuições primitivas. Recentemente percebeu-se com mais clareza que a matemática é o estudo de relações em geral e não deve ser prejudicada por quaisquer noções preconcebidas derivadas da percepção sensorial sobre o que devam ser tais relações (Boyer *apud* Baldino, 2001, p. 1).

Então, Baldino chega ao ponto que nos interessa destacar com a seguinte análise, ao dizer:

> Assim, a essência da matemática está na clareza a que se chegou com as definições e os desenvolvimentos lógico-formais. Vistos a partir dessas definições claras, os elementos anteriores são nada, são pura aparência. Essa reflexão de Boyer apresenta com a máxima clareza que é uma reflexão que se denominou *internalista, reflexão da matemática para dentro de si mesma.* Essa reflexão determina, por um lado, a identidade da matemática, por outro, sua imediatez. A identidade é melhor expressa quando se diz *que a matemática é a matemática e quem entende dela são os matemáticos.* A imediatez faz com que ninguém duvide de que, no mundo, encontra-se um ser-aí tão imediato como este teclado no qual escrevo e que denominam "matemática". Falam "dela", embora jamais digam o que se deve entender, claramente e com precisão lógica, sobre este "ela" (*Ibidem,* p. 2, destaques nossos).

E assim, a propriedade de ser internalista é parte constitutiva dessa Matemática. Boyer expressa bem esta concepção da Matemática do matemático quando nega esse passado confuso, negativo, buscando não reconhecer como fazendo parte de sua história, em favor de um presente claro, positivo, da Matemática.

Mais localmente, Lins (2005a) nos esclarece seu entendimento sobre o internalismo da Matemática ao dizer:

> (...) quando o matemático define um objeto, não cabe a discussão de se esta definição corresponde bem ou não a algo *fora* da própria matemática. Se for para discutir se um objeto definido é ou não 'bom', isto é feito apenas com relação a se ele ajuda a abrir áreas 'interessantes' de estudo ou se ajuda a estabelecer novas relações que esclareçam ou resolvam *problemas* já postos (Lins, 2005a, p. 95, destaques do autor).

Assim, o que importa é que o que ali for dito esteja de acordo com os modos legítimos de produção de significados da Matemática do matemático; isso é o que caracterizamos como internalismo.

Dizer que a matemática do matemático é *simbólica* significa dizer que a natureza dos objetos dessa matemática é *simbólica* em oposição a uma natureza ontológica[2]. Com isto, se quer dizer que "(...) os objetos são conhecidos não no que eles *são*, mas apenas em suas *propriedades, no que deles se pode dizer*" (Lins, 2005a, p, 96, destaques do autor).

Além disso, a natureza simbólica da Matemática pura expressa seus conceitos a partir das notações matemáticas, mas, como nos adverte Baldino (1998), a notação:

> (...) não tem a função de expressar o conceito, mas, sim, a de conferir autonomia ao rigor simbólico através do cálculo proposicional em que se arquiva o

2 Sobre este ponto Lins (1994c, p. 37) nos remete a algumas referências ao observar que: "E esse simbólico pode ser entendido como em Klein (1968), opondo-se ao ontológico ou como em Novy (1973), representando a exclusão do extra sistêmico".

> conhecimento matemático. Esse cálculo deve ser verificável em si, sem referência ao sentido. O critério de verdade da matemática é sintático, não semântico (Baldino, 1998, p. 23).

Um exemplo dessa natureza internalista e simbólica é expresso quando o algebrista define a estrutura de grupo. Para ele, não importa "quais" ou "quem" são os elementos do conjunto de base; eles podem ser números, funções, polinômios, matrizes. Muito menos interessa qual será especificamente a operação em questão e, sim, que dois elementos do conjunto, quando operados, resultam em um elemento do conjunto (a propriedade de fechamento) ou não. Assim, o que importa são as propriedades desta operação, que vão caracterizar a estrutura de grupo. Na continuação, estuda-se que outras propriedades e relações são implicadas por estas propriedades.

Dizer que a Matemática do matemático é *dedutiva* se refere a afirmar que a dedução – uma forma de raciocínio que permite tirar de uma ou várias proposições uma conclusão que delas decorre logicamente – é a única forma de operar aceita. Por exemplo, operar por verificação de um número finito de casos não é aceitável. Além disso, na Matemática, a dedução é sinônimo de demonstração. Porém, como veremos no próximo capítulo, Morris Kline relata que o matemático praticante, na sua prática diária de investigação, não opera exclusivamente de maneira dedutiva quando procura por respostas. Como qualquer não matemático, ele usa indução, tentativa e erro e estudos de casos particulares para produzir inferências possíveis acerca do que procura.

O matemático George Polya reforça a visão de Kline ao escrever:

> (...) tendo verificado o teorema em muitos casos particulares, obtivemos uma forte evidência intuitiva a seu respeito. A fase indutiva venceu nossa suspeita inicial e deu-nos uma forte confiança. Sem tal confiança dificilmente teríamos encontrado coragem para empreender a sua demonstração que não parece de modo algum uma tarefa rotineira. Quando se está convencido que o teorema é verdadeiro, começamos a demonstrá-lo (Polya, 1954 *apud* Villiers, 2001).

De maneira perspicaz e por conhecimento da área, Baldino (2000, p. 2) elucida o fazer do matemático praticante ao dizer que: "Para o matemático, a matemática é o que sai de seu gabinete, não o que acontece lá dentro". E a Matemática que sai do gabinete pronta e acabada é dedutiva.

Outra propriedade interna importante da Matemática é o *padrão de rigor*, considerado como sendo algo constitutivo na prática do matemático profissional. Mas, mais que isso, o "rigor sempre foi sinônimo de poder de discurso", conforme observou Baldino (*Idem*).

Por sua vez Kline, ao comentar sobre a visão do rigor para os matemáticos, diz:

> Não podemos entrar aqui na história do rigor ou nas dificuldades em construir a matemática rigorosamente, mas podemos declarar que muitos matemáticos são suficientemente cépticos sobre se chegaremos a atingir o rigor a ponto de fazer observações sarcásticas tais como: "A lógica é a arte que cair em erro com confiança"; ..." A virtude de uma prova lógica não está em ela obrigar-nos a crer, porém, em sugerir dúvidas ..."; "Uma prova matemática diz-nos onde encontrarmos nossas dúvidas..."; "A tentativa toda de injetar rigor na matemática importou em catar joias para no fim descobrir serpentes debaixo delas (Kline, 1976, p. 79).

Já o matemático Ivan Niven descreve o significado de rigor da seguinte maneira: "A palavra 'rigor' é o termo técnico usado em matemática para indicar o cuidado lógico no desenvolvimento de um tópico, em contraste com uma posição mais intuitiva, onde afirmações são aceitas como corretas por parecerem razoáveis ou evidentes" (Niven, 1984, p. 71).

É importante observar que o rigor muda com o tempo, como também observou Morris Kline:

> A matemática desenvolve-se como numa árvore. Ao aumentarem o tronco, os ramos e as folhas, as raízes aprofundam-se mais. Pode-se seguramente dizer que nenhuma prova dada pelo menos até 1800, em qualquer área da matemática, exceto possivelmente a teoria de números, seria considerada satisfatória pelos padrões de 1900. Os padrões de 1900 não são aceitáveis hoje em dia (Kline, 1976, p.79).

Reforçando o comentário de Kline, David Bloor (1998) indica que a questão do rigor se apresenta desde a antiguidade e pode ser observado em Arquimedes:

> (...) o pensador grego Arquimedes tinha também visto a utilidade de imaginar que as formas pudessem ser cortadas em fatias. Arquimedes tinha usado esta ideia, juntamente com metáforas ainda mais mecânicas, para facilitar a compreensão matemática de algumas formas e figuras. Por exemplo, imaginou como poderia equilibrar numa balança segmentos de figuras de formas diferentes. Deste modo, ele foi capaz de estabelecer equações que permitiam obter o volume da esfera relacionando-a com formas mais simples como o disco e o cone (Bloor, 1998, p.70).

Sobre o método utilizado por Arquimedes, Bloor comenta:

> Este 'Método de Teoremas Mecânicos' é esboçado por Arquimedes numa carta em que afirma que este não prova ou demonstra realmente os teoremas que o próprio método sugere: 'De facto, eu próprio vi, pela primeira vez, algumas coisas por meios mecânicos e, então, demonstrei-as geometricamente porque a investigação feita dessa forma não constitui uma verdadeira demonstração (*Idem*).

Bloor (*Idem*) então observa que, "Para Arquimedes, uma demonstração verdadeira é uma demonstração geométrica e não aquela que é baseada em metáforas mecânicas de cortar em fatias e pesar em uma balança". Ao mencionar a história dos infinitésimos, o autor nos apresenta o padrão de rigor do século XIX:

> A grande tendência para o rigor do século XIX, impôs de novo a proibição das quantidades infinitas actuais e dos infinitésimos que tinha estado presente muitos séculos antes no pensamento grego, mas que tinha caído em desuso no século XVI. O novo rigor reconstruiu todas as realizações de homens como Cavalieri e Wallis, tendo culminado no Cálculo Infinitesimal. Esta reconstrução eliminou muitos dos métodos através dos quais essas realizações tinham sido conseguidas. Operações como a multiplicação por $1/\infty$, de Wallis, ou a forma confiante como simplificava infinitos no numerador e denominador de frações, deixaram de ser vistos (*Ibidem*, p.71).

Assim, desde a antiguidade até os dias atuais, a demonstração possui um papel central no rigor imposto à produção matemática, e sua importância pode ser identificada em afirmações do tipo mencionadas por Baldino:

> Quanto às verdades matemáticas, não se pode considerar geômetra quem saiba de cor, *externamente*, os teoremas de Euclides, sem saber as demonstrações, sem conhecê-los *interiormente*. Também será considerado insatisfatório o conhecimento da relação de Pitágoras se esta for adquirida a partir da medida de muitos triângulos (Baldino, 1998, p. 22).

David e Hersh apresentam os elementos que corroboram a associação da demonstração ao padrão de rigor do matemático nos seguintes termos: "Uma demonstração é confirmação e certificação, então poder-se-ia pensar que, uma vez que uma demonstração tivesse sido aceita por um grupo competente de estudiosos, o restante deles acreditaria em sua palavra, e prosseguiria com suas atividades" (Davis; Hersh, 1985, p. 181).

Esses autores entendem também que "(...) a matemática é o assunto em que há demonstrações", e que "abstração, formalização, axiomatização e dedução são os ingredientes de uma demonstração". Dentro dessa perspectiva, uma demonstração significa para os matemáticos, respeitabilidade, uma chancela da autoridade. Davis e Hersh acrescentam: "Ao serem expostas ao exame e julgamento de uma nova audiência, as demonstrações estão sujeitas a um processo constante de criticismo e revalidação. Erros, ambiguidades e incompreensões são dissipados devido à exposição constante" (*Idem*).

Por outro lado, os autores afirmam ainda que uma demonstração aumenta o entendimento sobre um assunto, mostrando o que nele é essencial e o principiante se aproxima mais, através da demonstração, da criação de nova matemática. Eles concluem, dizendo que as demonstrações são um ritual do matemático e uma celebração do poder da razão pura.

Porém, na prática diária da produção científica, parece que as coisas não acontecem bem assim, como comenta Villiers:

> Que a convicção para os matemáticos não é alcançada somente pela demonstração, é também claramente indicada pela observação feita por um ex-editor das Mathematical Reviews, ao se referir que aproximadamente metade das demonstrações aí publicadas estavam incompletas e/ou continham erros, embora os teoremas fossem essencialmente verdadeiros (...). Os investigadores matemáticos, por exemplo, raramente examinam em detalhe as demonstrações publicadas, mas confiam em vez disso na autoridade reconhecida do autor, na verificação em certos casos especiais e numa avaliação informal, onde procuram ver se "os métodos e os resultados se ajustam, parecem aceitáveis...". Também (...) a razoabilidade dos resultados é considerada muitas vezes em primeiro lugar relativamente à existência de uma prova completamente rigorosa (Villiers, 2001, p. 32).

Notemos que, no julgamento entre os pares, a avaliação acontece um pouco diferente que no discurso: se parecer aceitável o que está exposto no artigo, tem validade incontestável. Assim, na prática, parafraseando a observação anterior de Baldino, observamos que o rigor que se apresenta externamente na comunidade dos matemáticos não é o que acontece lá dentro.

Na prática, estas propriedades internas da Matemática vão determinar um tipo de ensino e a produção de livros-texto redigidos por matemáticos, tal como identificamos atualmente nos compêndios de geometria, do ponto de vista axiomático, teoria dos números, álgebra, álgebra linear e análise matemática e, com menor ênfase, no que diz respeito à estrutura axiomática, nos livros de cálculo diferencial e integral e geometria analítica.

O que importa observar em tudo o que discutimos com respeito à primeira característica é trazer à luz os objetos, a maneira de operar e a lógica como os matemáticos operam, a qual, reunida às características que seguem, nos dará uma visão geral sobre o seu impacto no ensino.

A segunda característica da Matemática do matemático diz respeito às suas concepções, quando está produzindo suas teorias e que será assim descrita: *A matemática do matemático se constitui, em geral, a partir de uma concepção de matemática platonista*[3] *ou formalista.*

Motivaremos a discussão sobre esta característica a partir da seguinte questão: quais sãos as concepções do matemático quando está fazendo Matemática? Esta pergunta é relevante aos nossos propósitos futuros relativos aos processos de ensino e aprendizagem da Matemática porque entendê-la tem implicações importantes sobre como esse profissional vai ensiná-la, sobre qual discurso que vai sustentar em sala de aula. E como ainda estamos no mundo do matemático, buscaremos uma resposta perguntando aos membros de sua comunidade científica.

A *American Mathematical Society* (AMS) é uma associação de matemáticos profissionais nos Estados Unidos, dedicada ao interesse pela pesquisa e pelo ensino da Matemática. Ela possui várias publicações matemáticas e, entre elas, uma denominada de *Notice of the American Mathematical Society*, publicada mensalmente. Conforme essa associação, esse periódico matemático é um dos mais lidos e seu objetivo é fornecer ao leitor artigos entendidos como valiosos e agradáveis sobre novos desenvolvimentos na Matemática e na profissão matemática e, portanto, não é considerada uma revista de pesquisa, mas uma revista de exposição e notícias.

3 Utilizaremos ao longo do livro o termo platonista e não platônico ou outro termo análogo por coerência com as referências que consultamos e utilizamos e que fazem uso deste termo.

No artigo da revista intitulado *Speaking with the Natives: Reflections on Mathematical Communication* (Conversando com os nativos: reflexões sobre comunicação matemática) escrito por Gerald B. Folland, um matemático estadunidense e professor de Matemática da Universidade de Washington, encontramos um comentário importante relativo à nossa questão:

> É uma verdade universalmente reconhecida que quase todos os matemáticos são platonistas, pelo menos quando estão realmente fazendo matemática, em vez de filosofar sobre isso. Como Hardy (...) disse: "Acredito que a realidade matemática se situa fora de nós, que nossa função seja descobri-la ou observá-la e que os teoremas que demonstramos e que descrevemos com grandiloquência como nossas ‹criações› sejam simplesmente as notas das nossas observações" (Folland, 2010, p. 1121).

Na sequência, Folland comenta:

> Pode-se afirmar que os matemáticos podem criar novas estruturas dentro da realidade matemática, assim como os engenheiros podem criar novas estruturas dentro do mundo físico, mas a maioria de nós não tem problemas com a ideia de que existe tal realidade e que nosso trabalho consiste em estudá-la. Além disso, estamos todos treinados para acreditar que o universo que abrange essa realidade consiste em conjuntos e que todo objeto matemático respeitável deve possuir uma definição precisa como um conjunto. Portanto, é possível pegar o matemático que trabalha de surpresa ao descobrir que a maioria dos não matemáticos que usam a matemática não é platônica. Tampouco são intuicionistas ou construtivistas, por mais ansiosas que as pessoas dessas últimas persuasões possam reivindicar sua lealdade. Eles são formalistas. Para eles, a matemática é a disciplina de manipular símbolos de acordo com certas regras sofisticadas, e a realidade externa a que esses símbolos se referem reside não em um universo abstrato de conjuntos, mas nos fenômenos do mundo real em que eles estão estudando. Como Dirac colocou na primeira edição de seu livro clássico sobre os princípios da mecânica quântica (...), discutindo os símbolos que representam os estados de um sistema quântico: "Não se especifica em nenhum lugar à natureza exata dos símbolos empregados, nem essa especificação é de todo ne-

cessária. Eles são usados o tempo todo de uma maneira abstrata, sendo os axiomas algébricos que eles satisfazem e a conexão entre equações que os envolvem e condições físicas sendo tudo o que é necessário" (Folland, 2010, p. 1121).

Essa afirmação é reforçada por Davis e Hersh que comentam, citando o que disse o matemático estadunidense James Donald Monk, que "(...) o mundo matemático está habitado por 65% de platonistas, 30% de formalistas e 5% de construtivistas". Eles observam que: "(...) o matemático praticante típico é um platonista nos dias de semana e um formalista aos domingos". (Com isto, querem dizer que "quando está fazendo matemática ele está convencido de que está lidando com uma realidade objetiva cujas propriedades estão tentando determinar. Mas, quando desafiado a prestar contas filosóficas desta realidade, acha mais fácil fingir que não acredita realmente nela" Davis; Hersh, 1985, p. 362).

Para reforçar o comentário, David e Hersh introduzem na apresentação de suas ideias dois matemáticos; o primeiro deles, o matemático francês Jean Dieudonné:

> Quanto aos fundamentos, acreditamos na realidade da matemática, mas naturalmente quando os filósofos nos atacam com seus paradoxos, corremos e nos escondemos atrás do formalismo e dizemos, 'A matemática é somente uma combinação de símbolos sem sentido', e mostramos os Capítulos 1 e 2 da teoria dos conjuntos. Finalmente, deixamos em paz para que regressemos a nossa matemática e para fazê-la como sempre fizemos, com o sentimento, que cada matemático tem, de que está trabalhando com algo real. Esta sensação é provavelmente uma ilusão, mas é muito conveniente. Esta é a atitude de Bourbaki em relação aos fundamentos (*Idem*).

O outro nome trazido pelos autores é o do matemático estadunidense Paul Joseph Cohen conhecido na comunidade dos matemáticos por suas provas de que a hipótese do contínuo e o axioma da escolha são independentes da teoria de conjuntos de Zermelo-Frankel e que rendeu a ele a maior honraria dada a um matemático na sua comunidade, a medalha Fields. Ele escreveu:

> Para o matemático médio, que deseja simplesmente saber que seu trabalho tem bases exatas, a escolha mais convidativa é evitar as dificuldades, através do programa de Hilbert. Nele, encara-se a matemática como um jogo formal e só se está preocupado com o problema da consistência... A posição Realista [isto é, platonista] é provavelmente a que maior parte dos matemáticos preferiam adotar. Somente quando se tornar consciente de algumas das dificuldades da teoria dos conjuntos é que o matemático começará a questioná-la. Se estas dificuldades o inquietam particularmente, ele correrá para o abrigo do formalismo, enquanto sua posição normal será em algum ponto entre as duas, tentando desfrutar o melhor de dois mundos. (Davis; Hersh, 1985, p. 362).

Para David e Hersh, comparando as porcentagens acima apresentadas por Monk, a perspectiva da concepção do matemático traçado por Cohen- Dieudonné está mais próxima da verdade:

> O matemático típico é ao mesmo tempo um platonista e um formalista – um platonista secreto com uma máscara formalista que ele põe sempre que a ocasião o pede. Os construtivistas são uma espécie rara, cujo status no mundo matemático parece por vezes ser o de hereges tolerados, cercados pelos membros ortodoxos de uma igreja (*Ibidem*, p. 363).

Assim, o matemático platonista, na acepção declarada pelas citações acima, é aquele que entende que a realidade matemática existe e, como consequência, toda matemática existe independente dele e que sua tarefa é descobrir estas verdades matemáticas. Segundo essa visão, os objetos matemáticos são reais; logo, sua existência é um fato objetivo, totalmente independente de nosso conhecimento sobre eles. Como observam David e Hersh:

> Conjuntos infinitos, conjuntos infinitos não enumeráveis, variedades de dimensão infinita, curvas que enchem o espaço – todos os membros do zoológico matemático são objetos definidos, com propriedades definidas, algumas conhecidas, muitas desconhecidas. Estes objetos não são, naturalmente, físicos ou materiais. Existem fora do espaço e do tempo da experiência física. São imutáveis – não foram criados, e não mudarão ou desaparecerão. Qualquer

> pergunta significativa sobre um objeto matemático tem uma resposta definida, quer sejamos capazes ou não de determiná-la (*Ibidem*, p. 359).

Eles concluem essa observação sugerindo que, da perspectiva do platonismo, um matemático é um cientista empírico, que não pode inventar nada, pois tudo já existe e que, portanto, o que pode fazer é descobrir coisas. Seriam, pois, como um geólogo, que se dedica, por exemplo, a procurar e explorar coisas que já existem no subsolo.

Na Filosofia da Matemática, o termo platonismo foi cunhado a partir da observação de que era uma tendência que se adequava à filosofia de Platão. A principal característica da filosofia platônica na Matemática é que seus conceitos, sendo verdades absolutas, não são inventados pelo matemático, mas descobertos e descritos por ele. O matemático inglês Goldfrey Harold Hardy[4] é o principal nome associado ao platonismo.

Por outro lado, o matemático formalista, na acepção indicada pelos matemáticos nas citações acima, tem a concepção de que a Matemática consiste em símbolos formais ou expressões que são manipuladas de acordo com regras ou convenções pré-fixadas. Diferente do platonista, o formalista acredita que a Matemática é uma criação humana. Como criação, ele considera que toda Matemática pode ser construída a partir de verdades não demonstráveis (axiomas) que, em um desencadeamento lógico de proposições (ou teoremas), podem ser demonstradas todas as verdades. Isto é, a Matemática consiste numa construção lógica e formal de conceitos verdadeiros que partem de um sistema axiomático de definições e teoremas, em que as regras e os símbolos matemáticos não têm nenhum significado, a não ser o significado formal. Sua preocupação reside, então, em eliminar os possíveis paradoxos e contradições que podem surgir no processo de criação matemática. E, para ele, o método axiomático foi a saída encontrada.

---

4 Hardy preferia que seu trabalho fosse considerado sendo de Matemática pura. Sugere-se que essa opção decorre de sua aversão à guerra e aos usos militares para os quais essa ciência tinha sido aplicada.

Assim, para os matemáticos formalistas como Hilbert e os membros do grupo Bourbaki, a Matemática é um sistema simbólico. Com isso, eles desejavam transformar o método axiomático, de uma técnica, na mesma essência da matemática (Costa, 1992). Para os formalistas, a Matemática é a ciência das deduções formais, dos axiomas e dos teoremas e, portanto, os matemáticos investigam as propriedades estruturais dos símbolos independentemente de suas significações.

O entendimento dessas concepções é de grande interesse para a nossa compreensão, do que designaremos de *Ensino da Matemática*, que vai estar impregnado por um discurso decorrente que sugere uma prática de ensino voltada para a visão platonista ou formalista.

A terceira característica da Matemática do matemático é de natureza epistêmica, fundamentada na crença de que: *O conhecimento matemático é do domínio do enunciado, isto é, a teoria matemática é conhecimento.*

Com esta afirmação, não queremos dizer que o Matemático praticante pensa em Epistemologia e, muito menos, que tenha considerado essa possibilidade; pois tal afirmação é formulada olhando de fora a partir de uma perspectiva epistemológica, como argumentaremos a seguir.

O que é interessante é que se tal afirmação fosse proferida por um matemático, encontraria diálogo com alguns filósofos, como Alfred J. Ayer (sd) e Jonathan Dancy (1985). De fato, recordando a descrição tradicional de conhecimento vindo da Filosofia[5], sua formulação nos diz que: um sujeito S conhece uma proposição p se, e somente se, S acredita que p, é verdadeira e a crença de S em p é (epistemicamente) justificada. Em outras palavras, conhecimento é crença verdadeira justificada.

Assim, o conhecimento matemático (do matemático), dessa perspectiva epistêmica, é do domínio do enunciado. Essa constatação é corroborada, por exemplo, pela definição de Matemática apresentada por Bertrand Russell, no

5 Para mais detalhes, consulte Silva (2022, p. 19 -25).

início de seus *Principles of Mathematics* (Princípios de Matemática) em 1903: "A matemática pura é a classe de todas as proposições da forma 'p implica em q', onde p e q são proposições contendo uma ou mais variáveis, as mesmas nas duas proposições e nem p e nem q contém constantes exceto constantes lógicas" (Boyer, 1974, p. 440).

Dito de outra forma, a Matemática do matemático, isto é, sua teoria matemática, é uma crença verdadeira justificada por ser tratar de um conjunto de proposições verdadeiras e justificadas segundo seus próprios padrões de rigor. Portanto, da perspectiva da descrição tradicional, é conhecimento.

Voltaremos a essa discussão na seção seguinte, onde aprofundaremos esta característica analisada em relação ao seu efeito sobre o ensino. Isto porque, para a prática do matemático, isso não precisa ser uma preocupação, porém, para o ensino, tal perspectiva se constitui um desastre.

Em resumo, caracterizamos a *Matemática do matemático* a partir das três propriedades constitutivas seguintes:

(i) É o produto do esforço milenar de depuração da Matemática expressa por uma teoria axiomático-dedutiva, cujas características intrínsecas são a de ser: definicional, internalista, simbólica, dedutiva e determinada por um padrão de rigor variável no tempo;

(ii) Sua constituição se deu, em geral, a partir das concepções platônica ou formalista de Matemática;

(iii) Sua natureza epistêmica pressupõe que o conhecimento matemático é do domínio do enunciado, isto é, a teoria matemática é conhecimento.

A partir dessa caracterização, entendemos que, para o matemático – chamado de "puro" – a Matemática é um objeto, seu objeto de estudo, fazendo sentido o estudo da Matemática por ela mesma. Porém, para a maioria dos outros pesquisadores, ou profissionais que utilizam a Matemática, ela é propriamente um instrumento (ferramenta) para se chegar a um objetivo maior – a resolução de um problema específico fora da Matemática. Sendo assim, parece-nos importante informar, a esta altura, que a concepção de uma matemática pura não era uma unanimidade, por exemplo, na comunidade dos físicos. Para ilustrar este ponto Baldino (1998) observa, citando J. Harthong, para indicar a divergência entre físicos e matemáticos no que dizia respeito ao cálculo diferencial e integral, por exemplo, que:

> É assim que, desde há um século e de maneira ainda mais flagrante, desde há quarenta anos o divórcio se consumou: de um lado os matemáticos puros que perseguem seus próprios problemas pelas nuvens e, de outro, os físicos que ignorando d'Alembert e, sobretudo, Weierstrass, continuam a praticar o cálculo dos infinitamente pequenos, troçando desse rigor matemático, a seus olhos puramente ideológico (Harthong, 1983 *apud* Baldino, 2000).

Da nossa perspectiva, o que esse comentário evidencia possui grande importância, pois indica uma maneira diferente dos físicos constituírem os objetos matemáticos, caracterizado por uma maneira diferente de operar segundo uma lógica que corresponde também diferentemente daquela dos matemáticos. E do ponto de vista da pesquisa, a Matemática pura, com suas características peculiares, serve bem ao matemático em seu processo de investigação, mas, no que diz respeito ao ensino, ela terá fortes implicações negativas para a aprendizagem dos estudantes.

Aprofundaremos a discussão dessas características no próximo capítulo, quando abordarmos o ensino da Matemática a partir dessas concepções, práticas e discurso. Mas, antecipando o que veremos, podemos dizer que a vida profissional do matemático seria perfeita se ele não precisasse atravessar a fronteira que separa a atividade de pesquisa da atividade de ensino, pois, a inserção de um aprendente falante, a partir da teoria matemática, vai ser a causa primeira de todos os seus problemas nessa segunda atividade. Sua inserção na atividade de ensino foi indicada por Baldino, ao discutir o ensino de cálculo, esclarecendo características do seu perfil:

> Com a introdução da Pós-graduação no Brasil, a partir da reforma universitária de 1969, o matemático-professor supriu perfeitamente a incompetência imputada aos antigos catedráticos, mas desenvolveu uma nova: os cursos de cálculo, tanto para os futuros matemáticos quanto para os chamados "cursos de serviço" (engenharias, física, etc.) passaram a ter cada vez menos "aplicações" e cada vez mais tópicos de análise matemática. Era esse o assunto que os novos professores tinham mais urgência de aprender, pressionados pelas disciplinas de Pós-Graduação que cursavam. Ensinar, era a melhor oportunidade que eles tinham de aprender. (...) Hoje, o matemático-professor que ensina disciplinas de cálculo, costuma não ver relação, por exemplo, entre a transformada de Fourier que ele aprende na teoria dos operadores diferenciais parciais lineares, e os espaços de fase e frequência das ondas eletromagnéticas com que os alunos [de física e algumas engenharias] vão trabalhar. De onde vêm e para que servem as equações diferenciais com cuja teoria ele obtém seu doutorado? Alguns até declaram publicamente que, disso, nada querem saber. O argumento de que o matemático "não precisa saber" as aplicações, limita sua formação ao terceiro ou quarto escalões do ranking de pesquisadores mundiais. Afinal, a separação da Física e da Matemática é recente (Baldino, 1998, p. 12).

Informamos que continuaremos utilizando como sinônimos, ao longo dos próximos três capítulos, os termos Matemática do matemático, Matemática pura, teoria axiomática e dedutiva (ou axiomático-dedutiva) e teoria matemática para fazer menção às tais características acima descritas e, também, de maneira mais ampliada, considerando concepções, práticas e discurso que foram incorporados pelos matemáticos quando produzem significados a partir dela.

Ressaltamos, por fim, que enquanto atividade de pesquisa, o processo de depuração que se materializou no que chamamos de Matemática pura atende plenamente ao processo de investigação do matemático e que *não temos nada a dizer sobre isso*. O problema, para nós, reside quando esta atividade, que orienta o discurso do matemático, passa a ser praticada como atividade de ensino. É o que passaremos a analisar.

CAPÍTULO 4

O Ensino da Matemática: caracterização, concepções e discurso

A primeira regra do ensino é saber o que se deve ensinar. A segunda é saber um pouco mais do que aquilo que se deve ensinar.

George Polya

O ideal matemático [do matemático] é reduzir a enunciação ao enunciado, retirando o sujeito.

Roberto Ribeiro Baldino

A Matemática do matemático, ao final de um longo processo de depuração, foi organizada a partir das noções de axiomática, de estruturas, e fundamentada no método dedutivo, constituindo propriedades internas que produziram uma limpeza completa dos significados não matemáticos e que resultou nas teorias axiomático-dedutivas.

Essa maneira de constituir os objetos matemáticos, de operar com eles segundo uma certa lógica, levou a uma metodologia de pesquisa que caracterizou um modo de organizar o mundo do matemático no século XX, a partir de uma visão platonista e formalista.

Neste capítulo, e nos dois capítulos subsequentes, analisaremos o impacto de todo este processo no ensino da Matemática na escola e na formação de professores que ensinam matemática para que entendamos com clareza as concepções, práticas e discursos com o objetivo de propor mudanças nestas formações.

O capítulo se divide em duas seções: na primeira, caracterizaremos o que é o denominado *Ensino da Matemática*, buscando esclarecer cada uma das suas propriedades internas que são, em geral, aceitas sem questionamento, de modo a entender quais serão os pontos de nossa ruptura com esta tradição que vem da Matemática dos matemáticos. Em verdade, o questionamento produzido a este ensino não partiu dos educadores que, no máximo, tentaram ensinar "melhor" esta Matemática em vez de questioná-la. A crítica importante veio dos próprios matemáticos, tanto no âmbito nacional quanto internacional.

Assim, nas seções precedentes, como estávamos no "mundo" dos matemáticos, demos voz quase que exclusivamente a eles, mas continuaremos a fazê-lo pela sua importante atuação ao criticar os problemas com o ensino produzido por uma educação para a Matemática que designaremos por *Ensino da Matemática*. Porém, a partir de agora, traremos também para a discussão pesquisadores educados matematicamente, tais como os filósofos e os educadores matemáticos, cujas análises nos interessam explicitar.

Na segunda seção deste capítulo indicaremos uma possível resposta a uma questão que nos colocamos durante nossos estudos, qual seja: haveria uma outra maneira de ensinar a Matemática pela Matemática, diferente daquela que propõe apenas a *reprodução* das teorias matemáticas em sua forma pronta e acabada?

Para nós, um caminho alternativo foi indicado por Imre Lakatos, que propôs uma visão alternativa caracterizada pela oposição, em seus termos, ao estilo dedutivista. Mas não devemos perder de vista o fato de que, nos dois casos, o objetivo é o mesmo: educar para a Matemática.

O que é o Ensino da Matemática?

O *Ensino da Matemática* é caracterizado pelos seguintes axiomas:

Axioma 1: Ensinar Matemática é educar para a Matemática, isto é, ensinar a Matemática pela Matemática.

Axioma 2: Ensinar Matemática parte do pressuposto que uma teoria matemática é conhecimento, como consequência, o conhecimento matemático é expresso pelo enunciado.

Axioma 3: Ensinar Matemática é transmitir o conhecimento matemático expresso pela teoria Matemática através da reprodução *ipsis litteris* de sua forma pronta e acabada;

Axioma 4: Ensinar Matemática tem como pressuposto que os aprendizes são todos iguais segundo seus funcionamentos cognitivos.

Axioma 5: Ensinar Matemática se fundamenta nas concepções platonista e formalista de Matemática.

Recordamos ao leitor que, em Filosofia, um axioma é entendido como uma premissa imediatamente evidente que se admite como universalmente verdadeira sem exigência de demonstração. Japiassu e Marcondes observam que "Na exposição de um sistema, especialmente nas matemáticas, um axioma é uma proposição de partida, indemonstrável, mas que decidimos considerar como verdadeira porque parece evidente" (Japiassu; Marcondes, 1990, p. 31).

Assim, formulamos os pressupostos desta perspectiva de ensino por axiomas porque o significado supracitado parece expressar exatamente o que está no senso comum das pessoas que pensam e ensinam matemática.

Como consequência dos axiomas e na crença que expressam algo inquestionável, apesar de se constituir em uma visão de ensino fundada, muitas vezes, no senso comum[1] do mateólogo[2], ou por aqueles que nunca consideraram a possibilidade de ser diferente, que é possível então gerar várias proposições decorrentes diretamente destes axiomas. Por exemplo, poderíamos, talvez, criar algumas proposições a partir do axioma 3:

Proposição 1: Aprender Matemática é reproduzir as teorias matemáticas exigindo, para isso, 90% de transpiração e 10% de inspiração.

Demonstração: Fica a cargo do leitor (É preciso começar já a transpiração).

Corolário 1: O rigor deste dia é suficiente para este dia; para o matemático, não para o aprendiz.

Demonstração: A frase proferida por Moore foi pensada para um matemático praticante. Logo, não foi dito, em nenhum momento, que seria válido para o aluno. Portanto, o erro, a imprecisão e a falta de rigor não são admitidas para o aluno. CQD

Corolário 2: Aprender Matemática se dá a partir de um ensino baseado no estilo dedutivista (no sentido proposto por I. Lakatos).

Demonstração: Trivial.

E, assim, podemos ir construindo a concepção vigente do *Ensino da Matemática* segundo a proposta de educar para a Matemática os estudantes que, em sua maioria, não serão matemáticos. A decorrência perversa dessa perspectiva pode ser percebida, em alguns momentos, nas salas do café dos departamentos

1 O termo *senso comum* será utilizado a partir deste ponto no seu sentido pejorativo, isto é, para designar a ausência de formação científica para falar sobre ensino e, por vezes, para sugerir um conjunto de opiniões e modos de produção de significados sobre o tema, que, por serem impostos pela tradição às pessoas, são geralmente aceitos de modo acrítico como verdades.

2 Recordamos que o termo *mateólogo* designa o professor que reproduz as concepções, práticas e discurso do Ensino da Matemática descrito ao longo deste capítulo e nos dois capítulos subsequentes.

de Matemática, na conversa entre os pares, que, por vezes, pronunciam frases clássicas do tipo "Hoje dei pérolas aos porcos!", sem considerar, por um segundo, a possibilidade de que também porcos podem vomitar pérolas.

A ideia de caracterizar o *Ensino da Matemática* por axiomas – entendidos como proposições evidentes em si mesmos e que, portanto, não necessitam de uma demonstração – significa dizer que, para o mateólogo, na atividade de docência, cada uma das afirmações apresentadas acima como axiomas é aceita como fato inquestionável, sem merecer atenção. Dito em outras palavras, no domínio da pesquisa eles operam cientificamente e de maneira rigorosa, mas no ensino operam no senso comum. Porém, da nossa visão, os axiomas que expressam esta concepção de ensino não são axiomas e merecem uma análise minuciosa, na medida do possível e do limite de espaço que temos. É o que passaremos a fazer.

De maneira proposital, propusemos um gosto de "axiomática" imperfeita para sugerir que aquilo que está expresso como afirmações nos axiomas é, de fato, tomado como universalmente aceito por muitos professores e não é passível de "demonstração" e muito menos de argumentação. Desse modo, expressam a essência do pensamento do mateólogo que foi formado exclusivamente para a pesquisa em Matemática ou formado na tradição do Ensino da Matemática. No primeiro caso, seu fracasso como pesquisador muitas vezes o coloca na atividade de ensino para o qual não foi formado e nem tem interesse – o que acaba implicando na constituição de crenças sobre a prática letiva.

Portanto, as afirmações expressas pelos "axiomas", quando vistas em conjunto, constituem em crenças sobre ensino, baseadas no senso comum e que garantem que a metodologia de pesquisa do matemático seja sua metodologia de ensino; o que facilita muito a vida do mateólogo.

Por este motivo, nossa programação, a partir de agora, será a de questionar cada uma das afirmações presentes nos *pseudos* axiomas de modo a refutá-las.

O **primeiro axioma** deve ser entendido como ensinar uma teoria axiomático-dedutiva e para elucidar esta perspectiva, optamos por explicitar o impacto que causa na formação dos estudantes quando se deparam com o ensino dessas teorias em sua forma acabada. Para tal empreendimento, motivaremos nossa discussão a partir da formulação das seguintes questões: Qual é o aprendizado do estudante ao estudar uma teoria axiomático-dedutiva? E, por que submeter estudantes que não serão matemáticos ao modo de operar e aos padrões de rigor do matemático praticante?

Para responder à primeira pergunta, trazemos à discussão o físico e filósofo da ciência Mario Augusto Bunge[3], que em sua obra intitulada *La Investigación Científica* (1983), apresentou a *Teoria axiomática dos Fantasmas*[4]. Nosso interesse, com isso, é sugerir que a apresentação matemática de uma teoria axiomático-dedutiva pronta e acabada pode ter pouco ou nenhum valor no processo de aprendizagem de estudantes e para a formação inicial de professores de Matemática.

A teoria é apresentada da seguinte maneira:

Teoria axiomática dos fantasmas
Noções primitivas

U é o conjunto dos fantasmas; E é a energia fantasmal; d é a densidade ectoplasmática; t é a idade do fantasma; N é o número de perversidades realizadas pelo fantasma até o tempo t.

Axiomas:

A1: Para todo x de U, a energia de x é diretamente proporcional à densidade do ectoplasma de x e inversamente proporcional à idade de x:

A2: Para todo x de U, a densidade do ectoplasma de x é uma função do 1º grau do número de perversidades que x já realizou:

3 Nossa concordância com as ideias de Bungue estão limitadas ao seu texto, apresentado a seguir.

4 Utilizaremos o texto presente em Machado (1991), levemente alterado em sua redação para melhor compreensão do leitor.

A3: Para todo x de U, o número médio de perversidades realizadas até o tempo t é constante:

Teoremas mais interessantes:

T1: A energia fantasmal **E** é dada por

Demonstração:
Decorre de A1 e A2.

T2: O número de perversidades realizadas pelo fantasma até o tempo t é dado por

Demonstração: Decorre de A3.
T3: Se **E** é a energia fantasmal, então

Demonstração: Decorre de T1 e T2.
T4: Se **E** é a energia fantasmal, então, quando ***t*** se aproxima do infinito, a energia tende a uma constante dada por

Segundo o autor, o desenvolvimento da teoria pode ser continuado a partir daqui, pois, exercícios podem ser produzidos para os estudantes. Por exemplo, dados os valores de t, d e N pode-se encontrar o valor E. Pode-se, também, discutir o gráfico de E em função de t.

Mas o quanto acrescentamos sobre o nosso entendimento a respeito de fantasmas? Em seus termos, Machado comenta:

> Pode-se perceber facilmente, no entanto, que o *conhecimento* a respeito de fantasmas não avançou um milímetro sequer, em decorrência de tal formulação teórica. Também parece claro que nem mesmo a resolução de uma extensa lista de exercícios relativos ao tema dará ao mesmo um sentido *prático*. De pouco adiantaria, ainda, apresentar previamente aos alunos um filme sobre fantasmas,

> como *material concreto* para ilustrar a aula. O tratamento dos fantasmas no modo axiomático, a despeito de matematicamente correto, permanece completamente vazio em termos de significado concreto. Tal como um bom número de temas, tratados em aulas de Matemática, nos diversos graus de ensino (Machado, 1991, p. 97, destaques do autor).

Esta ilustração sugere que o ensino de uma teoria axiomática e dedutiva para os estudantes iniciantes de uma graduação pode não fazer o menor sentido. Por exemplo, quando, ao invés de estudar a teoria dos fantasmas, eles entram em uma sala de aula em que o algebrista vai lhes ensinar a teoria de estruturas algébricas e falar de grupos, anéis, ideais e corpos – sem mesmo lhes informar o que é uma estrutura algébrica e, muito menos, informar que aquele assunto não inicia naquele ponto, mas existe toda história anterior que tem sua origem em coisas que fariam bastante sentido para eles se fosse mencionado.

Além disso, o que vemos de importante neste exemplo é sua potencialidade para sugerir, principalmente para o mateólogo, como nossos alunos estão "vendo" o ensino das teorias matemáticas, em especial para aqueles cujo interesse não está no estudo da Matemática por ela mesma.

Esta discussão nos faz lembrar o autor inglês Lewis Caroll, que, em sua obra *Aventuras de Alice*, apresenta um diálogo entre a rainha e Alice, em que o tema era crença em coisas impossíveis:

> Alice: - Ninguém pode acreditar em coisas impossíveis.
>
> Rainha: - Eu diria que você nunca praticou o bastante (...). Quando eu tinha a sua idade sempre praticava meia hora por dia. Às vezes, me acontecia acreditar em seis coisas impossíveis antes do café da manhã (Caroll, 1997, p. 185).

Assim, para a rainha, acreditar em coisas impossíveis é apenas uma questão de prática, mas para Alice, não. Esse diálogo nos faz recordar que isto acontece de maneira parecida com estudantes que, ao longo da graduação, precisam acreditar na Matemática do matemático (mesmo eles não produzindo significados para ela) e aceitar seus objetos, maneiras de operar e lógicas como se fossem naturais[5].

Nossa leitura do exemplo de Bunge sugere também a pobreza de modos de produção de significados para os objetos dos quais vai se falar a partir daquele texto. Comparativamente, representa o mesmo que tentar nutrir uma pessoa com o bagaço de uma cana, do qual já foi extraído todo o seu conteúdo por uma máquina que não deixa uma gota de caldo. O grande exercício de reflexão, investigação, enfrentamento de dificuldades e produção de novas ideias já foi feito pelo matemático e apresentado em sua forma final. O que sobra como proposta de ensino é a reprodução *ipsis litteris* daquele texto matemático.

Consideramos que é absolutamente contraproducente submeter estudantes da Educação Básica (por exemplo, em treinamento para olímpiadas matemáticas) e futuros professores de Matemática a esse *único* tipo de formação.

Morris Kline, por sua vez, nos esclarece a limitação de uma abordagem exclusivamente axiomático-dedutiva. Ele observa que "(...) o propósito dessa estrutura era satisfazer as necessidades dos matemáticos profissionais que insistem na estrutura dedutiva, *mas nunca fora planejada como uma abordagem pedagógica*" (Kline, 1976, p. 61). O autor chama a atenção para o fato de que a história do cálculo é um exemplo de uma teoria que surgiu *antes* que fosse transformada na estrutura dedutiva:

> Mas antes que a estrutura dedutiva adequada fosse criada, o cálculo não só se tinha estendido e aplicado com êxito como também as vastas matérias de equações diferenciais ordinárias e parciais, o cálculo de variações, a geometria diferencial e a teoria de variáveis complexas haviam sido erigidas sobre o cálculo. Como os matemáticos conseguiram essas tremendas criações? Evidentemente pensaram intuitivamente. Argumentos físicos, quadros, generalizações baseadas em simples casos conhecidos e experiência com a matemática, tudo isso os auxiliou a tirar as conclusões exatas (*Ibidem*, p. 57).

---

5 Ao leitor interessado em ampliar esta discussão, sugerimos o artigo intitulado "Matemática, Monstros e Educação Matemática" (Lins, 2005a).

É interessante observar que, na prática do matemático profissional, ele não fica preso a essa abordagem dedutiva como sugere Kline:

> Quando um matemático procura provar um teorema que suspeita estar certo, emprega quaisquer meios por mais inábeis, indiretos ou sinuosos que sejam, mas talvez mais naturais para o processo criativo. Uma vez provado o teorema, ele ou seus sucessores, agora capazes de ver como se venceu a dificuldade essencial, podem geralmente criar uma prova mais suave ou mais direta. Fizeram-se várias provas em alguns teoremas, cada prova sucessiva remodelando e simplificando a outra e quase sempre incluindo generalizações ou resultados mais firmes. Assim, o teorema e a prova final estão longe de serem os pensamentos naturais originais (Kline, 1976, p. 63).

Ele observa também que, na prática do mateólogo, na perspectiva do *Ensino da Matemática*, depois de enunciar vários teoremas e prová-los, sai da sala de aula muito satisfeito consigo mesmo, mas o mesmo não se pode dizer dos estudantes. Esses, na maioria das vezes, não compreendem o que foi exposto, restando apenas a possibilidade de reproduzirem o que ouviram. E então comenta: "A abordagem dedutiva semelhara o ato de uma raposa que apaga com a cauda as pegadas que deixa" (*Ibidem*, p. 64).

E mais uma vez Kline sugere a limitação da dedução no trabalho criativo do matemático ao dizer: "Na imaginação do trabalho criativo, entram a intuição, a experimentação, a adivinhação judiciosa, a tentativa e erro (...), o emprego de analogias mesmo da espécie mais vaga, os enganos e as apalpadelas. A prova dedutiva exerce pouca função, se é que exerce" (*Ibidem*, p. 68). Para ele, a abordagem axiomática estéril e dissecada não promove compreensão, e o estilo lógico formal "é uma das influências mais desvitalizadoras no ensino de matemática escolar" (*Idem*).

O que constatamos a partir dessas considerações é que reduzir a aprendizagem matemática ao estudo de teorias axiomático-dedutivas e ao método dedutivo é pouco producente para a formação de futuros professores e pode ser um problema até mesmo para a formação do futuro matemático profissional.

Sobre a nossa segunda questão – por que submeter estudantes que não serão matemáticos ao modo de operar e aos padrões de rigor do matemático praticante? – observamos que, no ensino da Matemática, o mateólogo continua usando o mesmo padrão de rigor vindo da pesquisa e a demonstração tem um papel central nesse ensino. Para Davis e Hersh (1985, p. 181), como mencionamos anteriormente, "(...) a matemática é o assunto em que há demonstrações e seus ingredientes são abstração, formalização, axiomatização e dedução". Segundo esses autores, tradicionalmente as demonstrações surgem com Euclides, na geometria, e avança para o ensino da seguinte maneira:

> Após a introdução da "matemática moderna" em meados dos anos cinquenta, as demonstrações se espalharam por outros campos da matemática da escola elementar, tais como a álgebra, e assuntos como a teoria dos conjuntos foram deliberadamente introduzidos de maneira a formar um veículo para o método axiomático e para as demonstrações. Na universidade, uma aula típica de matemática avançada, especialmente dada por um professor com interesses "puros", consiste inteiramente em definição, teorema, demonstração, definição, teorema, definição, teorema, demonstração, numa concatenação solene e sem interrupções (Davis; Hersh, 1985, p. 181).

Dentro dessa perspectiva, o desastre que a concepção da Matemática moderna proporcionou para a aprendizagem dos estudantes, até os dias atuais, ainda se arrasta nos currículos dos cursos de ciências exatas produzidos pelo mateólogo. A esse respeito, Morris Kline tece o seguinte comentário, que podemos entender como ainda sendo atual:

> Naturalmente confundiram o que é logicamente anterior com o que é pedagogicamente desejável. Outros, procurando novidade, apegaram-se ao rigor. Entre os muitos autores [de currículos, de livros-texto e de notas de aula] encontravam-se matemáticos superficiais e relativamente ignorantes que tomaram os tópicos simples da matemática elementar e os fizeram parecer profundos, envolvendo-os no que, para os jovens, se pode descrever tão somente como pretensioso pedantismo. Procuraram com isso dar a impressão de profundo discernimento (insight) matemático. É mais fácil incorporar sofisticação em ques-

> tões triviais do que dar apresentações claras e intuitivas das ideias mais difíceis. Não há dúvida que muita coisa do rigor nos textos modernos foi inserida por homens limitados que procuravam ocultar a própria superficialidade por uma fachada de profundidade e também por homens pedantes que mascaravam seu pedantismo sob o disfarce do rigor[6] (Kline, 1976, p. 61).

Neste contexto de ensino, o prejuízo real é sempre debitado na conta dos estudantes que, ao longo de décadas, precisam passar por um tipo de formação que pouco ou nada acrescentará para a sua prática profissional.

Seguindo nesse sentido, questionamos sobre o papel que a demonstração desempenha no Ensino da Matemática na formação inicial de professores. Para isso, colecionamos as diferentes funções que ela possui na pesquisa matemática a partir daquilo que, na seção anterior, apresentamos do que era o entendimento de Davis e Hersh e também de outros autores, produzindo a seguinte listagem:

a. É uma certificação para a comunidade de matemáticos, isto é, verificar se o que um de seus membros provou, a partir de novos resultados de pesquisa, está de acordo com os padrões de rigor aceitos pela comunidade;

b. Estudar demonstrações já produzidas leva o pesquisador, ou o aspirante a pesquisador, a colecionar diferentes técnicas de demonstração para utilizá-las, potencialmente, em situações novas, caso seja possível;

c. Uma demonstração significa respeitabilidade; é o sinete da autoridade;

d. Uma demonstração aumenta o entendimento, mostrando o que essencial no assunto.

e. As demonstrações são um ritual e uma celebração do poder da razão pura.

6 Sugerimos ao leitor, de posse desta citação, consultar os livros da SBM e constatar esta concepção trazida à luz por Kline.

Assim, de posse desta listagem e entendendo que, para a prática do matemático ela é de interesse em sua comunidade científica, a questão que se coloca é: quais destas funções seriam importantes para o futuro professor de Matemática? E a única das opções acima que poderia ser considerada é aquela que afirma que a demonstração aumenta o entendimento, mostrando o que é essencial no assunto. Porém, esta possibilidade não parece ter concordância da maioria deles. Assim, em nosso entendimento, o exercício da demonstração, que é parte da prática do matemático, em nada auxiliará direta e primariamente na formação e na prática do futuro professor da Educação Básica.

Por outro lado, os professores minimamente experientes, sabem também o que está acontecendo em sua sala de aula, com o ensino de suas teorias. E, sem conseguir dar uma solução para o problema, aceitam, muitas vezes, a condição de fingir que estão ensinando.

Portanto, respondendo às nossas questões, não consideramos que a formação de licenciandos em Matemática aconteça majoritariamente a partir da reprodução de teorias matemáticas, a partir do método dedutivo e com a prática de demonstrações. Por isso, não devemos continuar submetendo os licenciandos à metodologia de pesquisa dos matemáticos e nem ao seu padrão de rigor.

Além disso, educar para a Matemática, isto é, ensinar a Matemática pela Matemática, ou tomar a Matemática como objeto de estudo, não deve ser o foco principal de uma Licenciatura em Matemática. Com isto, queremos dizer que é uma falácia a visão premente no *Ensino de Matemática* de que o ensino ideal para todos, quando se fala de Matemática, é aquele que naturalmente forma o matemático.

Logo, é importante elucidar que a visão que este tipo de concepção produzida e repetida reiteradas vezes pelo mateólogo provoca ao longo da formação dos licenciandos uma maneira incorreta de conceber o ensino e também direciona seu olhar exclusivamente para a Matemática, desconsiderando por completo a existência de um aprendiz. Nessa perspectiva, falar de didática, de aprendizagem e de metodologia de ensino significa falar de coisas dispensáveis. Porém, para a formação de professores, isto é o pior que poderia acontecer em sua formação profissional.

Essa concepção fica explícita, por exemplo, na frase de George Polya, quando afirmou: "A primeira regra do ensino é saber o que se deve ensinar. A segunda, é saber um pouco mais do que aquilo que se deve ensinar"[7]. Claramente, o foco está no conteúdo e reduz-se o ensino ao saber Matemática, isto é, se você sabe muita Matemática, você vai ensiná-la bem.

Do nosso entendimento sobre o problema dessa afirmação, usando os termos da lógica matemática, é que esta é uma condição necessária – desde que esteja claro que Matemática ensinar, para quem se vai ensinar e com que objetivos se vai ensinar – mas está longe de ser suficiente. O que fica de importante de nossa discussão até este momento é o fato de que falar e discutir sobre uma teoria matemática funciona bem quando acontece entre os pares ou em uma comunicação científica. O problema surge quando o aprendiz é introduzido na discussão pela via do ensino. Nesse momento, quando saímos do mundo perfeito da pesquisa e da conivência dos membros da comunidade, esse discurso não se sustenta.

O **segundo axioma** - Ensinar matemática parte do pressuposto que teoria matemática é conhecimento, como consequência, o conhecimento matemático é expresso pelo enunciado - trata de uma questão epistêmica, por tratar do conhecimento e do conhecimento matemático. Ele sustenta a crença de que a teoria matemática é conhecimento, como discutido na seção anterior. Em termos práticos, isto quer dizer que ao aprendiz cabe reproduzir o "conhecimento" ali registrado. Esta concepção é divergente de muitas outras e, portanto, não é uma proposição evidente em si mesma.

Sobre a afirmação expressa pelo axioma 1, traremos a discussão indicando a perspectiva de três educadores matemáticos que, em diferentes ocasiões e de diferentes prismas, analisaram o texto do matemático trazendo elementos discordantes quando voltamos nosso olhar para entender os processos de ensino e aprendizagem da matemática.

7 Frase atribuída a Polya por Lima (1991, prefácio).

Nilson José Machado, em seu livro *Matemática e Língua Materna: análise de uma impregnação mútua* apresenta uma importante reflexão ao afirmar que "(...) enquanto concebida como uma linguagem formal, a Matemática [do matemático] não comporta a oralidade, caracterizando-se como um sistema simbólico exclusivamente escrito" (Machado, 1993, p. 105).

Machado aborda essa afirmação de uma perspectiva mais ampla, argumentando que o propósito das linguagens formais se baseou no pressuposto de que as línguas naturais são imperfeitas, permitindo ambiguidades e cujas gramáticas são, muitas vezes, destituídas de lógica. Com essa perspectiva em mente, filósofos como Leibniz e Descartes sonharam com a construção de uma língua adequada ao exercício da razão, expressa precisamente e cuja gramática teria características lógicas. Porém, com base nos argumentos vindos da Psicanálise e Filosofia, Machado argumenta que, por muito tempo, "acreditou-se que as linguagens formais satisfariam a tais exigências; no entanto, atualmente isso parece não passar de um mal-entendido" (Machado, 1993, p. 105). Mais uma vez, esta crítica vai de encontro ao formalismo em matemática, indicando mais uma de suas limitações no que diz respeito ao ensino.

Continuando com seus argumentos, Machado analisa uma característica das linguagens formais que, segundo ele, pode ser apontada como a razão fundamental de suas limitações:

> Trata-se da ausência, em tais linguagens, de uma oralidade própria (...). Sem meias-palavras, Miller afirma: "A língua com que sonhava Leibniz, sem equivocação nem anfibologia[8], a língua onde tudo o que se diz inteligivelmente é dito a propósito, a língua de *Del Arte Combinatoria*, é uma língua sem enunciador possível. É um discurso sem palavras" (*Ibidem*, p. 106).

Esta constatação nos leva a pensar, entre outras coisas, que tratar a Matemática como linguagem colocando a ênfase na perspectiva sintática e colocando

8 Em estudos da linguagem, o termo quer dizer ambiguidade ou duplicidade de sentido numa construção sintática.

em segundo plano o semântico vai ser um dos problemas que o *Ensino da Matemática* leva para a aprendizagem dos estudantes.

Outro ponto é que considerar a teoria matemática como sendo conhecimento reduz o processo de ensino a, no máximo, explicar a teoria para transmitir aquele conhecimento. Nesse ínterim, aprender, não é nada mais do que reproduzir aquilo que já é perfeito até fixar as ideias. Mas o problema surge quando entra a oralidade, isto é, quando as pessoas passam a falar a partir daquele texto; daí não há mais garantia da ausência de equivocação, de unicidade do significado que previa Leibniz para o seu texto supostamente autoexplicativo. É o que observa Machado, ao comentar sobre a relação entre a Matemática e a língua materna:

> (...) no caso do ensino da matemática a inexistência de uma oralidade própria não possibilita alternativas senão as seguintes: circunscrevê-lo aos limites da aprendizagem de uma expressão escrita, abdicando-se da expressão oral, o que parece tão natural quanto abdicar do uso das pernas para caminhar; ou então fazê-lo comungar decisivamente com a Língua materna [e os diferentes significados possíveis], compartilhando sua oralidade e, em decorrência, impregnando-se dela de uma forma essencial (Machado, 1993, p. 107).

Concordamos com Machado quando ele diz que "(...) enquanto uma componente curricular destinada a todos os indivíduos que passam pela escola [e pela universidade e, em particular, pelos Cursos de Licenciatura], a Matemática não pode ser tratada estritamente como uma linguagem formal" (*Idem*).

Outro educador matemático que discutiu a temática foi Romulo Campos Lins, que descreveu da seguinte maneira a concepção dos matemáticos:

> Para o matemático, matemática é a Matemática justificada dentro de certos modos de produzir significados que são naturalmente simbólicos. E apenas estes modos de produção de significados são aceitos. E, também naturalmente, já que se podem produzir justificações de um único modo, estas justificações são incorporadas ao texto da Matemática. Neste novo texto encontramos, agora, tanto as crenças-afirmações quanto as justificações (...) num processo de excep-

cional força epistemológica, pois, *ao eliminar a necessidade da enunciação, elimina também o sujeito do conhecimento* (Lins, 1994c, p. 37, destaques nossos).

Assim, o problema surge para o matemático quando ele sai de seu gabinete e vai para a sala de aula ensinar com a crença de que a teoria matemática é conhecimento. Segundo Lins, decorrem dessa passagem dois problemas que se inter-relacionam intimamente e que serão enfrentados por esse profissional. O primeiro é que ele não ignora que haja um modo de produzir significado para os objetos da matemática; ele nega que haja outros. Conforme Lins, ao fazer isso:

> (...) é desta forma que a Matemática do matemático transforma *conhecimento* em *texto*, ao afirmar que em todo *conhecimento matemático* a *justificação* está bem circunscrita. Todo teorema pulveriza, entre seu enunciado e o CQD, os possíveis traços de uma *enunciação*, e, portanto, de um sujeito do *conhecimento*, ao não permitir que haja ali dentro pontos de basta, pois só indo do princípio ao fim é que se pode produzir *significado* para o enunciado (Lins, 1994b, p. 37, destaques do autor).

O segundo problema é o fato de que tudo isso funciona muito bem na produção matemática, pois, em uma sala de aula, a existência de um sujeito aprendente, um sujeito da enunciação, que tem dúvidas, que não se satisfazem apenas em reproduzir o texto matemático e que pode ter ideias divergentes do matemático a partir da leitura daquele texto, complica as coisas para o mateólogo, como exemplifica Lins: "(...) quando se encontram com textos do matemático – livros didáticos, por exemplo – as pessoas *de fato* produzem *significados* que não são os do matemático, mas que as tornam capazes de falar a partir daquele texto (resolver equações, por exemplo)" (Lins, 1994b, p. 37, destaques do autor).

A menção na citação acima à resolução de equações foi uma opção elaborada pelo pesquisador para explicitar este ponto da seguinte maneira: enquanto o mateólogo propõe que o aluno resolva a equação $3x + 10 = 100$, pensando e operando segundo a teoria das equações algébricas e a lógica matemática, ele pode estar resolvendo a equação de outra maneira, segundo uma outra lógica.

Por exemplo, ele pode estar considerando a dada equação como uma balança física antiga, de dois pratos, em que em um dos pratos está $3x + 10$ (quilos) e no outro prato está 100 (quilos). Daí, ao invés de pensar em igualdade numérica, sua maneira de operar com a balança considera a igualdade como sendo "estar equilibrado"[9]. O desconcertante nesse exemplo, visto da ótica da Matemática do matemático, é que os dois – o matemático e o aluno – podem chegar juntos à resposta correta $x = 30$, mas por caminhos diferentes e divergentes. Faz sentido considerar que esta possibilidade pode não ter ocorrido a um mateólogo; nem nos piores dos seus pesadelos. O problema é que isso, na sala de aula de matemática, muda tudo!

Com isto em mente, Lins, considerando os dois problemas, conclui sua análise observando que: "Postos juntos os dois problemas, o que fica em relevo é que a escolha de modos privilegiados de produção de significado é um mecanismo de seleção dos participantes de uma prática social, embora sob a roupagem de mecanismo epistemológico ou sob argumento de busca de verdade" (Lins, 1994b, p. 37).

A questão que importa elucidar sobre essa reflexão diz respeito ao fato de que nosso interesse nos processos de ensino e de aprendizagem, tanto de estudantes da Educação Básica quanto dos licenciandos, sugere que não é o texto – um resíduo de uma enunciação de algum autor – o aspecto central a ser considerado, mas o sujeito que aprende e que é o sujeito da enunciação.

Em outra direção teórica, Baldino também lançará luz a essa questão ao propor fazer a psicanálise da aprendizagem matemática, isto é, "(...) a aprendizagem enquanto experiência matemática. Nessa perspectiva, aluno e professor são mais do que sujeitos cognoscentes, são sujeitos do inconsciente" (Baldino, 1995a, p. 147)[10].

---

9 Esta maneira de operar e a lógica correspondente foram identificadas em sala de aula, possivelmente, influenciadas pela proposta presente em alguns livros didáticos que apresentam a balança como motivação para falar de resolução de equações.

10 Ao leitor interessado, informamos que há divergências teóricas entre a perspectiva linsiana e a dos Cabraldinos.

A partir dos seus referenciais teóricos, Baldino discute a Matemática do matemático com o seu olhar sempre voltado para a sala de aula, como, por exemplo, no comentário:

> Pense-se numa disciplina de análise matemática. O professor expõe a sequência de definições e teoremas, começando com a de um corpo ordenado completo, tudo da maneira mais elegante possível. Num dado momento enuncia: Seja X um subconjunto infinito limitado de IR. Então existe pelo menos um ponto de acumulação de X. A qualquer momento, em meio a demonstração, pode-se pedir que ele pare e repita o argumento. A repetição virá igualzinha, senão em palavras, pelo menos quanto às passagens. A qualquer momento pode-se saber o significado do que ele vinha dizendo até então, pode-se determinar o que já foi demonstrado e o que falta. O fim já está no começo, antecipado sob a forma de tese: Então existe pelo menos um... Os pontos de basta formam um conjunto denso ao longo da cadeia significante. Não é preciso chegar ao final ou a algum ponto inesperado, escolhido pelo Outro que ouve, para que se diga – Ah! Agora sei de que se trata. Você está a demonstrar o teorema de Bolzano-Weierstrass (*Idem*).

Baldino então conclui o raciocínio caracterizando a Matemática do matemático ao dizer:

> Numa palavra, no limite, se a cadeia significante ficasse assim linearizada e regida por este certo *tipo de lógica*, a linguagem perderia seu efeito retroativo (...), a significação deixaria de ser uma função do Outro e passaria ao controle do sujeito do enunciado. *É a tentativa de produzir esse efeito na linguagem que se pode denominar, propriamente, de Matemática* (*Ibidem*, p.151, destaque nosso).

Nota-se, na leitura dos textos dos Cabraldinos, que eles retiram a Matemática (do matemático) do plano do domínio do enunciado, passando para o domínio da enunciação, assim desnudando, entre outras coisas, o discurso matemático. Podemos observar essa conduta quando Baldino comenta:

> O discurso matemático é, pois, o que encadeia falas matemáticas. Esse discurso revela-se agora como aquele em que o **rigor matemático** transborda da **especificidade da fala** ao **sentido do discurso**. Não só a fala, mas o discurso todo cumpre os desígnios de evitar obsessivamente a perda do objeto na cadeia discursiva. O ideal de rigor do discurso matemático submete as enunciações ao controle da "elegância". É através da ideologia da "elegância" e não diretamente do rigor que esse discurso, acima descrito, se apresenta em sala de aula como fundante da metodologia tradicional vigente (Baldino, 1995a, p. 151).

Sobre o conhecimento matemático, Baldino mais uma vez indica também trazê-lo para o plano das enunciações, ao dizer:

> (...) o conhecimento matemático revela instalado nas enunciações, *e não restrito aos meros enunciados*, nem preso à velha dicotomia sujeito/objeto e as suas relações ou suas interações. *Ele não é pensado a partir do plano dos enunciados*, cujo lugar é o gabinete, *mas a partir do plano das enunciações* que ocorre na prática educativa da Matemática, aí incluída a sala de aula. A questão epistemológica se coloca agora pela modalidade própria do discurso matemático, porém, caracterizado a partir da própria fala, ou seja, *das condições de enunciação* a cujos riscos todo discurso tem necessariamente de se submeter e tenta evitar como pode, sem nunca o conseguir de todo (*Ibidem*, p. 84, destaques nossos).

Em particular, essa citação sugere, entre muitas outras coisas importantes, que se olharmos da perspectiva do matemático e do mateólogo, a mudança do plano do enunciado para o plano da enunciação o faz perder muito do que se tinha na manutenção do seu *status quo* – a teoria matemática é conhecimento. Além disso, perde, também e principalmente, a sua zona de conforto do discurso que domina.

Nessa direção, vemos a construção de uma leitura referenciada teoricamente pelos Cabraldinos para a docência e para uma intervenção diferencial em sala de aula, em que a fala tem um papel de destaque, como podemos observar na seguinte consideração:

> O sentido de uma fala aparece sempre no discurso que a veicula. É através dela que o sujeito se articula como sujeito da enunciação. Justificar a solução de uma equação em termos de balança ou em termos de transposição de membros da igualdade são, antes de tudo, gozos distintos: o sentido está no gozo do discurso que o sujeito faz, na justificação que provê para a afirmação que enuncia sua crença. Justificar uma demonstração falando diante do quadro-negro ou esperando que o aluno diga, para acenar-lhe afirmativamente com a cabeça, são gozos radicalmente distintos. O sentido pode ser entendido como gozo preferencial do sujeito na enunciação dessas falas (Baldino, 1995a, p. 83).

Na continuação, são explicitadas mais informações sobre a relação professor e aluno a partir da psicanálise lacaniana:

> É sempre para alguém que o sujeito fala e a quem dirige uma demanda através da fala. A resposta a essa demanda, ele a vê como vinda de alguém por quem quer ser amado. Nessa perspectiva, não é o professor que "fala" e o aluno que "responde". A chamada "resposta" do aluno deve também ser considerada como uma fala pela qual ele visa a uma resposta do professor, nem que seja um olhar. Sua fala fica, pois, condicionada, em parte, por considerações que o aluno faz: O que quer ele de mim? Por que me pergunta isso agora? Será que ele está me arguindo? Assim, a demanda que dirige ao outro através da fala, mesmo que em "resposta" a uma pergunta direta, fica condicionada a como o sujeito imagina que deve se mostrar ao outro para parecer passível de ser amado por este. O professor não escapa desse jogo, porque, também ele fala, só que em outro momento. Numa palavra, aquilo que o sujeito falante imagina que o outro é, ou quer, a imagem fora dele com a qual se identifica, e pela qual quer ser visto, condiciona sua fala e, com ela, o gozo que experimenta em sua enunciação. Falo de modo a parecer *amável a ele*. Essa identificação imaginária nós a entendemos como aquilo que se pode denominar *interlocutor imaginário* (Baldino, 1995a, p. 83).

Em suma, o que esses educadores matemáticos indicam fortemente é que existem perspectivas que se opõem terminantemente à visão vinda, muitas vezes, do senso comum e/ou fundadas em epistemologias tradicionais de que a proposição, ou em maior escala, a teoria é conhecimento.

Essa questão revela o quão distante o mateólogo está desse entendimento e dessa discussão, e nos permite identificar sua total incompreensão sobre a necessidade de incorporar na discussão sobre ensino as questões cognitivas e psicológicas, como podemos observar, por exemplo, nas argumentações – não ingenuamente proferidas – pelo matemático húngaro George Pólya, ao dizer:

> Os psicólogos fizeram trabalhos experimentais muito importantes e emitiram algumas opiniões teóricas interessantes sobre o processo de aprendizagem. Tais experiências e opiniões podem servir como uma base estimulante para um professor excepcionalmente receptivo, mas elas ainda não amadureceram suficientemente (e não amadurecerão por um bom tempo, temo eu) para ser de uso imediatamente prático naquelas fases da instrução que nos concerne aqui. Em seu trabalho diário, o professor deve basear-se primeiro antes de tudo na sua própria experiência (Pólya, 1987, p. 5).

Nota-se, claramente, o tom depreciativo devido à incompreensão que os fazem chamar as questões cognitivas, em algumas ocasiões, de "psicologismos" ou "pomposas teorias pseudopsicológicas" para externalizar seu ponto de vista.

Observamos que discursos como estes são baseados no senso comum, sem nenhuma fundamentação científica. E é desse lugar – o do eu acho que, diga-se de passagem, inaceitável na pesquisa matemática, mas aceitável nas falas sobre ensino – que sai o entendimento de muitos matemáticos e mateólogos de que ensino é algo que se pratica quando se fracassa na pesquisa, ou quando se aposenta da pesquisa ou, ainda, nas horas vagas. Esta situação não seria digna de nota se não fosse o fato de que serão muitos deles que irão formar os futuros professores para a escola.

O **terceiro axioma** – Educar para a Matemática é *transmitir* o conhecimento matemático expresso pela teoria matemática através da reprodução *ipsis litteris* de sua forma pronta e acabada – traz à discussão a questão do processo comunicativo em sala de aula, cuja perspectiva apresentada por ele assume o pressuposto da possibilidade de transmissão do conhecimento do professor para seus alunos, trazendo uma certeza que não se sustenta e que pode ser transformada em um questionamento do tipo: é possível a comunicação efetiva no sentido de transmissão de uma mensagem de uma pessoa para outra?

Não aprofundaremos essa questão mais do que o suficiente para torná-la clara, mas sugerimos que ela exige uma discussão mais profunda, que não cabe neste momento. Queremos apenas indicar que a resposta positiva a essa questão é dominante tanto no mundo acadêmico – temos quase exclusivamente aulas expositivo-explicativas nas diferentes disciplinas dos diferentes cursos, baseadas na crença de que a transmissão efetiva de conhecimento daquele que sabe para aquele que não sabe é possível – quanto no senso comum, quando assume a existência de uma comunicação efetiva, no sentido de transmissão de uma mensagem de um emissor a um receptor. Como observa Lins, sugerindo que essa visão não se sustenta a uma análise mais detalhada:

> (...) temos a noção de que a comunicação efetivamente acontece porque as mensagens emitidas referem-se a um mundo que é objetivo: por exemplo, se digo "o gato está deitado sobre o tapete", cada elemento desta mensagem corresponde diretamente a um elemento da realidade (objetiva), e por isso, posso compreendê-la. Essa visão é fortemente criticada por linguistas como George Lakoff, mas, mesmo assim, persiste no senso comum: entendemos as mensagens porque elas se referem às coisas como elas efetivamente são (Lins, 1999, p. 80).

A crença cega de que é possível transmitir conhecimento é uma das causas dos altos índices de reprovação em matemática, tomada como naturalizada por aqueles docentes que nunca imaginaram a possibilidade de que a transmissão efetiva de uma informação entre professor e alunos pode não acontecer[11].

11 Ao leitor interessado nessa discussão, indicamos Silva (2022).

Baldino (1995) chama o *Ensino da Matemática* no Ensino Superior de *Ensino Tradicional Vigente* (ETV), o qual se assenta sobre a concepção epistemológica de que Matemática ensina-se falando (transmitindo o conhecimento quem sabe) e aprende-se vendo e ouvindo (recebendo o "conhecimento" aquele que não sabe). Ele comenta:

> Espera-se ver os alunos sentados em fileiras e o professor de pé, em frente ao quadro, falando. Basta ver os comerciais de televisão dos "cursos vagos" dos botecos particulares do ensino superior para se convencer que esta é a grande fachada do ETV. (...) Aliás, nada tenho contra se quiserem ler ETV como ensino da televisão (Baldino, 1995, p. 7).

Apenas para apresentar possibilidades diferentes daquela proposta pela afirmação presente no axioma 3, trazemos os comentários de Baldino sobre esta questão:

> A epistemologia clássica se caracterizava como o estudo de como o ser humano adquire conhecimentos. Segundo ela, o conhecimento ocorre à medida que o sujeito (cognoscente) e um objeto (de conhecimento) entram em relação. Segundo uns, é o objeto que impõe suas propriedades ao sujeito, segundo outros, é o sujeito que age sobre o objeto para dele extrair as propriedades. Há ainda os que põem a ênfase na interação entre o sujeito e o objeto. Falar em relação já implica que ambos, o sujeito e o objeto, são anteriores ao momento de contato sobre o qual as relações de poder vêm incidir como algo externo: o mesmo sujeito e o mesmo objeto poderiam se encontrar sob diferentes relações de poder. A epistemologia clássica pressupunha a invariância do sujeito e do objeto em relação às circunstâncias de seu encontro (Baldino, 1998, p. 16).

Na continuação, Baldino apresenta outra concepção epistemológica, a qual ele se filia, nos seguintes termos:

> Ela fala em *produção*, não em "aquisição" de conhecimentos. Não há mais um "sujeito cognoscente", autônomo, que vai se aproximar de um "objeto" preexistente, invariante. O sujeito se constitui como sujeito à medida que fala e

que o ouvinte o informa do significado do que disse. A situação encontrada no ETV nos permite esclarecer esta posição epistemológica. Ali, é o professor que se constitui como sujeito, à medida que o aluno acena afirmativamente com a cabeça e com o olhar, demonstrando que entendeu o que ele disse. A confirmação pelo ouvinte do significado esperado pelo falante termina constituindo os objetos. É de tanto receber a confirmação das propriedades que enuncia, por exemplo, dos números reais, tanto para os alunos quanto para seus pares, que o matemático termina acreditando que a *reta real* é um *objeto* que, diz ele, pode pegar. Esse objeto terá, então sentido para ele, ou seja, será o *estruturante preferencial* das justificações que dará em situação de diálogo (*Idem*).

O pesquisador continua esclarecendo sua concepção ao observar que:

> Segundo essa epistemologia, o sujeito não é autônomo, mas, sim, dependente de que o outro devolva o significado de sua mensagem. Esse significado quase nunca é o visado pelo sujeito. Por isso, tanto o sujeito quanto o outro se apresentam falhados e o jogo da comunicação, quando se diz que ela ocorre, não passa de um desencontro bem sucedido. Numa palavra, não é para se comunicar que o homem fala; é, antes, por falar que se torna homem. Para essa epistemologia, o conhecimento está nas justificações que sujeito falante dá para aquilo que afirma e acredita. (...) Para a posição epistemológica que adotamos, não há "transmissão" nem "comunicação" de conhecimentos; há, sim, produção de significados na dialética do sujeito e do outro (...). À medida que o professor é o único falante, só ele se constitui com sujeito do suposto saber (*Ibidem*, p. 17).

Nenhum matemático e nenhum professor precisam compartilhar das concepções de Baldino, mas é preciso ter consciência de que existem possibilidades e é preciso se filiar a uma delas. O que não convém é ensinar baseado no senso comum, pois, isto é, no mínimo, uma postura não profissional. Isto nos faz lembrar que, certa vez, uma pesquisadora academicamente madura, falando a mestrandos de Educação Matemática em uma disciplina de metodologia da pesquisa, nos ensinou que a pior filosofia é não ter filosofia.

De tudo o que dissemos sobre o axioma 3, parece estranho que um professor possa entrar em sala de aula sem ter concepções epistemológicas claras, pois isto impacta fortemente na sua prática letiva. Nota-se, também, que a consequência direta de se tentar ensinar teorias axiomático-dedutivas leva a uma "metodologia de ensino", que se reduz à reprodução *ipsis litteris* do texto matemático.

Em suma, esses axiomas, em conjunto, afirmam que o *Ensino da Matemática* é sinônimo de educar para a Matemática do matemático, e apoia-se no pressuposto de que a teoria matemática é conhecimento e se resume no Slogan: "Matemática ensina-se falando (quem sabe) e aprende-se ouvindo/vendo (quem não sabe)".

No **quarto axioma** – Ensinar matemática tem como pressuposto que os aprendizes são todos iguais segundo seus funcionamentos cognitivos – toca em um problema central dos processos de ensino e de aprendizagem; o fato de *que tais processos são do domínio da cognição e não do conteúdo matemático em si*. Porém, para aqueles que entendem que a teoria matemática é conhecimento, não há porque falar de cognição.

Mas a questão não é tão simples assim. Podemos formulá-la a partir da seguinte pergunta: como nos concebemos, enquanto seres humanos, em relação ao nosso funcionamento cognitivo?

Para Lins (1999, p. 78), existe uma pressuposição amplamente aceita de que "(...) somos todos iguais do ponto de vista do funcionamento cognitivo, já que somos todos iguais do ponto de vista da essência da máquina biológica". Uma explicação dessa perspectiva é a de que: "Seríamos todos (essencialmente) iguais cognitivamente porque somos todos biologicamente iguais, e este pressuposto se constrói confinando o ser cognitivo aos limites da pele" (*Idem*). O pesquisador observa que uma forma desse pressuposto está por trás das teorias piagetianas e também por trás da aceitação da validade do método clínico desenvolvido por Piaget e seus colegas. Ele então comenta que o ensino chamado de tradicional também depende desse pressuposto, ao propor que:

Se eu aprendi por este método uma outra pessoa só não aprende se não tiver capacidade, jeito para a coisa. Nas teorias piagetianas esta falta de capacidade é interpretada em termos de estágios de desenvolvimento: a criança ainda não atingiu o estágio que lhe permitiria aprender isto ou aquilo. Em ambos os casos a pessoa é lida pela falta: "eu, que já me desenvolvi (já aprendi), e que sei que você é igual a mim, posso ver o que falta em seu desenvolvimento (conhecimento), ver o que você ainda não é" (Lins, 1999, p. 78).

Lins então reforça o fato de que as teorias piagetianas e sua investigação, bem como o ensino tradicional, possuem este pressuposto em comum. Sobre o segundo, comenta: "No caso do ensino tradicional, a investigação não é nem vista como necessária, uma vez que já estão dados, na Matemática oficial que conhecemos tão bem (outro pressuposto!), os conceitos e seu encadeamento lógico: basta apresentá-los com clareza" (*Ibidem*, p. 79).

É possível – e no nosso caso desejável – considerar uma perspectiva alternativa no futuro, baseado no pressuposto de que *somos todos diferentes segundo nosso funcionamento cognitivo*. Lins observa que "(...) não se trata de dizer que não somos cópias uns dos outros (afinal de contas as impressões digitais são todas diferentes), nem de afirmar as idiossincrasias", pois, para ele, esse pressuposto refere-se ao fato indicado por Vygotsky de que, "dada a plasticidade do cérebro humano, a menos que algo/alguém intervenha, nosso caminho natural é divergirmos fortemente nas constituições de nosso funcionamento cognitivo" (*Idem*). O importante aqui é observar que a escolha de um pressuposto em detrimento do outro tem fortes implicações para os processos de ensino e aprendizagem. Por exemplo, nessa altura da discussão, poderíamos questionar de qual dos dois pressupostos acima vem a posição didática que propõe que os alunos assistam aulas enfileirados um atrás do outro, recebendo a mesma informação em uma aula expositivo-explicativa, e cujo processo de avaliação da aprendizagem se pauta por uma mesma prova para todos, visando à seleção dos aptos?

O que essa discussão sugere é que a *educação para a Matemática*, materializada no *Ensino da Matemática*, desconsidera por completo muitos elementos importantes (se não todos) dos processos de ensino e aprendizagem, tais como o processo comunicativo em sala de aula, e se pauta em premissas falsas, como na crença de que o conhecimento é do domínio do enunciado e erra drasticamente, ainda, como observa Baldino de maneira genial que "o discurso do ensino da Matemática traz em si um silêncio explícito sobre a aprendizagem" (Baldino, 1991, p. 2).

Poderíamos conjecturar que, pensando nessa direção, pode mesmo parecer muito estranho aos mateólogos, como George Polya, que exista alguma coisa a mais que a própria Matemática que se deva saber para ensiná-la. Como bem mencionou Baldino (1991, p. 2), "(...) falar sobre ensino dispensa o orador de considerar explicitamente a aprendizagem". Por este motivo, no discurso do mateólogo aparece, no máximo, menção ao ensino no sentido de transmissão de conhecimento.

O **quinto axioma** foi formulado a partir da pergunta: com que concepção de matemática e de ensino o mateólogo entra em sala de aula? Parte da resposta a esta questão foi apresentada na seção precedente, quando caracterizamos a Matemática do matemático, mas nos interessa particularmente entender o seu impacto nos processos de ensino e aprendizagem.

Dario Fiorentini (1995) iluminou esta questão, que foi discutida a partir de seu artigo intitulado *Alguns modos de ver e conceber o ensino de matemática no Brasil*, em que descreve alguns modos, historicamente produzidos, de ver e conceber a Matemática no Brasil. O autor o fez por meio de algumas categorias descritivas, em que identificou seis tendências, das quais nos interessa colocar em foco duas delas: as denominadas de formalista clássica e formalista moderna.

Fiorentini (1995, p. 6) constatou que, até o final da década de 1950, "(...) o ensino de matemática no Brasil caracterizava-se pela ênfase às ideias e formas da Matemática clássica, sobretudo ao modelo euclidiano e à concepção platônica de matemática". Assim, o modelo euclidiano trouxe para o ensino e para os livros didáticos sua sistematização lógica, sua forma de apresentação axiomática a partir de elementos primitivos (definições, axiomas, postulados) e os teoremas e corolários deduzidos a partir dos elementos primitivos. O padrão de rigor matemático é inserido principalmente colocando o foco na demonstração matemática. Como consequência, "(...) a geometria, pela sua consistência lógica, tinha um lugar de destaque no currículo escolar" (*Idem*). Sobre a concepção platônica Fiorentini comenta:

> A concepção platônica de Matemática, por sua vez, caracteriza-se por uma visão estática, a-histórica e dogmática das ideias matemáticas, como se essas existissem independentemente dos homens. Segundo essa concepção inatista, a Matemática não é inventada ou construída pelo homem. O homem apenas pode, pela intuição e reminiscência, descobrir as ideias matemáticas que preexistem em um mundo ideal e que estão adormecidas em sua mente (*Idem*).

O levantamento efetivado por Fiorentini nos informa que esta tendência possui algumas características as quais passamos a enumerar. Primeiro, em termos didáticos, o ensino foi acentuadamente livresco e centrado no professor e no seu papel de transmissor e expositor do conteúdo através de preleções ou de desenvolvimentos teóricos na lousa. Segundo a aprendizagem do aluno era considerada passiva e consistia na memorização e na reprodução (imitação/repetição) precisa dos raciocínios e procedimentos ditados pelo professor ou pelos livros. Assim, o papel do aluno em sala de aula seria o de copiar, repetir, reter e devolver na prova do mesmo modo que recebeu. Terceiro, que a finalidade do ensino de Matemática era o desenvolvimento do espírito, da disciplina mental e do pensamento lógico dedutivo. E, por último, que em termos sociais havia uma diferenciação no ensino na classe dominante – elite dirigente e clerical – e as classes menos favorecidas. Para a primeira, a escola garantia um ensino racional e rigoroso, baseado na geometria euclidiana. Para os menos abastados, o foco esteve no cálculo e na abordagem mecânica e pragmática da Matemática.

A segunda tendência, denominada pelo pesquisador de formalista moderna, se deu após 1950, a partir do engajamento de grande número de matemáticos e professores brasileiros no movimento internacional de reformulação e modernização do currículo escolar conhecido como Movimento da Matemática Moderna (MMM). Esse Movimento promoveu um retorno ao formalismo matemático sob um novo fundamento: a inserção das estruturas algébricas e a linguagem formal da Matemática contemporânea.

Kline (1976) sugere que, a partir desse movimento, houve uma ênfase na abordagem internalista da Matemática, a qual foi entendida, como vimos anteriormente, como o estudo da Matemática por ela mesma; com ênfase no uso preciso da linguagem matemática, no rigor e nas justificativas das transformações algébricas a partir de suas propriedades estruturais.

Assim, essa tendência, em linhas gerais, segundo Fiorentini (1995), possui as seguintes características: a ênfase do ensino foi colocada no formalismo matemático; seu foco estava na abordagem internalista da Matemática; a finalidade do ensino estava na formação do especialista matemático; a aprendizagem nessa proposta visava à apreensão pelo estudante da estrutura subjacente da Matemática, de modo a capacitá-lo a aplicar essas formas estruturais de pensamento aos mais variados domínios, dentro e fora da Matemática; e o fato de que o ensino continuava centrado no professor que expunha/demonstrava rigorosamente tudo no quadro. O aluno tinha uma posição passiva, sendo apenas um reprodutor da linguagem matemática, e dos raciocínios lógico-estruturais apresentados pelo professor.

Kline fez fortes críticas a essa concepção de ensino proposta pelo Movimento da Matemática Moderna, como temos observado em suas considerações ao longo do texto. Muitas dessas críticas foram desconsideradas também por educadores matemáticos que investigaram sobre o movimento, identificando pontos positivos, mas desconsiderando quem mais foi prejudicado com a proposta em sua implementação: o aprendiz. Nesse sentido, Kline comenta:

> À semelhança do raciocínio dedutivo, o rigor exerce certo papel na matemática, mas este é somente do interesse de matemáticos profissionais que desejam assegurar-se da existência das estruturas dedutivas. Esses senhores, que desenvolveram um espírito crítico depois de anos de especialização, podem ver a necessidade de rigor e apreciar o que ele fornece. Sem essa experiência os sistemas axiomáticos detalhados e sofisticados parecem sem sentido e fúteis. Por

conseguinte, oferecê-la aos jovens é confundi-los e desnorteá-los em vez de auxiliá-los. De fato, *as apresentações dedutivas rigorosas, introduzidas pelos grandes matemáticos de fins do século dezenove e dos primeiros anos deste século [século vinte], jamais visavam à pedagogia.* (...) *O rigor pode salvar a matemática, mas seguramente perderá os alunos* (Kline, 1976, p. 80, destaques nossos).

Essa discussão seria apenas parte da história se essa concepção não estivesse ainda presente na formação inicial e continuada de professores e na preparação de atletas olímpicos nas escolas. Fiorentini (1995) observou, por exemplo, que muitos professores universitários influenciados pelo grupo Bourbaki ou pelo Movimento da Matemática Moderna difundiram, por um longo tempo (e ainda hoje o fazem) nas universidades essa concepção estrutural-formalista da Matemática nos cursos de Licenciatura em Matemática.

Considerando a análise das duas tendências, podemos reforçar e ampliar a afirmação de Fiorentini (1995) observando que, da mesma maneira que ocorre na pesquisa em matemática, também ocorre, ainda hoje, nas universidades brasileiras, um ensino de Matemática cujas concepções dos docentes são predominantemente platônicas e formalistas. O problema dessa constatação é que ela impacta fortemente e de maneira negativa a formação do futuro professor de Matemática, pois, quando entramos em sala de aula, carregamos para lá nossas concepções, e o pior é quando não temos consciência disso. Por esse motivo, a explicitação e clareza de nossas concepções como professores são muito importantes para entender nossa própria prática.

Uma proposta de ensino alternativa para educar para a Matemática

Uma questão pertinente a essa altura é fazer a pergunta se haveria um outro caminho de educar para a Matemática que não fosse a da reprodução de uma teoria matemática a partir dos pressupostos do Ensino da Matemática. Sob nossa perspectiva, a resposta a essa indagação é afirmativa, pois existe pelo menos uma concepção de ensino diferente daquela caracterizada pelo *Ensino da Matemática* e que foi sugerida por Imre Lakatos, em seu livro *Proofs and Refutations – The*

Logic of Mathematical Discovery (em português, *Provas e Refutações – A Lógica do Descobrimento Matemático*).

Lakatos foi formado em matemática, física e filosofia e, segundo Davis e Hersh (1985), era um filósofo matematicamente educado e um seguidor da teoria do conhecimento de Karl Popper. Ele vai contrapor a perspectiva do *Ensino da Matemática* baseada na mera reprodução de uma teoria axiomático-dedutiva para uma educação para a Matemática a partir da proposta de um processo de ensino baseado na análise de conjecturas que podem, eventualmente, se tornar teoremas, assim sugerindo uma maneira diferente de abordagem da Matemática.

Poderíamos nos enveredar pela grande e interessante discussão ligada ao seu nome e que está relacionada à Filosofia da Matemática – entendida como pesquisa sobre os fundamentos da matemática – e/ou Filosofia da Ciência, mas não faremos isso. Primeiro, porque já existe material escrito sobre o assunto; e segundo, porque pretendemos olhar para a proposta de Lakatos como um professor que ensina matemática tomando como base a lógica da descoberta matemática. Faremos isso, estimulados pelo próprio Lakatos, que em seu livro apresenta sua exposição a partir de um diálogo de sala de aula.

Na introdução do livro, o autor já diz a que veio, ao comentar: "Chamarei de escola 'formalista' a escola de filosofia matemática que tende a identificar matemática com sua abstração axiomática formal (e a filosofia da matemática com metamatemática)" (Lakatos, 1978, p. 13). Durante toda a introdução, ele apresenta um ataque feroz ao formalismo, observando, por exemplo, que "A história da matemática e a lógica do descobrimento matemático, isto é, a filogênese e a ontogênese do pensamento matemático, não podem se desenvolver sem a crítica e rejeição definitiva do formalismo" (*Ibidem*, p. 14).

No primeiro capítulo do livro, Lakatos apresenta uma sala de aula imaginária, em que um professor e seus alunos estão estudando a fórmula de Euler-Descartes para o poliedro: $V - A + F = 2$, na qual V é o número de vértices de um poliedro; A é o número de arestas; e F, o número de faces. Mas ela não é apresentada como um teorema e, sim, como uma conjectura.

Assim, os alunos, depois de muita tentativa e erro, observam que, para todos os poliedros regulares, vale a igualdade V - A + F = 2. Já de início percebemos que é uma aula diferente, pois não se trata de uma aula expositivo-explicativa. Aos alunos é dado o direito à voz: eles dão palpites, e outros tentam falsear a conjectura. Esta é a primeira aula.

A segunda aula se inicia com o professor retomando a anterior e sugerindo que a conjectura suportou as tentativas de falseá-la sem sucesso; mas os alunos ainda não a comprovaram e que deveriam tentar, então, prová-la. O professor pergunta à turma: alguém terá descoberto uma prova? E isto segue ao longo do livro. Ele vai assim sugerindo uma oposição clara entre o estilo dedutivista e o enfoque heurístico.

Lakatos então esclarece o que denomina estilo dedutivista:

> A metodologia euclidiana desenvolveu um certo estilo obrigatório de apresentação. Vou designá-lo por "estilo dedutivista". Esse estilo começa com uma lista laboriosamente feita de axiomas, lemas e/ou definições. Os axiomas e definições frequentemente parecem artificiais e mistificadoramente complicados. Nunca se fica sabendo como essas complicações surgiram. A lista de axiomas e definições é seguida de teoremas cuidadosamente redigidos. Estes por sua vez estão carregados de pesadas condições; parece impossível que alguém jamais os tivesse suposto. O teorema é seguido da prova (Lakatos, 1978, p. 185).

Ele então comenta sobre o aluno submetido ao estilo dedutivista:

> O estudante de matemática é obrigado, de acordo com o ritual euclidiano, a assistir a esse ato conjuratório sem fazer perguntas sobre o assunto ou sobre como o ato mágico é praticado. Se o estudante por acaso descobre que algumas das indecorosas definições são geradas pela prova, se ele simplesmente imagina como essas definições, lemas e o teorema possam talvez surgir da prova, o feiticeiro o banirá por sua demonstração de imaturidade matemática (*Idem*).

Lakatos continua a esclarecer o estilo dedutivista da seguinte maneira:

> No estilo dedutivista, todas as proposições são verdadeiras e válidas todas as inferências. A matemática é apresentada como uma série sempre crescente de verdades imutáveis e eternas. Possivelmente, não tem lugar contraexemplos, refutações e críticas. Um aspecto autoritário é garantido para o assunto, começando com definições antimonstro disfarçadas e geradas pela prova e com o teorema todo emplumado, suprimindo-se a conjectura primitiva, as refutações e a crítica da prova. O estilo dedutivista oculta a luta, esconde a aventura. Toda a história evapora, as sucessivas formulações provisórias do teorema durante a prova são relegadas ao esquecimento enquanto o resultado final é exaltado como infalibilidade sagrada (Lakatos, 1978, p. 186).

Lakatos conclui sua análise do estilo dedutivista sugerindo que os defensores desse estilo alegam que a dedução é o padrão heurístico em matemática, e que a lógica da descoberta é a dedução. Mas, ele conclui que essa visão não é unânime e que outros pesquisadores não concordam com tal opinião.

Sobre o livro *Prova e Refutações* e o projeto de lakatosiano, David e Hersh comentam:

> Em vez de apresentar símbolos e regras de combinação, ele apresenta seres humanos, um professor e seus alunos. Em vez de apresentar um sistema construído a partir de seus primeiros princípios, ele apresenta um choque de opiniões, raciocínios e contra-raciocínios. Em vez de matemática esqueletizada e fossilizada, ele apresenta a matemática crescendo a partir de um problema e uma conjectura, com uma teoria adquirindo forma sob nossos olhos, no calor do debate, a dúvida cedendo lugar à certeza e em seguida à novas dúvidas (David; Hersh, 1985, p. 388).

David e Hersh referem-se ao processo proposto por Lakatos de Matemática informal, entendida como "(...) a matemática no processo de crescimento e descoberta, que é, naturalmente, a matemática que é conhecida dos matemáticos e dos estudantes de matemática", e esclarecem o sentido de demonstração nesse processo:

> Para Lakatos, "demonstração" neste contexto de matemática informal não significa um processo mecânico que se transmite a verdade numa cadeia inquebrável, das hipóteses até às conclusões. Em vez disso, significa explicações, justificações, elaborações que tornam a conjectura mais plausível, mais convincente, enquanto é tornada mais detalhada e exata sob a pressão de contraexemplos (*Ibidem*, p. 389).

O objetivo do autor era mostrar, a partir de um estudo de caso, a inadequação do formalismo, apresentando uma proposta alternativa de uma Matemática informal que cresce por um processo de críticas sucessivas, de refinamento de teorias e do progresso de teorias novas e conflitantes, em oposição ao modelo dedutivo da Matemática formalizada. Ele então propõe uma outra maneira de educar para a Matemática.

O que há de atraente no projeto de Lakatos é que ele afasta os estudantes de uma visão acrítica, autoritária e dogmática presente na perspectiva formalista. Nossa convergência com suas ideias reside em pensar em uma sala de aula efervescente, com o diálogo como forma de interação; com os alunos sendo desafiados e estimulados a pensar e a justificar suas decisões. Mas, apesar de sua proposta alternativa, no futuro, não seguiremos no sentido de educar para a matemática.

De tudo o que trouxemos à luz a partir da nossa caracterização do *Ensino da Matemática* não podemos perder o foco dos pontos centrais que elucidamos ao longo do capítulo, que expressa do que queremos nos afastar e cujo rompimento pode trazer uma mudança necessária na transformação do ensino que procuramos. Mas, antes disso, queremos aprofundar nosso entendimento sobre as concepções, as práticas e o discurso desse tipo de ensino nos dois próximos capítulos.

CAPÍTULO 5

A invisibilidade de uma fronteira entre a pesquisa e o ensino

Os matemáticos profissionais constituem a mais séria ameaça à vida da matemática, pelo menos no que tange ao ensino dela.

Morris Kline

A tese que apresentaremos neste capítulo é a de que existe uma fronteira que deveria ser considerada quando o matemático passa da atividade de pesquisa – que acontece, em geral, em seu gabinete – para a atividade de ensino – que acontece na sala de aula. Argumentaremos que a invisibilidade dessa fronteira é uma das principais causas dos problemas no ensino da Matemática na formação inicial e continuada de professores e que, como consequência, seu impacto também tem efeito na formação dos estudantes da Educação Básica que são formados por esses docentes.

A origem deste problema de fronteira surgiu quando questionamos: por que seria inaceitável se um professor, licenciado em Matemática ou doutor em Educação Matemática, atravessasse em sentido contrário o caminho que faz o matemático – saindo da sala de aula para a pesquisa em matemática – usando o seu *senso comum* sobre pesquisa nesta área e iniciasse sua produção matemática na comunidade dos matemáticos? E, por que esse movimento é aceito sem questionamentos quando é o matemático que sai da pesquisa para o ensino sem formação adequada para praticá-la?

Esclarecemos, desde já, que não pretendemos, com nosso discurso, excluir os matemáticos da atividade de ensino, mas esclarecer que não é suficiente saber apenas a Matemática do matemático para ensiná-la, como quer fazer acreditar vários matemáticos e a Sociedade Brasileira de Matemática (SBM), com suas propostas de formação de escolares, licenciandos e professores.

Na continuação, para indicar que existe uma fronteira entre a pesquisa e o ensino, que é preciso estar habilitado para atravessá-la, e considerando que sua invisibilidade parece ser o padrão no ensino de Matemática nas instituições de ensino superior, optamos por exibir a existência de, pelo menos, um matemático de formação que vai atravessar a fronteira indicando com sua prática docente que ela não é invisível.

Como indicaremos, ele poderia ser orientado em sua prática letiva pelas premissas do *Ensino da Matemática* ao atravessar a fronteira, mas não o fez. Por este motivo, traremos seu trabalho como um bom exemplo de que é preciso considerar que a fronteira existe e que, para atravessá-la, é preciso qualificação específica para ensinar.

Fixados os nossos objetivos deste capítulo, retornamos à nossa questão anterior: e se aquele professor mencionado anteriormente, agora, na atividade de pesquisa matemática, apresentasse um seminário de sua investigação afirmando que demonstrou um teorema em aberto utilizando simulações no computador? E sugerisse à audiência de matemáticos que, após várias simulações (um número finito e modesto delas), conseguiu concluir que o teorema estava demonstrado? Com certeza seria motivo de riso, de desprezo, de ridicularização. Porém, uma situação de mesma natureza acontece tendo o mateólogo como protagonista na atividade de ensino nos cursos de graduação e nos programas de formação continuada de professores, coordenados pela SBM. Então, por que a travessia da fronteira que separa as duas atividades - da pesquisa em Matemática para o ensino - é vista como natural?

O encaminhamento de uma possível resposta a essa questão – concordemos ou não com ela – foi indicado pelo comentário do matemático Jean Dieudonné, ao falar da formação de matemáticos e de sua função após o doutoramento. Ele diz:

> É necessário, portanto, admitir que, como em todas as outras disciplinas, o valor de um matemático varia muito de um indivíduo para outro. Nos países "desenvolvidos", o ensino das matemáticas é assegurado por muitas pessoas – a maior parte das quais teve que obter um doutoramento (ou um diploma equivalente), executando um trabalho de pesquisa original -, *mas que estão longe de ser igualmente dotados para a pesquisa, por falta de imaginação criadora* (Dieudonné, 1990, p. 26, destaques nossos).

Dieudonné então chega ao ponto que esclarece a nossa questão dizendo:

> A grande maioria destes trabalhos é com efeito aquele que é chamado *trivial*, que dizer, que se limita a tirar algumas consequências fáceis de princípios bem conhecidos. Muitas vezes, a tese destes matemáticos nem chega a ser publicada; inspirada por um "orientador", ela reflecte mais as ideias deste último do que as dos próprios. E, também, uma vez entregues a si próprios, publicarão talvez de longe um artigo em relação directa com a sua tese, e abandonarão muito cedo qualquer produção original. A sua importância é, todavia, indubitável: para além do papel social de primeiro plano que desempenham na educação de toda a elite científica de um país, são eles que, nos primeiros anos de universidade, podem distinguir os estudantes particularmente dotados que serão os matemáticos da geração seguinte; se souberem manter-se ao corrente movimento da ciência e com ele enriquecer o seu ensino, despertarão vocações hesitantes e poderão orientá-los para os colegas encarregados de guiar os primeiros passos dos futuros investigadores (Dieudonné, 1990, p. 26).

Ao que parece, esse comentário dá o tom de como a comunidade dos matemáticos responderia à nossa questão. Para uma comunidade científica que prima pelo sucesso e evita o fracasso, parece que Dieudonné – mantendo o discurso arrogante do talento – dá um bônus pelo fracasso na pesquisa, entregando a "docência" e a identificação de futuros matemáticos como prêmio de consolo, e sugerindo que a função do matemático improdutivo para a pesquisa é descobrir novos talentos. Isso sugere, como consequência, que a função principal do mateólogo não é ensinar, mas identificar novos talentos.

É interessante observar que o deslocamento desses docentes para a atividade de preparar jovens para atividades como as Olimpíadas de Matemática, como discutiremos no capítulo seguinte, se encaixa e cumpre bem esse papel.

No Brasil, o processo de formação de um matemático que vai do bacharelado ao doutorado em Matemática, em geral, é custeado por verba pública financiada pela sociedade. E, portanto, parece ser insuficiente, ao nosso entendimento, o que Dieudonné sugere como retorno pelo título à sociedade que paga pela formação. Mesmo porque, na busca por estes talentos, a maioria dos alunos universitários é submetida a repetidas reprovações, todos os semestres, por não jogar o jogo de aprender a Matemática pela Matemática, pela mão de quem não foi preparado para a docência.

Mas a nossa questão lança luz ao fato de que a resposta institucional brasileira para o fracasso na pesquisa não é muito diferente daquela apresentada por Dieudonné, que nos faz olhar para todas as áreas acadêmicas. O título de doutor – não só para o matemático, mas para o linguista, o geógrafo, o físico, o filósofo, o químico etc. – é a concessão de um bônus de docência em nível universitário. E esses potenciais pesquisadores, muitas vezes, sem a menor formação e ideia do que isso representa, vão formar os futuros professores nas licenciaturas das diferentes áreas. Por essa porta aberta institucionalmente, talvez possamos responsabilizar, em parte, o governo federal e nossas instituições de Ensino Superior pelo impacto negativo que isso tem na formação de professores – já que uma parte significativa dessa formação profissional fica em suas mãos – e, com impacto secundário, no sistema escolar.

Vale observar que esse entendimento não ocorre em todos os países do mundo. Existem países que exigem formação especializada para todos aqueles doutores de todas as áreas não relacionadas ao ensino, para habilitá-los a se dedicarem à docência. Isto é, *uma outra formação específica para uma outra atividade profissional*. Este entendimento corrobora o nosso ponto de vista, de que existe uma fronteira entre a atividade de pesquisa e a atividade de docência.

Da nossa parte, a resposta à existência da fronteira que separa as duas atividades existe e não é uma travessia que possa ser feita baseada no senso comum, nem pode ser limitada a saber mais ou menos a Matemática do matemático. Na atividade de ensino, entramos em outros domínios, como a da cognição, da cultura, da linguagem, da educação, em suas dimensões pedagógica e didática. Com isso, visualizamos a necessidade de que o doutor, aspirante a professor, receba qualificação profissional adequada à sua nova prática, para a qual não havia sido formado.

O que constatamos a essa altura é que *o matemático, em geral, atravessa essa fronteira como se ela não existisse, carregando sua metodologia de pesquisa para sala de aula como se ela fosse naturalmente uma metodologia de ensino, e fundamentando sua prática letiva nas concepções platônica e formalista e nas premissas do Ensino da Matemática como caracterizamos*. Mas, o maior problema desta prática é que ela sugere que invisibilidade é sinônimo de inexistência e nós sabemos que *a invisibilidade não é a mesma coisa que inexistência*.

O resultado da presença destes docentes no ensino universitário, de uma maneira geral, e na formação de professores de Matemática, em particular, gera muitos problemas, que poderiam ser evitados no mundo acadêmico.

Em tempo, é pertinente mencionar o esforço de alguns matemáticos-professores em sua tentativa de ensinar seus alunos. Durante anos trabalhando alocado em um departamento de Matemática de uma universidade pública, e convivendo com matemáticos de formação de diferentes instituições, pudemos constatar que alguns deles, em diferentes lugares e momentos de sua vida profissional, tentaram seriamente se envolver na atividade de docência e tentaram, com muito empenho e dedicação, ensinar bem os alunos a Matemática do matemático. E o resultado foi considerado por eles próprios como insatisfatório e, em geral, desanimador, ao ponto de não motivar uma segunda tentativa. Porém, o problema central desse insucesso, a nosso ver, parece ter sido, em parte, a invisibilidade da fronteira que discutimos entre a atividade de pesquisa matemática e a atividade de docência. Isto é, ao ensinar a partir das premissas do *Ensino da Matemática*, a única coisa que conseguiram foi reforçar o fracasso dos estudantes, não influenciando a aprendizagem dos alunos e nem diminuindo o quadro geral da reprovação em suas turmas.

Com base nessa experiência e interessados em indicar um possível caminho para esses colegas, uma pergunta se coloca: é possível um matemático de formação desenvolver a atividade de docência de modo a contribuir, efetivamente, para a aprendizagem de seus alunos? Para responder a esta pergunta, analisaremos a passagem de um matemático de formação da pesquisa para a docência.

A atividade de docência de Roberto Ribeiro Baldino nos deu algumas evidências necessárias para pensar e para esclarecer a partir de um exemplo, sobre um caminho possível em resposta aos colegas matemáticos com interesse na prática docente e no interesse real em ensinar. Mas, nosso objetivo, ao identificar a travessia dessa fronteira, não se reduz a essa questão especificamente; na verdade, essa situação vem como um bônus, pois há uma questão maior, que é a possibilidade de repensar a formação de professores – o que se constitui exatamente um dos nossos focos de interesse nesse estudo.

Baldino, ao longo de sua carreira, sempre esteve envolvido na atividade de pesquisa e na atividade de ensino, fazendo, em certo momento de sua vida profissional, a transição da pesquisa em Matemática pura para pesquisa em Educação Matemática. Em seus textos na área de Educação Matemática podemos identificar sua explicitação sobre as atividades de pesquisa e ensino:

> A atividade do **professor** se caracteriza por ser ele mesmo o encarregado da regência de um contrato de trabalho didático-pedagógico em sala de aula, sejam os termos desse contrato explícitos ou implícitos. A atividade do **pesquisador** se caracteriza pela busca contínua de soluções ou respostas a problemas ou perguntas sobre um tema definido, elucidando causas e efeitos ou aproximando-se

> da compreensão de um fenômeno, movido por uma inquietação, gerada em sua trajetória de vida. Ambas são (e devem ser) atividades públicas, ou seja, são atividades de agentes sociais interagindo com os controles institucionais que os fazem sujeitos (Baldino, 1995a, p. 46).

Nosso interesse, nesse momento, está na sua atividade de docência, porém, não pode passar despercebido o fato de sua orientação como docente se dá a partir de pressupostos teóricos que fundamentam sua prática a partir da psicanálise Lacaniana e das suas leituras de Piaget, Hegel e Zizek. Sobre sua inserção em Lacan, ele comenta:

> Tratando-se de intervir sobre discursos que simbolizam práticas de sala de aula, optamos pelo quadro teórico da dialética do Sujeito e do Outro segundo Lacan. Os conceitos em jogo são: Sujeito falante, pequeno outro, grande outro, punção, significante, ponto de basta, identificação simbólica e pertença (Baldino, 1999, p. 229).

Notamos, que neste caso em particular, existe uma relação íntima entre a pesquisa e a docência, estreitada por assumir questões de investigação que estão relacionadas à sala de aula. De fato, considerando uma fase de sua vida profissional em que esteve à frente do grupo de pesquisa denominado de GPA, Grupo de Pesquisa-Ação em Educação Matemática, na Universidade Estadual Paulista Júlio de Mesquita Filho (UNESP), no *campus* de Rio Claro, identificamos a seguinte pergunta-diretriz no projeto de pesquisa do grupo, dividida em dois planos que esclarece nossa afirmação: "Plano prático: como reduzir o quadro geral de fracasso do ensino da Matemática?" (Baldino, 1999), e "Plano teórico: qual o papel das rotinas de sala de aula na permanência desse fracasso?" (Souza; Baldino, 1995).

Ao seu lado, na pesquisa, estiveram presentes o pesquisador Antônio Carlos Carrera de Souza e a pesquisadora Tânia Cristina Baptista Cabral[1], entre outros pesquisadores seniores e juniores no Programa de Pós-Graduação em Educação Matemática da UNESP. Seus projetos de pesquisa e as investigações que

---

1 Veja, por exemplo, as seguintes publicações: Baldino e Cabral (1997, 1999) Cabral (1992, 1998), Cabral e Baldino (2010, 2022) e Souza e Baldino (1995).

desenvolveu de maneira independente e colaborativamente produziram uma proposta didático-pedagógica denominada *Assimilação Solidária*, em oposição clara ao que esses pesquisadores denominaram de *Ensino Tradicional Vigente* (ETV), mencionado anteriormente.

Esta proposta didático-pedagógica entrou na sala de aula de Matemática do Ensino Superior apresentando aos estudantes um contrato didático explícito, em que o critério de avaliação é a medida do tempo de trabalho produtivo (uma oposição clara à avaliação para seleção dos aptos, medida exclusivamente por provas). A proposta é regida por alguns princípios elaborados durante vários anos (em cuja gênese, até onde pudemos encontrar nas fontes consultadas, se encontra por volta de 1983 na UFRJ). Os princípios inegociáveis que servem de base a toda negociação alternativa ao ETV são descritos nos seguintes pontos:

1. SUPREMACIA dos grupos sobre os indivíduos e do grupão sobre os grupos.
2. PROMOÇÃO POR AVALIAÇÃO DO PROCESSO de trabalho, não do produto.
3. MEDIDA DA DURAÇÃO do trabalho produtivo, não da competência atingida.
4. Aumento da COMPETÊNCIA MÉDIA da turma, não da competência máxima de alguns.
5. ACOMPANHAMENTO DO RACIOCÍNIO, não correção do resultado.
6. Prêmios e sanções À TURMA e AOS GRUPOS, não aos indivíduos.
7. Instalação de FORO DE DEBATE sobre o papel do aparelho escolar
8. EXPOSIÇÃO APÓS o trabalho dos alunos sobre os exercícios ou leitura.
9. GRUPOS HOMOGÊNEOS segundo desempenho matemático (Baldino, 1995a, p. 9).

Com base nesses princípios, no trabalho de sala de aula, os alunos têm direito a voz, falando em nome do grupo a que pertencem, e, em vez de aulas expositivo-explicativas, o processo de ensino ocorre a partir de fichas de trabalho entregues aos subgrupos, as quais servem de mediadoras nas discussões entre os membros dos grupos de trabalho e do(a) professor(a) com a turma. Notamos assim, os passos de ação que tornam a sala de aula em um espaço de negociação de modos de produção de significados para a Matemática.

É importante esclarecer que, na sala de aula administrada pelos Cabraldinos, o sujeito aprendente é o sujeito da enunciação, rompendo deliberadamente com as premissas do ETV baseado, como vimos, numa concepção epistemológica de que o conhecimento é do domínio do enunciado, e de que teorias matemáticas já são conhecimentos.

Um dos pontos importantes da *Assimilação Solidária* reside no fato de que, no contrato de trabalho, ficam explicitadas as condições de aprendizagem e promoção. A proposta apresentada aos estudantes é de um critério de avaliação que não é o resultado de provas, mas a medida do tempo de trabalho produtivo a partir de sua efetiva participação nas atividades propostas. Além disso, sempre está aberta, no processo de ensino, a possibilidade de o estudante optar pela avaliação tradicional por provas, como podemos constatar, em suas palavras: "No contrato de trabalho, todas as cartas com as condições de aprovação são postas sobre a mesa: pode-se obter aprovação por desempenho em prova ou por trabalho produtivo" (Baldino,1995a, p. 11).

Esta proposta foi desenvolvida dentro das salas de aulas da graduação de diferentes cursos da UNESP, no campus de Rio Claro, em turmas da disciplina Cálculo Diferencial e Integral durante vários anos e em outras instituições de Ensino Superior.

Nossa avaliação, ao chegar a esse ponto e, em particular, ao constatar a prática docente de Baldino, é a de que o matemático, por ignorar a existência de uma fronteira – fruto de sua educação para a Matemática – não percebe que não está mais no mundo da Matemática, mas em um outro mundo[2], e que estar lá envolve conhecer sobre cognição, linguagem e, em particular, sobre a oralidade[3]. E é essa percepção que indica a existência da fronteira, sendo os Cabraldinos o testemunho de sua existência na prática.

2 A referência a mundos se apoia na concepção proposta por Nelson Goodman (1978, 1995).

3 Outros pesquisadores podem inserir outras temáticas neste ponto.

Sobre os aspectos centrais desse entendimento de uma fronteira entre pesquisa e ensino, ao observar a prática letiva dos Cabraldinos, podemos perceber alguns pontos relevantes que os distinguem como docentes: primeiro, eles são orientados em sua prática por um referencial teórico-metodológico que os tiram do senso comum – isto é, do discurso de "eu acho que é assim que se faz" – o qual os orientam a ações didático-pedagógicas e que os habilita a "ler" seus alunos para auxiliá-los em suas dificuldades de aprendizagem. Ao aluno é dada a "existência" no processo quando lhe é dada voz. Mas, ao dar voz aos alunos, esses docentes possuem condições de uma escuta ativa, no sentido de que eles possuem elementos teóricos para analisar essa fala de modo a intervir no processo de aprendizagem (ao que eles denominam de intervenção diferencial).

A atividade de docência praticada pelos Cabraldinos evidencia a distância astronômica entre uma concepção que mantém a Matemática no domínio do enunciado – a teoria matemática é conhecimento – para aquela que a leva para o plano das enunciações. Em particular, é para esta diferença que nossa atenção está dirigida, no sentido de pensar sobre a Educação Matemática escolar (termo utilizado em oposição a *Ensino da Matemática*) e a formação de professores que educam pela Matemática (termo utilizado em oposição a ensinar Matemática da perspectiva do *Ensino da Matemática*).

No capítulo seguinte, aprofundaremos nossa discussão analisando mais especificamente as práticas e discursos que sustentam a concepção do Ensino da Matemática, que a cada dia ganha mais espaço na formação de escolares e professores.

CAPÍTULO 6

O impacto do Ensino da Matemática na formação discente e docente

A matemática que estamos ensinando e como estamos ensinando é obsoleta, inútil e desinteressante. Ensinar ou deixar de ensinar essa matemática dá no mesmo. Na verdade, deixar de ensiná-la pode até ser um benefício, pois elimina fontes de frustração!

Ubiratan D'Ambrósio

Quando sai da escola foi que eu aprendi que fração é pedaço.

Ziraldo

Neste capítulo analisaremos como a *educação para a Matemática*, materializada no *Ensino da Matemática*, se coloca de forma hegemônica até os dias atuais na formação inicial e continuada de professores, ampliando paulatinamente os seus domínios de atuação. Como consequência, há os impactos negativos na formação de professores e dos estudantes da Educação Básica.

De posse da caracterização de *Ensino da Matemática* descrito anteriormente, podemos fundamentar nossa leitura das ações, práticas, concepções e discurso disseminado pelo seu mais importante representante no Brasil: a SBM. A Sociedade tem sido a principal responsável por disseminar uma educação para a Matemática aos longos dos anos.

Nas universidades públicas federais e estaduais, em quase sua totalidade, as Licenciaturas em Matemática foram *loteadas* entre duas áreas distintas: de um lado, a área da Matemática que tem a função de promover a formação matemática do futuro professor de Matemática; e, de outro lado, a área de Educação[1], que tem a função de dar a formação didático-pedagógica ao licenciando. Nas próximas seções, colocaremos nosso foco na primeira perspectiva para analisar como se materializa a formação matemática para os escolares, licenciandos em Matemática e na formação continuada de professores com vistas a evidenciar como o *Ensino da Matemática*, a partir das ações da SBM, atua e indicar alguns de seus efeitos nocivos.

A formação inicial de professores de Matemática

A formação matemática do licenciando é, em sua maior parte, construída a partir das concepções e discurso do *Ensino da Matemática* e, portanto, expressa uma educação para a Matemática. Com base nas crenças do mateólogo identificamos quatro características internas no ensino da Matemática acadêmica que permeiam as ações e as práticas desses docentes e que se transformaram em concepções arraigadas ao longo do tempo, produzindo um modo de pensar e atuar do futuro professor que as incorpora em sua prática letiva quando vai para a escola. É o que passaremos a descrever.

A primeira característica, fruto da concepção do mateólogo, é a *visão enciclopédica de ensino*, baseada na crença de que, para proteger o estudante, preparando-o para qualquer situação, deve-se ensinar todo o conteúdo matemático possível sobre um assunto em questão[2].

As ementas das disciplinas, em geral copiadas do sumário de livros-textos de Matemática produzidos por matemáticos, expressam bem essa perspectiva. O

1 O impacto da formação didático-pedagógica sobre a formação de professores será discutido no livro 2 desta coletânea.

2 Um colega professor, ao ler este parágrafo, comentou que esta proteção não seria apenas para o aluno, mas também para o professor. Pois, assim, ele pode se isentar de qualquer crítica ao seu trabalho e, portanto, é benéfica para ele.

propósito de muitos mateólogos de seguir na direção de dizer tudo se mostra como uma tarefa impossível de se realizar na prática, dado o volume de informações que temos nos dias atuais.

Esta visão materializada nos planos de curso das disciplinas e nas aulas expositivo-explicativas tem efeito contrário ao projetado para o ensino dos estudantes, que pouco aprendem do que lhe foi "transmitido". Além disso, essa superproteção[3] torna o ensino extremamente enfadonho e desestimulante, mesmo para alunos que gostam de Matemática, e tem sido contraproducente na prática.

Nesse contexto, o mateólogo, na qualidade do único e exclusivo detentor do conhecimento, em geral, torna o ensino escolar e acadêmico brasileiro em uma atividade absolutamente "paternalista", pois ele é quem explica, responde, propõe exercícios, resolve – ficando a participação do aluno relegada à passividade de um ouvinte que repete e aceita, sem questionamentos, as verdades que lhes são impostas. Esta perspectiva, quando observada no ponto mais alto da formação matemática – o doutorado em Matemática – talvez explique ou dê pistas do por que temos muitos doutores em Matemática e pouquíssimos matemáticos praticantes, como observou anteriormente o matemático Jean Dieudonné.

A segunda característica de ensino na formação acadêmica do licenciando é a crença em um *ensino linear do conteúdo matemático, baseado em pré-requisitos*, isto é, um processo de ensino que necessita sempre começar do início e que, em geral, dá-se por definições axiomáticas, seguindo a trilha dos pré-requisitos teóricos do assunto. A principal vantagem dessa visão, para o professor, é o fato dela ser usada para explicar o fracasso escolar do aluno – ele não tinha os pré-requisitos!

Esta perspectiva chega a tal ponto, que mesmo que inicie uma disciplina pelo terceiro capítulo de um determinado livro-texto, só se segue na proposta de ensino se: (a) considerar que o aluno já tenha estudado os assuntos anteriores; (b) o professor fizer uma breve revisão dos capítulos anteriores; ou, ainda, (c) o

3 Termo entendido pela Psicologia como fazer pelo outro o que ele tem condições de fazer sozinho.

professor deixa para o aluno a obrigação de se fazer a tal revisão. Assim, pode-se ter tranquilidade de que está fazendo o certo.

Esta concepção coloca o mateólogo em uma zona de conforto na docência: a linearidade de sua apresentação dos conteúdos matemáticos. Mais que isso, essa conduta sugere que ele não apenas opera em consonância com a construção de uma teoria axiomático-dedutiva, mas também pensa de maneira axiomática, operando dedutivamente quando ensina.

A terceira característica de ensino praticada pelo mateólogo é a de um *ensino que tem como finalidade a generalização*, isto é, um ensino que prima pelo exercício da generalização das teorias em estudo. Na prática de sala de aula, quando o mateólogo inicia a explanação de um assunto por casos particulares, ele entende como necessário sempre chegar ao caso mais geral das definições e/ou dos teoremas – mesmo que eles não sejam usados em toda a sua generalidade naquela disciplina ou nos exercícios preparatórios para as provas. Mais uma vez, vemos a perspectiva da atividade de pesquisa sendo reproduzida na sala de aula de Matemática.

Por exemplo, numa disciplina como o Cálculo Diferencial e Integral para funções de várias variáveis, muitas propriedades são inicialmente discutidas para funções de duas e três variáveis, mas não se abre mão de apresentar as definições e teoremas (como a regra da cadeia) e seus corolários para um número arbitrário de variáveis, como está apresentado no livro-texto. Mais uma vez, a metodologia de pesquisa se transforma em metodologia de ensino.

A quarta característica do ensino da Matemática, já bastante discutida até aqui, é *a crença de que a demonstração justifica as afirmações feitas e leva à compreensão do objeto matemático em estudo*. Porém, para os alunos, as demonstrações ocupam parte central de suas preocupações e dificuldades. Eles se veem numa prática reprodutiva de resultados que são verdadeiros – já que foram provados pelos próprios matemáticos – mas, mesmo assim, devem saber reproduzi-las em uma prova. Dependendo da disciplina, os teoremas, além de estarem ao longo do texto, também estão presentes na lista de exercícios. Novamente, a metodologia de pesquisa se transforma em metodologia de ensino.

O estudante, muitas vezes, fica confuso quando observa que, apesar da atividade de demonstrar ser central em sua formação, não existe, muitas vezes, uma formação específica ao longo do curso para que aprenda a demonstrar. O que ele não sabe é que há uma clara divergência entre os matemáticos sobre este assunto: uma maioria entende que demonstrar se aprende demonstrando; outros poucos defendem que uma disciplina anterior de lógica matemática daria a base para o estudante. Na falta de consenso, esta disciplina preparatória é criada e extinta de acordo com o gosto do grupo dominante ou pelo interesse particular de algum(a) docente em ministrá-la. Mas, o que não muda é a visão de que o que é bom para a formação do matemático também é bom para a formação de professores.

Colocadas juntas essas características, uma das consequências nunca explicitada e reconhecida como negativa é que em várias disciplinas como, por exemplo, nas disciplinas de Cálculo Diferencial e Integral, acabam sendo reduzidas ao ensino de técnicas e treino de métodos em vez de colocar a ênfase nas ideias matemáticas envolvidas no estudo, contrariando o que o discurso do mateólogo propõe. Mas o foco central desta discussão é que, na prática, a metodologia de pesquisa do matemático é a metodologia de ensino na disciplina.

Assim, a quase totalidade da formação matemática do futuro professor tem o formato de teorias matemáticas e constitui a reprodução do que se encontra nos livros-texto produzidos pelos próprios matemáticos. Como decorrência, caso o estudante procure um desses livros para auxiliar nas suas dificuldades de aprendizagem, o que ele encontrará em suas páginas é a mesma estrutura reproduzida em sala de aula: definições, exemplos, teoremas, corolários e exercícios de fixação e treino.

Vale observar que tais livros-texto, que não são livros didáticos, são os importantes veículos de disseminação do *Ensino da Matemática* e se constituem nos delimitadores de qual é a Matemática a ser ensinada e de como deve ser ensinada; representada por disciplinas como as Geometrias (na sua visão axiomático-dedutiva), os Cálculos Diferencial e Integral, a Teoria dos Números, Estruturas Algébricas, a Álgebra Linear e a Análise Matemática, reforçando a concepção de uma educação para a Matemática.

Na rotina diária de sala de aula em uma Graduação em Matemática não há, até os dias atuais, em geral, uma separação clara entre licenciatura e bacharelado, apesar de esforços governamentais nessa direção. Mas é muito comum que, em uma sala de aula em que há 28 licenciandos e 2 bacharelandos, a aula seja ministrada focando a formação dos dois futuros [potenciais] matemáticos. Porque, novamente nessa perspectiva, o que é uma boa formação para o matemático vai ser uma boa formação para o professor.

Um exemplo ilustrativo de tudo o que dizemos até aqui pode ser observado na disciplina Análise Matemática, cujo ensino é a reprodução de um livro-texto, como, por exemplo, aquele intitulado *Curso de Análise*, de Elon Lages Lima; uma obra escrita para matemáticos em formação e que tem sido, ao longo dos anos, usada como referência básica na Licenciatura em Matemática e, portanto, tem servido como texto para a formação inicial do professor de matemática[4]. Sua estrutura reflete tudo o que dissemos sobre ensino enciclopédico, linear, generalista com a crença que a demonstração é justificação. Podemos imaginar o conjunto de capítulos a seguir apresentados como se fosse um edifício, em que sua estrutura de base é a Teoria dos Conjuntos; o cimento que liga os tijolos e toda a construção é a Lógica Matemática e o método dedutivo e os andares vão do primeiro ao décimo capítulo, seguindo a seguinte ordem:

Capítulo I – Conjuntos e Funções
Capítulo II – Conjuntos finitos, enumeráveis e não enumeráveis
Capítulo III – Números Reais
Capítulo IV – Sequências e séries de números reais
Capítulo V – Topologia da Reta
Capítulo VI – Limites de Funções

4 Ou uma opção ainda pior, que é a versão produzida para os cursos de verão e, portanto, um resumo do livro citado. Para os detalhes, veja Lima (1989).

Capítulo VII – Funções Contínuas
Capítulo VIII – Derivadas
Capítulo XI – Integral de Riemann
Capítulo X – Sequências e Séries de Funções

Este é o edifício matemático da Análise Matemática em conformidade com as características da Matemática do matemático e, portanto, um exemplo de uma teoria axiomático-dedutiva – afirmação que tecnicamente seu autor rejeitaria, explicando que não é bem assim, por exemplo, porque o estudo da Teoria dos Conjuntos acontece a partir de um estilo informal e descritivo, em contraste com o ponto de vista puramente axiomático.

O aluno da licenciatura, em geral, não conhece a dinâmica deste tipo de disciplina, as "regras do jogo" implícitas que a regem e que o mateólogo não se preocupa em explicitá-las – apesar, de em livros como a referência citada acima, o autor poderia se defender dessa crítica dizendo que tais regras ficam explícitas no texto. Vamos entender, em linhas gerais, esta situação.

O estranhamento do estudante iniciante começa desde o início das aulas, com a presença das definições axiomáticas, e muitos deles nunca vão chegar a superar esse sentimento de repulsa em estudar Matemática pura. Talvez o que qualquer aluno espera encontrar, ao pensar em definir algo, esteja mais próximo da compreensão filosófica, isto é, a "operação pela qual se determina e se enuncia a compreensão de um conceito, isto é, o conjunto de suas características essenciais." Aristóteles, por exemplo, dizia que "A definição faz conhecer o que é a coisa" (Russ, 1994, p. 60).

Baldino, por sua vez, concorda com nossa análise e, corroborando o nosso comentário, observa:

> Usualmente os alunos pensam que uma definição é uma descrição completa de um ob-jeto[5]. Essa é acepção da filosofia, tal como a encontramos, por exemplo,

5 Baldino (2000, p. 2) sugere que o tradutor decidiu grafar ob-jeto com hífen para traduzir o termo alemão *Gegenstan*, que significa algo que a consciência põe diante de si para exame e, com isso,

em Hegel: "*O ob-jeto apreendido pelo conhecimento inicialmente sob a forma de um conceito determinado geral, de modo tal que por aí seu gênero e sua determinação são postas, é a definição* (Baldino, 2000, p. 2, destaque do autor).

E como ele conhece por dentro a comunidade dos matemáticos, com propriedade ele observa:

> Entretanto na matemática durante o século 20 essa concepção cedeu lugar à seguinte: definição é o nome que se convenciona dar a um conjunto ou aos elementos de um conjunto bem determinado. Ao contrário da filosofia, a matemática não tem que "*se justificar, antes de tudo, acerca da necessidade de seus objetos*" (*Idem*).

Ele sugere que essa afirmação pode ser contestada, mas ela pode não alterar a visão do matemático. Em suas palavras:

> Pode-se dizer que, enfim, quando a matemática define os inteiros como pares ordenados de naturais, ela justifica essa construção a partir da necessidade de subtrair. Entretanto, do ponto de vista dos matemáticos, essa necessidade não conta como fazendo parte da matemática, ela faz parte das motivações introdutórias à exposição, faz parte, quando muito, da didática da matemática e pode ser considerada na história, na sociologia ou na filosofia da matemática, nunca na matemática em si. Veja esta pérola: "*A matemática diz respeito a tirar conclusões lógicas a partir de hipóteses explicitamente enunciadas*" (Baldino, 2000, p. 2, destaque do autor).

Na continuação, ele tece o seguinte comentário, afirmando que:

> Para o matemático, a matemática é o que sai do seu gabinete, não o que acontece lá dentro. Em outros termos, a justificativa para a necessidade dos objetos matemáticos não faz parte da matemática quando a matemática é considerada pela visão estreita da maioria dos matemáticos (e também de vários educado-

distinguir do outro termo *Objekt*, também usado por Hegel para denotar o ob-jeto já conceituado, decorrente de um conceito.

> res matemáticos que têm a mesma visão). Para poder dizer que a justificação, na verdade, faz parte da matemática será preciso reconceituar matemática de modo mais amplo, ou seja, enfrentar a terrível questão: o que é matemática? (*Idem*).

E conclui seu raciocínio afirmando:

> Podemos dizer que a matemática não é só isso, que inclui a filosofia, a prática social pela qual os matemáticos a produzem, etc. Então a justificativa da necessidade do ob-jeto (conjunto) faz parte da matemática no sentido mais amplo. Porém, aí já estamos em pleno domínio, não do que é, mas, sim, do que *deve ser* (*Idem*).

Estes comentários indicam que as propostas de ensino da Matemática pura não são discutidas ou esclarecidas para os estudantes e é neste momento que identificamos o estranhamento dos alunos acontecendo, por exemplo, com relação aos números naturais ou quando se fala sobre os axiomas de Peano. Esses discentes se questionam: "Eu já sei o que é número natural, por que agora devo aprender a dar uma definição de um número natural?". Porém, na disciplina análise matemática, se o livro texto for *Curso de Análise* (1976), e se este aluno o ler com cuidado, vai encontrar a afirmação de seu autor sobre o conjunto dos números naturais:

> Na memória original (...) o conjunto N dos números naturais é definido a partir da teoria dos conjuntos e os axiomas, hoje conhecidos com o nome de Peano, são demonstrados como teoremas. (...) Do ponto de vista de Peano, os números naturais não são definidos. É apresentada uma lista de propriedades gozadas por eles (os axiomas) e tudo o mais decorre daí. Não interessa o que os números são; (isto seria mais um problema filosófico) o que interessa é como eles se comportam (Lima, 1976, p. 25).

E o mesmo discurso surgirá, algumas páginas à frente, ao ler a proposta do autor sobre o estudo de números reais – só que, agora, a explicação é tomada de outro matemático, Michael Spivak, que escreve:

> É inteiramente irrelevante que um número real seja, por acaso, uma coleção de números racionais; tal fato nunca deveria entrar na demonstração de qualquer teorema importante sobre números reais. Demonstrações aceitáveis deveriam usar apenas o fato de que os números reais formam um corpo ordenado completo... (Spivak *apud* Lima, 1976, p. 48).

Assim, as duas citações acima ilustram e reforçam o comentário de Baldino e nos ajudam a esclarecer o "mundo" dos matemáticos. Essa visão representa uma maneira diferente de constituir os objetos, uma maneira diferente de operar com esses objetos e segundo uma outra lógica desconhecida pelos estudantes. Os comentários acima elencados não são suficientes para informar ao estudante que não pertence a esse "mundo", que o que se está estabelecendo são as regras do jogo de uma outra Matemática diferente daquela que ele conhece. Assim, uma das regras desse jogo é que, em análise matemática, o aluno não vai ficar sabendo o que é um número real; ele já é. Esta é a Matemática do matemático!

Nessa direção, os estranhamentos seguem com as demonstrações que, por exemplo, no caso de muitas daquelas ditas construtivas que justificam formalmente alguns teoremas, como sabemos, quase sempre não trazem compreensão ao aluno. Elas provam, mas não esclarecem.

Ademais, esse processo de estranhamento continua baseado em todas as questões que levantamos até este momento, incluindo a preocupação rotineira do matemático por questões de *existência* e *unicidade* dos objetos matemáticos da teoria – de novo, relativos à metodologia de pesquisa, isto é, as questões importantes para a prática científica do matemático se transformam em metodologia de ensino.

Não bastasse tudo isso, o aluno costuma ouvir do mateólogo, no primeiro dia de aula, em disciplinas como Análise Matemática, frases do tipo: "Este é o início para alguns e o fim para muitos". Este comentário sugere que aquele é o ponto de partida para o bacharelando que, no futuro, fará um curso de verão sobre o tema para pleitear uma vaga no mestrado em Matemática e o fim para aqueles que não teriam futuro na Matemática dirigindo-se à sala de aula da Educação Básica, ou seja, os futuros professores. Os mateólogos só não informam aos Licenciandos que a maioria destes potenciais futuros pesquisadores, que são bajulados desde o início da formação, por serem em número muito reduzido, nunca chegarão a produzir Matemática original ao final de seu Doutorado, como estava na imaginação desses docentes.

Quando nos perguntamos o que mudou ao longo dos anos no ensino universitário, a única alteração que conseguimos imaginar é que, no passado, o ensino tradicional se dava por insuportáveis aulas em que o professor reproduzia em detalhes o livro-texto no quadro para a cópia dos alunos; atualmente, o texto matemático está numa apresentação no *powerpoint*, projetado em uma tela a partir da qual os alunos podem fotografar os *slides*. Este tem sido o grande avanço tecnológico nas disciplinas de Matemática pura.

Para ilustrar o efeito nocivo que esta formação traz aos estudantes em seu processo de formação, fundamentado pelas premissas do *Ensino da Matemática*, observamos que, quando a prática letiva do mateólogo está acontecendo em uma sala de aula com suas concepções, discurso e metodologia de ensino, identificamos um sério problema didático se instalar que denominamos de *assincronismo nos processos de ensino e aprendizagem*. Este problema didático diz respeito a dois "tempos": o tempo de aprendizagem do aluno – entendido, neste caso, como o tempo que um aluno precisa para aprender uma noção matemática ou uma nova teoria matemática – e o tempo institucional de ensino - entendido como o tempo em que a instituição coloca para a duração do processo de ensino de uma disciplina (um semestre letivo, por exemplo).

Noções semelhantes à noção de assincronismo que trazemos a discussão foram apresentadas por pesquisadores franceses a partir do que denominaram de *Didática da Matemática*, sobre a qual optaram por chamar os dois tempos por tempo didático e tempo de aprendizagem; como explica Pais:

> O tempo didático é aquele marcado nos programas escolares e nos livros didáticos em cumprimento a uma exigência legal. Ele prevê um caráter cumulativo

> e irreversível para o saber. Isso implica o pressuposto de que seja possível de alguma forma "enquadrar" o saber num determinado espaço de tempo. Há uma forte crença na possibilidade de que o processo de ensino-aprendizagem seja progressivo, lógico e racional, que seria possível organizá-lo através de uma sequência linear de conteúdos. Como se fosse possível comparar a aprendizagem da Matemática à linearidade de sua apresentação formal. Seu compromisso está mais diretamente voltado para o texto do saber e para o cumprimento do programa do que para a aprendizagem em si (Pais, 1999, p. 31).

Podemos constatar, mais uma vez, por meio da citação de Pais, o fato de que o foco do ensino está no texto matemático, ou seja, no conteúdo matemático por ele mesmo e não na aprendizagem. Na continuação, ao falar sobre o tempo de aprendizagem, Pais comenta:

> Trata-se de um tempo que não é sequencial e nem pode ser linear na medida em que é sempre necessário retomar as antigas concepções para poder transformá-las. Cada sujeito tem o seu próprio tempo de aprendizagem. Enquanto alguns aprendem rapidamente outros necessitam de um espaço de tempo maior (*Ibidem*, p.31-32).

Nossa concordância com este autor reside na sua consideração de que não é possível pensar em uma programação de ensino sem levar em consideração esses dois tempos em conjunto e, também, quando ele observa que:

> Na comparação entre esses dois tempos, devemos considerar que a temporalidade subjetiva jamais pode ser igualada às exigências do planejamento didático. São duas ideias que não podem ser identificadas e que marcam um ponto crucial no problema de avaliação. Na prática tradicional é possível identificar certa ilusão pedagógica que consiste em desconsiderar a distância entre esses dois tempos (*Ibidem*, p. 32).

Nossa experiência docente no Ensino Superior, lecionando a Matemática do matemático, nos informa que esses dois "tempos" não são considerados nesse nível de ensino, pois o que prevalece são as ações de ensino baseadas no senso comum porque encontramos, em alguns casos, docentes altamente qualificados para a pesquisa matemática, mas absolutamente despreparados e, como consequência, desqualificados para a importante função de ensinar.

Nosso estudo sobre esse assunto foi registrado em um artigo em que analisamos uma situação de assincronismo gerada em sala de aula na qual se ministrou a disciplina álgebra linear[6]. Para o estudo, utilizamos o termo assincronismo no sentido como se apresenta nos dicionários, entendido como ausência de sincronismo, em que o adjetivo assíncrono se refere a algo que não ocorre, ou não se processa em sincronia com algum evento ou processo. Neste caso, os processos a que nos referimos são os processos de ensino e de aprendizagem em que os agentes são o professor e seus alunos.

O que observamos naquela sala de aula foi que o professor, com o objetivo de cumprir seu programa de ensino, manteve os alunos e alunas relegados a uma postura passiva e sem direito a voz. Com esta proposta de ensino, ele acabou por não identificar o que está acontecendo naquela sala de aula com respeito ao processo de aprendizagem da turma. Assim, como um observador externo, identificamos que, enquanto o professor seguiu rumo ao cumprimento da ementa proposta, os alunos foram ficando pelo caminho: ou desistindo da disciplina em curso ou caminhando para a reprovação, ou, ainda, tendo entendimento limitado de tudo que lhe foi dito, mas que lhe garantia aprovação por nota.

As possíveis dificuldades de aprendizagem ficaram evidenciadas nas notas das provas, mas elas não foram vistas pelo professor como uma informação valiosa de que não estava ocorrendo aprendizagem. A esse fenômeno, em sua totalidade, chamamos de *assincronismo entre os processos de ensino e de aprendizagem*. Assim, a partir deste estudo concluímos que, no *Ensino da Matemática*, o fenômeno do assincronismo se estabelece quase sempre quando se coloca o foco apenas no ensino do conteúdo matemático e quando se faz coincidir a força ou pela indiferença do professor o tempo real de aprendizagem e o tempo institucional de ensino.

---

6 Veja Silva (2015)

Na prática acadêmica, avaliamos nossos alunos, muitas vezes, como quem considera que esses tempos são coincidentes. O caminho para resolver essa questão, que nunca foi pensado pelo ensino tradicional, seria deslocar o foco do conteúdo para colocá-lo na aprendizagem.

Afirmamos que essa possibilidade é real e produtiva como mostra, por exemplo, o trabalho desenvolvido pelos Cabraldinos, pela via da Assimilação Solidária, discutido anteriormente. Além disso, os estudos de práticas letivas atuais têm sugerido que, ao incentivar a produção de significados dos alunos explicitando suas dificuldades e dúvidas, podemos aproximar esses dois processos, pois uma leitura atenta do que eles estão dizendo nos permite uma intervenção mais efetiva em sala de aula.

Como se tudo o que evidenciamos até aqui na formação do licenciando não fosse o suficiente, destacamos que o ponto alto da formação inicial do futuro professor de Matemática, que coroa o "sucesso" do *Ensino da Matemática* em causar forte retenção e desistência dos aspirantes à docência, é a *avaliação*. Historicamente, ela tem sido responsável pelos altos índices de reprovação, levada a cabo exclusivamente por provas a partir de uma correção absolutamente subjetiva do mateólogo, cujo objetivo é separar o "joio do trigo".

Sobre a avaliação para a seleção dos aptos, existem dois pontos a destacar: primeiro, diz respeito à subjetividade inerente ao processo, que a torna questionável. De fato, a correção do que chamamos em algumas instituições de ensino de teste de verificação de conhecimento ou de avaliação da aprendizagem – nomes pomposos para o que chamamos de provas tradicionais e correções subjetivas – acontece na prática, na ausência do aluno, o autor da prova. Os mateólogos as corrigem usando o "bom senso", que pode significar coisas do tipo: uma opção é ligar todas as frases escritas pelo aluno na resolução da questão, emprestando seus próprios significados para o texto escrito, e concluir, a partir daí, que o mesmo operou de maneira satisfatória. Ou, alternativamente, fazendo o oposto, não se liga uma frase a outra na resolução da questão, concluindo que o aluno não está dizendo as coisas da maneira correta – a maneira que o professor diria –, como consequência, decide-se que a resolução do aluno está incorreta. A nota é, muitas vezes, consequência desta opção docente. Nesta tomada de decisão, os mateólogos são ainda mais parciais, pois, muitas vezes, já têm predefinido pela sua experiência com os alunos em sala de aula que alguns são bons e outros são fracos, infrequentes, indignos de aprovação. Desse modo, a ligação a que nos referimos acima é orientada por este pré-conceito. Assim, a aprovação ou reprovação do estudante é uma decisão tomada exclusivamente pelo professor.

O outro ponto a destacar é o fato de que existe a crença de que a avaliação por provas avalia realmente o que a pessoa aprendeu e o fato de que ela está a serviço da seleção dos aptos, ao invés de estar, por exemplo, a serviço de se fazer um diagnóstico de como os alunos estão em seu processo de aprendizagem. Porém, estudos como os de Ives Chevallard sugerem que é uma ilusão pensar que as provas avaliam aprendizagem.

A aprovação ou reprovação que se dá por valoração de aprendizagem por notas pode ser muito difícil de justificar quando colocada sob uma análise crítica. Por exemplo, a aprovação por nota que se dá para os estudantes que atingirem uma média final igual ou superior a 60 pontos em uma disciplina, cujo valor total é de 100 pontos, não tem argumentos plausíveis para justificar a reprovação de um aluno da mesma turma, para as mesmas provas, com média final de 55 pontos. Como se afere essa diferença no "conhecimento" ou na "aprendizagem" desses alunos? Qual é a mensuração formal, rigorosa, que permite aprovar um aluno e reprovar o outro senão a subjetividade do censor?

Mas é importante chamar a atenção para o fato de que o problema não está na prova escrita, ou na prova oral, ou em qualquer prova, mas na concepção que a sustenta, que busca selecionar os aptos segundo um padrão fixado por uma certa concepção de ensino.

A conclusão a que chegamos como resultado de nossa discussão nessa seção é que grande parte da formação do futuro professor fica a cargo do mateólogo, e sua retenção no seu processo de formação acontece exatamente por conteúdo, metodologias, concepções, práticas e discursos que não são fundamentais para a sua profissão. Essa simples inspeção sugere o fato mais importante de que, em nenhum momento, nesse processo, está sendo considerada a especificidade da formação profissional do licenciando.

Além disso, como se não bastasse este *status quo*, pesquisas têm evidenciado que a formação matemática do licenciando acontece, quase exclusivamente, a partir do que designamos por *Ensino da Matemática* e que a longa exposição dos licenciandos a esse discurso tem mais efeito sobre sua formação didático-pedagógica do que aquela recebida nas faculdades de Educação. Isso sugere um impacto muito sério na sua futura prática letiva, por tudo que discutimos até este ponto.

O que deve ficar em mente, de toda a nossa discussão, por ser o mais perverso resultado de uma formação imprópria para formar professores, é o fato de que passar por todo o curso, mesmo que de maneira exitosa – o que na prática não acontece – pouco contribui para a formação e a prática deste futuro professor quando chegar à escola para ensinar. Porque o ensino da Matemática escolar é outra coisa.

A formação continuada de professores de Matemática

A Sociedade Brasileira de Matemática sempre buscou manter sua concepção de ensino a partir das publicações de livros e de uma revista para professores que expressassem o estudo da Matemática pela Matemática, as concepções platônica e formalista de ensino em seu discurso veiculado pelo *Ensino da Matemática*. Analisaremos essas ações de maneira mais ou menos cronológica no tempo, com respeito à proposta de manutenção dessa perspectiva pela via da produção bibliográfica e da criação de cursos de formação de professores. Iniciaremos nossa análise pelo discurso veiculado na revista dirigida a professores pela sociedade.

A Revista do Professor de Matemática

A Revista do Professor de Matemática (RPM) teve sua primeira edição no ano de 1982, com a proposta de ser uma publicação semestral voltada ao professor de Matemática.

Em sua primeira edição não encontramos um editorial que esclarecesse ao leitor os objetivos do periódico, mas apenas uma apresentação dirigida ao leitor, nos seguintes termos: "O escopo da revista é o de se constituir num ponto de encontro de professores de matemática atuantes no 1º e 2º graus [atual Ensino Fundamental e Médio], contando experiências, procurando respostas, discutindo sugestões, divulgando notícias" (RPM 1, 1982, p.1).

A segunda edição da Revista apresenta um editorial em que novas informações trazem algum esclarecimento sobre os objetivos da revista. O editor, que não assina o editorial, sugere que, para aqueles professores fascinados pela Matemática que não encontram literatura disponível em língua portuguesa e para que não fiquem em um isolamento intelectual (que pode se traduzir na falta de estímulo científico), podem encontrar na Revista um espaço para:

> (...) dirimir as grandes dúvidas que o afligem a propósito de certos conceitos cruciais, entender a importância, a origem e a utilidade dos tópicos que deve ensinar, ampliar e solidificar seus conhecimentos sobre assuntos tradicionais e consagrados, ou simplesmente adquirir um repertório de episódios e exemplos interessantes para ilustrar suas aulas (RPM 2, 1983, editorial).

Na continuação o editor observa:

> As constatações que acabamos de expor, aliadas à consciência de sua responsabilidade, levaram a Sociedade Brasileira de Matemática a criar a Revista do Professor de Matemática. Nossa intenção é que a RPM seja uma das janelas através das quais o professor possa oxigenar-se, enxergar um horizonte mais amplo e também possa fazer-se ouvir; não apenas receber, mas também dar, contribuir e participar (RPM 2, 1983, editorial).

Porém, a natureza e os objetivos da revista são melhor explicitados na edição comemorativa dos dez anos do periódico, em que os editores afirmam, entre outras coisas, que:

> (...) procuramos manter o conteúdo da Revista dentro de um *padrão matemático respeitável*, esforçando-nos, ao mesmo tempo, para tornar sua leitura amena e agradável. Outro ponto de concórdia entre nós é que *a RPM não é uma revista pedagógica*. Nosso assunto principal é *a Matemática, propriamente dita*. Para ser um bom professor é preciso, antes de qualquer coisa, conhecer bem e ter amor à matéria que se ensina. A alegação de que isto não é suficiente para um ensino eficaz tem sido usado como justificativa para muitos escritos pseudocientíficos, cuja contribuição para o cultivo e a divulgação da Matemática é bastante duvidosa. A respeito da *arte de ensinar Matemática* há algumas boas *peças escritas* – neste número publicamos uma delas, de autoria de G. Pólya. Mas fizemos uma opção bastante consciente quando resolvemos preferir falar mais sobre teorias, conceitos e questões matemáticas em vez de enfatizar problemas didáticos (RPM 10, 1987, p. 1, destaques nossos).

A essa altura, a partir de tudo que discutimos até este momento, já nos encontramos em condições de ler esse discurso, pois sabemos a partir de que "lugar" ele é construído. Os destaques que fizemos na citação acima sugerem alguns comentários. A menção a "padrão matemático respeitável" sugere estar falando a partir da Matemática do matemático como a caracterizamos. Por outro lado, a afirmação categórica de que a RPM "não é uma revista pedagógica", a nosso ver, procura manter o *status quo* de uma história antiga, em que as áreas de Matemática e Educação silenciosamente delimitaram seus espaços de domínio: de um lado, fica a matemática e, de outro, ficam as teorias educacionais, as metodologias e outras quaisquer coisas. O problema é que ninguém avisou sobre o trato com a comunidade de Educação Matemática, que não se constituiu como a soma das duas áreas, mas exatamente como transcendência as duas e que vai querer discutir a relação.

Como observou Baldino (1991), ao pressupor uma Matemática propriamente dita, a Revista pretende descartar a questão epistemológica – como comentamos anteriormente – de *falar apenas sobre ensino e nunca sobre aprendizagem*. Assim, os autores de artigos, em geral matemáticos ou simpatizantes desse discurso, nas palavras de Baldino, "dispensam o orador de considerar explicitamente a aprendizagem", isto é, "o discurso do ensino da Matemática traz em si um silêncio explícito sobre a aprendizagem" (Baldino, 1991b, p. 3).

A relação entre a Matemática e a Arte que destacamos também na citação é muito propícia ao discurso porque, na cabeça dessas pessoas, se alguém nasce artista, vai precisar apenas ser lapidado, já que possui amor e gosto pela Matemática. Além disso, se o redator do editorial é um platonista, ele enxerga a Matemática como uma pedra bruta que deve ser lapidada pelo artista-matemático fazendo surgir, sem a necessidade de escritos pseudocientíficos, a verdadeira Matemática. E nada mais natural que a arte de ensinar seja delegada ao artista-matemático.

Sob essas concepções e discurso, o matemático húngaro George Pólya aparece como o ícone do *Ensino da Matemática* para os editores da Revista, claramente por influência de alguns dos matemáticos envolvidos em sua produção. Pólya é colocado como uma autoridade para falar do *Ensino da Matemática*. Por este motivo, uma análise de sua perspectiva sobre ensino e sobre formação de professores nos apresentará um quadro de referência para entender como, em geral, todos aqueles que participam desse discurso pensam o ensino e a formação de professores.

Recordamos a célebre frase de Pólya, que diz muito sobre a sua concepção de ensino e que aparece como epígrafe de um livro de Lima: "A primeira regra do ensino é saber o que se deve ensinar. A segunda, é saber um pouco mais do que aquilo que se deve ensinar" (Pólya *apud* Lima, 1991, prefácio).

Seu artigo na Revista, mencionado na citação anterior, e entendido pelos editores como uma "boa peça" de arte é intitulado *Dez mandamentos para o professor*, que é, de maneira não usual para uma revista, apresentado por Elon Lages Lima. Vejamos o que comenta dele o seu apresentador:

> O trabalho de Pólya sobre o ensino da Matemática é maravilhoso simplesmente porque não propõe truques, fórmulas miraculosas, ou muito menos pomposas teorias pseudopsicológicas. O artigo que reproduzimos a seguir, de uma espontaneidade e de uma franqueza quase rudes, resume suas ideias de modo bastante claro (Lima, 1987, p. 2).

Na continuação, Lima diz sobre o matemático: "Após anos de experiência como matemático de grande destaque e professor universalmente reconhecido por seus dotes de mestre, Pólya sintetiza suas conclusões em dez mandamentos e uma regra muito simples para treinar professores que saibam seguir seus mandamentos" (Lima, 1987, p. 3).

Essa apresentação de Lima dá o tom do artigo que será fundamentado na experiência, no amor à matéria e em achismos que, ao longo dos quarenta anos de sua carreira como matemático, "(...) passou a interessar-se pelo ensino da Matemática, dedicando-se quase que inteiramente ao estudo das questões referentes à transmissão do conhecimento matemático" (Lima, 1987, p. 2). De fato, o artigo inicia com a seguinte apresentação:

> Nos últimos cinco períodos letivos, todas as minhas aulas foram dirigidas a professores secundários que, após alguns anos de prática, voltaram à universidade para mais treinamento. Eles desejavam, segundo entendi, um curso que fosse de uso prático, imediato nas suas tarefas diárias. Tentei planejar um curso no qual, inevitavelmente, eu teria que expressar repetidas vezes minhas opiniões sobre o dia a dia do professor. Meus comentários foram aos poucos assumindo uma forma condensada e finalmente fui levado a enunciá-los como dez regras, ou mandamentos (Polya, 1987, p. 3).

É no mínimo estranho perceber a naturalização dessa perspectiva por um matemático que acredita na possibilidade de falar de coisas que não conhece; alguém que viveu sua vida acadêmica inteira discutindo a Matemática pura acharse habilitado a formar professores e a falar sobre sua prática. Aqui fica clara a inexistência, para Pólya, de uma fronteira entre a pesquisa e o ensino. Esta perspectiva pode ser melhor ilustrada quando fazemos o paralelo com homens católicos que procuram um padre – que teoricamente não vivenciou nenhuma experiência sexual – para receber orientações de como proceder na noite de núpcias ou na vida conjugal.

Na continuação, Polya apresenta os mandamentos para o professor:

1. Tenha interesse por sua matéria.
2. Conheça a matéria.
3. Procure ler o semblante dos seus alunos; procure enxergar suas expectativas e suas dificuldades; ponha-se no lugar deles.
4. Compreenda que a melhor maneira de aprender alguma coisa é descobri-la você mesmo.
5. Dê aos seus alunos não apenas informação, mas *know-how*, atitudes mentais, o hábito de trabalho metódico.
6. Faça-os aprender a dar palpites.
7. Faça-os aprender a demonstrar.
8. Busque, no problema que está abordando, aspectos que possam ser úteis nos problemas que virão – procure descobrir o modelo geral que está por trás da presente situação concreta.
9. Não desvende o segredo de uma vez – deixe os alunos darem palpites antes – deixe-os descobrir por si próprios, na medida do possível.
10. Sugira; não os faça engolir a força (Pólya, 1987, p. 3).

Estes mandamentos são a expressão máxima do que chamamos de senso comum – ideias da cabeça de um acadêmico que não tem a menor noção do que seja a formação inicial de professores.

O interessante é que, na continuação, assim como se dá na pesquisa matemática, o exercício de buscar por generalizações está presente no discurso de Polya, agora transladado para o ensino. Em suas palavras: "Ao formular os *mandamentos*, ou *regras*, acima, tive em mente os participantes de minhas classes, professores secundários de matemática. Entretanto, *essas regras se aplicam a qualquer situação de ensino, a qualquer matéria ensinada em qualquer nível*" (*Idem*).

Sua concepção vai sendo reiterada ao longo do artigo, por exemplo, ao sugerir que nas três primeiras regras há a essência do bom ensino, pois, para ele, essas regras apresentam em conjunto as condições necessárias e suficientes para ensinar: "Se você tem interesse e conhecimento, e é capaz de perceber o ponto de vista do aluno, você já é um bom professor ou logo se tornará um; só precisa de experiência". (Polya, 1987, p. 5)

Infelizmente, usando da mesma análise baseada em condições necessárias e suficientes da lógica matemática, afirmamos que o volume das situações que acontecem diariamente em sala de aula contesta essa conjectura rasteira, tomada por ele como sendo teorema de caracterização. Além disso, para a visão no senso comum de Polya, a experiência é tudo, pois, se não for assim, não teria nada a dizer.

Ainda no artigo, o matemático discute a formação de professores a partir do currículo e, associando aos mandamentos mencionados, comenta: "os estudos universitários do professor ajudam-no muito pouco a obedecer a estes mandamentos" (*Ibidem*, p. 8). Nos seus comentários sobre sua afirmação anterior, ele apresenta uma frase que lhe chamou a atenção durante suas aulas, proferida por um professor: "O futuro professor não é bem tratado pelo Departamento de Matemática nem pelo Departamento de Educação. O Departamento de Matemática nos oferece bife duro de roer e o Departamento de Educação, sopa rala sem nenhuma carne" (*Idem*).

Porém, sua análise sobre a questão colocada pelo professor vai no mesmo sentido de sempre: o de oferecer ao professor mais conteúdo a partir da mesma concepção e do mesmo discurso. Sobre esse assunto e sobre o fato de que o professor não recebe a formação matemática dos temas que vai ensinar, Polya comenta com a arrogância que lhe é peculiar: "Eu reivindico o crédito por haver introduzido o remédio mais óbvio para esses defeitos mais óbvios ainda: *um seminário sobre resolução de problemas* para professores" (Polya, 1987, p. 9).

Na verdade, o seu mérito, se há algum, é de oferecer ao professor uma proposta alternativa de resolução de problemas para desenvolver a capacidade de atacá-los baseado em heurísticas. Alguns matemáticos entendem que a atividade matemática não é primariamente ficar estudando teorias, mas, sim, resolver problemas. E essa perspectiva pode sugerir diferentes caminhos para uma educação para a Matemática.

O tema ligado à resolução de problemas foi de especial interesse para Polya e, por esse motivo, encontramos um outro artigo seu na RPM de número 7, intitulado *O ensino por meio de problemas*. Nele podemos identificar suas convicções que são, na sua totalidade, e em suas palavras, convicções pessoais. Ele diz, por exemplo: "Minha convicção pessoal é que a principal tarefa do ensino da Matemática, em nível secundário, é a de ensinar os jovens a pensar" (Polya, 1985, p. 12). E antes que o leitor se anime ao concordar com ele, vale a pena entender melhor o que ele quer dizer com pensar matematicamente. Nessa direção, ele diz: "Nosso ensino deveria englobar os aspectos principais do pensamento matemático, na medida em que isso é possível a nível secundário. As atividades mais marcantes do matemático são: a descoberta de demonstrações rigorosas e a construção de sistemas axiomáticos" (*Idem*). Note que sua perspectiva está no domínio do *Ensino da Matemática* como o caracterizamos.

Suas palavras reiteram, mais uma vez, que, da perspectiva do *Ensino da Matemática*, a boa formação para os estudantes e para os professores é a formação do matemático, ou seja, uma educação para a Matemática.

Em uma rara ocasião nos seus artigos, talvez por distração, Polya usa o termo aprendizagem, em que menciona o termo aprendizagem ativa. Mas logo descobrimos, pela nota de rodapé, que ele está fazendo menção a outro autor, que fez a seguinte afirmação: "Para aprender eficazmente, o aluno deve descobrir, por si só, uma parte tão grande da matéria ensinada quanto possível, dadas as circunstâncias" (*Ibidem*, p.13). Assim, aprender eficazmente é, nesses termos, o "princípio da aprendizagem ativa", termo que Polya usa do autor mencionado. Ou seja, em nossos termos, ele parece ver o aluno na figura do pequeno cientista solitário, que faz suas próprias descobertas sozinho.

De uma maneira geral, ao longo do artigo, suas concepções acerca do ensino são apresentadas por afirmações do tipo: "Em geral, o concreto vem antes do abstrato, a ação e a percepção antes das palavras e dos conceitos, os conceitos antes dos símbolos, etc." (*Idem*). Como consequência, ao falar sobre o aluno, ele reitera seu entendimento: "(...) ele deve se familiarizar inicialmente com o concreto, posteriormente com o abstrato; inicialmente com a variedade de experiências e posteriormente com a unificação dos conceitos, etc.", ou ainda: "A ideia deve nascer na mente do aluno e o professor deve agir como um parteiro" (*Ibidem*, p. 15).

Essas afirmações, sem nenhuma referência teórica que as fundamente, estão em um tal nível de ingenuidade e achismo que faria do seu autor uma presa fácil para um aluno de graduação formado em um referencial teórico, em um debate em que essas afirmações estivessem sendo proferidas e, na sequência, sendo questionadas.

Uma síntese do que vimos em todo o artigo sugere que o *Ensino da Matemática*, pensado por matemáticos como Polya, nas horas vagas de trabalho sério de pesquisa ou após a aposentadoria, é o estudo da Matemática pela matemática. A formação ideal para o professor, pensada por eles, é que ele receba a formação de um matemático, sendo preferencialmente um platonista.

Alternativamente, Polya parece sugerir que um bom professor deve ser um vidente e um sensitivo para "perceber o ponto de vista do aluno", porque "deve haver uma espécie de contato ou conexão entre professor e aluno", considerando que "o professor seria somente uma espécie de parteira espiritual" (Polya, 1987, p. 5).

Nessa altura, seu discurso parece seguir por um caminho místico, esotérico e patético, que não temos condição de avaliar, mas que é, a nosso ver, mais problemático que a crítica que faz quando afirma que tudo o mais sobre ensino, divergente do que disse, são achismos fundamentados pelas ditas teorias pseudopsicológicas. Reiteramos que, como ele, muitos mateólogos não percebem e nem cogitam a hipótese de que a aprendizagem não é algo dado no domínio da própria Matemática, mas, sim, no domínio da cognição e, portanto, externo a ela.

De uma maneira geral, a Revista apresenta suas seções e artigos baseando-se nos pressupostos do *Ensino da Matemática*, que são materializados pelas seções que apresentam a História da Matemática, cujos problemas históricos são demonstrados em linguagem atual; ou em maneiras corretas de se escrever na linguagem matemática, ou nas discussões de dúvidas conceituais que são enviadas por leitores ou sugeridas pelo matemático responsável pela seção – as quais são tratadas a partir de explicações formais e cuja demonstração está no centro da discussão da maioria dos artigos.

Como observou Baldino (1991), desde a sua criação, a Revista destinada a professores não apresenta, com frequência, relatos de sala de aula e muito menos análises de registros de sala de aula e ainda:

> A RPM só dá a palavra ao aluno quando este apresenta uma contribuição avaliada por sua "correção", "amenidade", "competência" e "elegância" ou quando sua pergunta ingênua descortina questões avaliadas, por sua vez, segundo esses quatro registros. Jamais o aluno, nem muito menos o professor, são ali colocados em situação de fracasso diante do objeto matemático. Pelo contrário, na medida em que o momento da aprendizagem, isto é, da reequilibração, não é tematizado, o sujeito da RPM e o interlocutor que ele supõe no leitor aparecem como a-históricos, como descontextualizados ou, em outras palavras, como contextualizados apenas na prática científica. Estes sujeitos são feitos à imagem do sábio, cuja estrutura cognitiva está pronta para assimilar as informações veiculadas na revista (Baldino, 1991, p. 2).

A partir dessa análise, Baldino conclui: "Com o jogo desses sujeitos descontextualizados, a RPM demonstra a genialidade olímpica do sábio a partir dos objetos do dia a dia dos mortais, incapazes de descobrir por si só a matemática contida neles" (*Idem*).

Em edições posteriores, a Revista, escrita para um grupo seleto de leitores para os quais as temáticas lhes agradam, começou a produzir um paradoxo: de um lado, alguns de seus autores são críticos ferozes da contextualização de situações matemáticas, como Garbi (2009). Parte das suas críticas sobre contextualizações artificiais tem nossa concordância, como também observaram Lins e Gimenes (1997), quando mencionaram sobre um problema envolvendo um porco que só tinha carne e toucinho, mas não tinha ossos, couro e nem cérebro.

Por outro lado, vê-se claramente, nas edições mais recentes, a tentativa de aproximar a Revista dos professores e das situações de sala de aula, com artigos no qual são inseridas apresentações de "artefatos" com figuras demonstrativas para uso em sala de aula – o que pode ser visto como uma traição aos objetivos iniciais do periódico[7].

Nessa nova perspectiva, em uma seção chamada de *Painéis*, o autor Barichello (2012) no artigo intitulado *Balança e a base 3*, faz a seguinte menção a um artigo de 1983:

> A analogia entre uma balança de pratos e uma igualdade numérica é tão boa que problemas utilizando esse contexto são bastante comuns em livros didáticos, provas olímpicas e textos de divulgação. Por exemplo, o texto *Com a ajuda da balança* de Celina Augusto, publicado na RPM 3, explora como essa analogia pode ser utilizada para introduzir equações no ensino fundamental II (Barichello, 2012, p. 18).

Essa proposta didática infeliz de ensinar equações a partir de uma balança de dois pratos já é bem conhecida pelos educadores matemáticos que reconhecem, pela via da pesquisa, há muito tempo, que ensinar equações associando-as a esse objeto causa sérias dificuldades de aprendizagem, caso o estudante internalize essa associação. Como evidenciou Lins (1993), essa estratégia de ensino – denominada por esse autor de abordagem facilitadora[8] – pode levar a uma dificuldade de aprendizagem difícil de ser contornada depois por intervenção didática. Este é

7 Confira o artigo de Barrichello (2012, p. 10), na RPM 79.

8 Para aprofundar esta discussão, veja Lins e Gimenez (1997).

um exemplo de como o ensino tradicional baseado no senso comum pode levar a orientações desastrosas para a prática docente[9].

Este fato indica a importância de que os professores que querem escrever sobre os processos de ensino e aprendizagem conheçam minimamente o assunto a partir de uma revisão da literatura, de modo a atualizarem as informações que vêm da pesquisa em Educação Matemática.

Em suma, o que esta mudança de postura dos editores da RPM evidencia é que, ao longo dos anos, a SBM parece ter seguido um caminho diferente de sua proposta original, ao introduzir na Revista temas de interesse dos professores com a aceitação, por exemplo, de incorporar ao seu discurso a ideia de contextualização. O que talvez eles não perceberam foi que, ao sair da zona de conforto do ensino da Matemática pela Matemática, a coisa vai piorar exponencialmente, pois estão contrariando suas concepções e discursos.

A produção bibliográfica para professores em exercício

A produção bibliográfica da SBM direcionada ao professor em exercício, em sua primeira versão, foi intitulada *Coleção Fundamentos da Matemática Elementar*, e teve como objetivo abordar tópicos ensinados nas escolas, sendo que alguns deles não faziam parte do currículo da matemática escolar vigente na época, mas, na visão dos editores, "(...) são muito importantes para bem formar o professor além das fronteiras restritivas daquilo que ele ensina" (Lima, 1985, p. iii).

Ao comentar sobre a proposta da Coleção, Lima pontua da seguinte forma:

> Os autores são todos matemáticos profissionais e os livros são escritos em linguagem acessível – inclusive a alunos -, numa apresentação interessante de importantes ideias matemáticas. Eles são mais um esforço da SBM no sentido de proporcionar a professores, alunos – e até mesmo amadores da Matemática – algo além daquilo que se encontram nos livros de texto adotados em sala de aula (Lima, 1985, p.iii).

9 Para mais detalhes, veja, por exemplo, Lins (1993) e Silva *et al.* (2022).

Entre os livros publicados na Coleção, estão *Trigonometria e Números Complexos*, Áreas e Volumes, *Logaritmos, Números Irracionais e Transcendentes, Episódios da História Antiga da Matemática* e *Números Racionais e Irracionais.*

Em todas as publicações, a perspectiva apresentada ao professor é a do *Ensino da Matemática* como o caracterizamos. Entre essas obras, um clássico dessa concepção e discurso foi o livro *Meu Professor de Matemática e outras Histórias*, escrito pelo matemático Elon Lages Lima, o qual deu origem a várias publicações posteriores para o Ensino Superior, para o Ensino Médio e para a formação de crianças e adolescentes com o objetivo de formar futuros matemáticos. Como consequência, também foi um material para formar professores.

Uma análise desse livro deixa clara a concepção vigente de estudo da Matemática pela Matemática. Depois de gastar não mais que uma página falando sobre seu professor preferido, todo o resto do livro é dedicado a fazer uma apologia à precisão na escrita correta da Matemática, uma suposta elegância e uma suposta beleza das demonstrações matemáticas, incluída a prescrição de como se definir corretamente em Matemática, assim reforçando a tese do que seja, em sua concepção, educar para a Matemática.

Recordamos uma experiência pessoal com as ideias presentes nesse livro. Na época, nossa turma de licenciandos ingressantes em um Curso de Matemática participava de um encontro de Matemática numa universidade federal, em que na palestra de abertura o tema central da discussão ficou em torno de como colocar corretamente o traço em uma fração. Como todo iniciante, saímos daquele evento com a prescrição de como fazer o traço de fração corretamente, mas com uma forte dúvida se aquilo era de fato importante e se existia alguma coisa a mais que um professor deveria saber. Anos depois, folheando o livro *Meu Professor de Matemática* na biblioteca, encontramos na introdução do livro, na descrição do professor ideal, o seguinte comentário: "Insistia que o traço da fração estivesse a uma altura entre as duas barras do sinal de igualdade e que fosse a primeira coisa a ser escrita, antes do numerador e do denominador" (Lima, 1991b, p. 8). Pelo menos, descobrimos a origem da informação que gerou o ponto alto da palestra.

Na coleção *A Matemática do Ensino Médio* (1998), em três volumes, escrito por quatro matemáticos de formação, o mesmo discurso se repetiu, continuando a colocação da ênfase não na compreensão das ideias matemáticas, mas na precisão, na maneira correta de se escrever a Matemática. Por exemplo, no volume 1, ao longo de todo o livro, encontramos recomendações ao professor do tipo: "Evite dizer 'teoria dos conjuntos'. Essa teoria existe mas, neste nível, está apenas introduzindo a linguagem e a notação dos conjuntos. Não há teoria nenhuma aqui" (Lima *et al.*, 1998, p.2); ou

> Nunca escreva (ou diga) coisas do tipo 'se $x^2 + x - 1 = 0 \Rightarrow x^3 - 2x + 1 = 0$'. O símbolo $\Rightarrow$ não significa 'então', mas, sim, 'implica'. Também é incorreto empregar o símbolo $\Rightarrow$ com o significado conclusivo da palavra 'portanto". (Lima *et al.*, 1998, p.7);

ou ainda,

> A maioria dos nossos textos escolares refere-se à função afim como 'função do primeiro grau' Essa nomenclatura sugere a pergunta: o que é o grau da função? Função não tem grau. O que possui grau é um polinômio. (Quando $a \neq 0$ a expressão $f(x) = ax + b$ é um polinômio do primeiro grau.) O mesmo defeito de nomenclatura ocorre também com as funções quadráticas (...). Elas muitas vezes são chamadas, incorretamente, 'funções do segundo grau' (Lima *et al.*, 1998, p.92).

O que pode causar estranheza ao leitor, como esta afirmação de Lima e seus colaboradores, é o fato de que gerações e mais gerações de estudantes aprenderam e usam essas funções dizendo função do primeiro e segundo graus e não foi o problema de denominação o que causou dificuldades de aprendizagem, simplesmente porque não falavam da maneira como ele acha correto dizer.

Em outro momento, na continuação do livro, os autores analisam a noção de proporcionalidade no livro *Aritmética Progressiva*, de Antonio Trajano, considerado por eles o texto matemático de mais longa utilização no Brasil, cuja primeira edição ocorreu em 1883 e que ainda estava em circulação na década de 1960. O que eles queriam com isso? Não era outra coisa senão corrigir a definição de Trajano expressa da seguinte maneira:

> Diz-se que duas grandezas são proporcionais quando elas se correspondem de tal modo que, multiplicando-se uma quantidade de uma delas por um número, a quantidade correspondente da outra fica multiplicada ou dividida pelo mesmo número. No primeiro caso, a proporcionalidade se chama direta e, no segundo inversa; as grandezas se dizem diretamente proporcionais ou inversamente proporcionais (Lima *et al.*, 1998, p. 93).

A partir dessa definição, os autores sugerem a correção para uma linguagem formal:

> Substituindo as grandezas de Trajano por suas medidas, que são números reais, podemos traduzir o que está dito acima para nossa linguagem atual, da seguinte forma: Uma proporcionalidade é uma função f: IR → IR tal que, para quaisquer números reais c, tem-se f(cx) = c.f(x) (proporcionalidade direta) ou f(cx) = f(x)/c, se c ≠ 0 (proporcionalidade inversa) (Lima *et al.*, 1998, p. 93).

O que chama atenção sobre esta conduta é constatar que estas são as coisas mais importantes que eles podem dizer a um professor de Matemática. Na verdade, o que escrevem em seus livros destinados a professores é tudo o que podem dizer sobre ensino e esse tudo é insuficiente para formar professores para uma prática letiva efetiva.

O mais importante a destacar sobre essa discussão é que esses autores acreditam que a compreensão do que é proporcionalidade direta ou inversa é possível única e exclusivamente a partir de uma boa definição. Porém, o que eles não sabem, quando a conversa é sobre os processos de ensino e aprendizagem, é que as pesquisas realizadas sobre o desenvolvimento do pensamento proporcional (ou raciocínio proporcional, como preferem mencionar alguns educadores matemáticos), na área de Educação Matemática, informam que esse modo de pensar não se reduz a uma mera definição bem formulada, mas é decorrente de um longo processo de ensino. Por exemplo, Post e seus colaboradores comentam que:

> O raciocínio com proporções é uma forma de raciocínio matemático. Ele envolve um senso de covariação, comparações múltiplas e a capacidade de armazenar e processar mentalmente várias informações. O raciocínio com proporções está muito ligado à inferência e à predição e envolve métodos de pensamentos qualitativos e quantitativos (Post *et al.*, 1995, p. 90).

Van de Walle, citando o trabalho de Lamon, traz uma importante informação ao comentar:

> Estima-se que mais da metade da população adulta [estadunidense] não pode ser considerada um pensador proporcional. Isso significa que não adquirimos os hábitos e habilidades de raciocínio proporcional simplesmente crescendo. Por outro lado, as pesquisas de Lamon e de outros indicam que o ensino pode ter um efeito positivo, especialmente se as regras e algoritmos formais para o cálculo de frações, para comparar razões e para resolver proporções forem retardadas [para o momento certo] (Lamon *apud* Van de Walle, 2009, p. 384).

Em outras palavras, o que este pesquisador chama a atenção vai exatamente num sentido contrário à crença de que a definição, os exemplos e o uso das regras decorrentes das propriedades de proporções, como a regra de três, são suficientes para o desenvolvimento de um pensamento proporcional nos estudantes.

Chamamos a atenção para o fato de que a crença destes matemáticos de que a definição matemática diz tudo e é central no ensino, é uns dos efeitos nocivos vindos do *Ensino da Matemática* presente nos livros didáticos, o qual precisa ser revisto. E a gênese dessa perspectiva é o que estamos discutindo aqui, fruto do discurso disseminado pela SBM em suas publicações.

A essa perspectiva, presente na RPM e nas coleções de livros da SBM destinadas a professores, designamos por *formação suplementar* do ensino da Matemática, caracterizada por colocar sua ênfase em questões secundárias para a aprendizagem de estudantes, quais sejam, a ênfase exclusiva na linguagem correta, na definição precisa, na escrita do matemático.

Mais uma vez, vemos que a concepção presente em nossa caracterização de *Ensino da Matemática* explicita o que significa educar para a Matemática ao afirmar que existe um único modo de produção de significados para os objetos matemáticos e que toda a estrutura da Matemática está pronta. O que resta então fazer? O que significa aprender essa Matemática? Aprender, nesse caso, significa reproduzir exatamente o que está perfeitamente exposto como o resultado de mentes brilhantes, que trabalharam arduamente e por muito tempo.

O problema é que essa perspectiva avança, mesmo trazendo um impacto nocivo à formação matemática de estudantes e futuros professores, muitas vezes avalizada por agências governamentais como CAPES, como veremos a seguir.

O Programa de Mestrado Profissional em Matemática em Rede Nacional

No ano de 2011, a SBM, envolvida em um projeto de Pós-Graduação *Stricto Sensu*, atraiu novamente a sua genética ao abrir mão do discurso do rigor e do formalismo característicos da formação do matemático em favor da manutenção da sua ideologia e, talvez, das verbas que vieram com a proposta de criação de um mestrado para professores de Matemática. Além disso, com esta ação, a Sociedade pôde continuar influenciando os professores – muitos deles leitores da RPM – através de um mestrado cujo público não teria formação satisfatória para cursar um mestrado acadêmico em Matemática.

Mais uma vez, identificamos o impacto da concepção presente no *Ensino da Matemática* na formação continuada do professor de Matemática, a partir de um curso de Pós-Graduação *Stricto Sensu* na modalidade profissional, coordenado pela SBM. Tratava-se, então, de um programa em rede nacional intitulado *Programa de Mestrado Profissional em Matemática em Rede Nacional* (PROFMAT).

Para comentar sobre esse programa, nos baseamos na pesquisa da educadora matemática Marlova Estela Caldatto apresentada no artigo intitulado *O*

PROFMAT e a Formação do Professor de Matemática: uma análise curricular a partir de uma perspectiva processual e descentralizadora (Caldatto *et al.*, 2016), produto de sua tese de doutorado de mesmo título (Caldatto, 2015).

Para desenvolver sua análise do Programa, a autora, primeiro se apoiou nas pesquisas cujo objeto de estudo visou entender os conhecimentos dos professores que ensinam matemática, reunindo as categorias propostas por pesquisadores sobre os conhecimentos essenciais para o exercício da atividade docente.

Num segundo momento, ela se apoiou na teoria curricular proposta pelo educador espanhol José Gimeno Sacristán, esclarecendo sua opção teórica:

> A adoção da *teoria curricular* proposta por Sacristán como norteadora deste trabalho se deu porque, ao invés de olharmos somente para a transmissão – pelo professor – do conhecimento (por meio das teorias curriculares), ou somente para os meios – objetos, materiais – utilizados para a transmissão do conhecimento (por meio de teorias tecnicistas), ou somente para as tensões e relações de poder presentes na educação (por meio de teorias críticas e pós-críticas do currículo) esta teoria nos permite olhar o currículo do PROFMAT a partir de uma perspectiva processual e descentralizadora, que propõe uma visão deste como algo que ocorre desde um plano – projeto – até sua conversão em práticas pedagógicas, em que os meios utilizados para essa transmissão (materiais) e as tensões presentes no campo da formação dos professores de Matemática se configuram como mediadoras desse processo (Caldatto *et al.*, 2016, p. 914, destaque da autora).

O objetivo de sua pesquisa é expresso nos seguintes termos:

> (...) analisar e compreender o currículo do PROFMAT, um programa de formação continuada direcionado ao aprimoramento da formação matemática de professores que ministram esta disciplina na escola básica, a partir da perspectiva processual e descentralizadora de Sacristián (...) adotando como referência estudos e teorias cujo objeto de estudo é o conhecimento profissional do professor que ensina matemática (*Idem*).

Ao longo de seu artigo, a pesquisadora e seus colaboradores apresentam os referenciais teóricos sobre formação de professores com o intuito de fazer uma análise do Programa. Não seguiremos nessa direção, pois nosso interesse está em esclarecer – o que ela também faz com clareza – a perspectiva explicitada no projeto de *educar para a Matemática*, como descrevemos anteriormente segundo as premissas do *Ensino da Matemática*.

De fato, a leitura do documento da Coordenação de Aperfeiçoamento de Pessoal em Nível Superior (CAPES), intitulado *Avaliação Suplementar Externa do Programa de Mestrado Profissional em Matemática em Rede Nacional (PROFMAT)*, apresenta proposta do curso:

> A meta é oferecer um curso de formação profissional alicerçado *em sólida formação matemática que contemple as necessidades advindas tanto do trabalho cotidiano dos professores* nos espaços da escola quanto de suas necessidades amplas de desenvolvimento e valorização profissional e que venha a fortalecê-los no enfrentamento dos desafios postos pelo seu exercício profissional (Brasil, 2010, p. 9, destaques nossos).

Esta citação expressa o mesmo discurso que discutimos nas páginas anteriores e que se apresenta em todo o documento. Ele é dividido em duas partes: na primeira, apresenta-se o que se vai fazer, isto é, educar para a Matemática. E a ideia é sempre a mesma: se você não aprendeu a Matemática na escola, estude mais matemática na graduação; se não aprendeu na graduação, repetimos mais uma vez na Pós-Graduação o mesmo estudo da Matemática pela Matemática. Este ponto é explicitamente esclarecido no documento quando lemos as diretrizes do mestrado profissional, por exemplo: "a) executar um processo de *formação complementar em matemática*, baseado nos *conteúdos curriculares* do ensino básico, *que promova o domínio dos conteúdos apropriados*"[10]. A questão mais interessante dessa proposta é que os matemáticos que a construíram não possuem a menor experiência e, muitas vezes, nenhum contato com o universo escolar, com as demandas da Matemática escolar e com a formação de professores. Este é o mesmo discurso proferido anteriormente por George Pólya.

10 Disponível em: profmat-sbm.org.br. Acesso em março de 2024.

A segunda parte do documento apresenta um discurso pedagógico não condizente com o que vai realizar na prática, utilizando os termos vindos da Educação para "vender o peixe" e, depois, com o mesmo cinismo de quem sinalizou para questões didáticas e pedagógicas, descartar, sem cerimônias, e retomar a boa e velha proposta para ensinar a Matemática pela Matemática. Esta afirmação pode ser constatada, simplesmente, folheando-se os livros-texto da "Coleção PROFMAT", escritos para que os mateólogos, ministrantes das disciplinas, sejam orientados a seguir à risca a proposta do curso, que não tem nenhuma relação com o discurso de formação docente e com a matemática escolar. O interessante é que os conteúdos que o mestrando vai estudar são exatamente as repetições do que ele estudou em uma licenciatura.

Assim, o rol das disciplinas que constituem o projeto acadêmico do PROFMAT é formado por um conjunto de disciplinas obrigatórias: Números e Funções Reais, Matemática Discreta, Geometria, Aritmética, Resolução de Problemas, Fundamentos de Cálculo, Geometria Analítica. E disciplinas eletivas, tais como, Tópicos de História da Matemática, Tópicos de Teoria dos Números, Introdução à Álgebra Linear, Tópicos de Cálculo Diferencial e Integral, Matemática e Atualidade I, Recursos Computacionais no Ensino da Matemática, Modelagem Matemática, Polinômios e Equações Algébricas, Geometria Espacial, Tópicos de Matemática, Probabilidade e Estatística, Avaliação Educacional, Cálculo Numérico, Matemática e Atualidade II e Trabalho de Conclusão de Curso[11].

Note que as disciplinas deste mestrado sugerem, no máximo, que estamos diante de uma segunda Licenciatura em Matemática para o professor em exercício, porém, com menos profundidade matemática e, obviamente, excluídas as disciplinas de cunho didático e pedagógicas sob a responsabilidade da área de Educação.

Porém, não existem no programa as disciplinas clássicas nesse tipo de curso como, por exemplo, Metodologia de Pesquisa, ou alguma discussão sobre referencial teórico, ou questões ligadas à formação docente e a escola. As discipli-

11 Disciplinas atualizadas no *site* do PROFMAT, na aba intitulada Catálogo de Disciplinas. Disponível em: profmat-sbm.org.br. Acesso em março de 2024.

nas constituem-se apenas de conteúdos matemáticos. O ponto alto da proposta é que há um exame de qualificação exatamente igual àquele feito no mestrado acadêmico *stricto sensu* em Matemática, com conteúdos matemáticos selecionados, indicando total falta de originalidade dos criadores do Programa.

O resultado da proposta do PROFMAT pode ser analisado nas dissertações produzidas ao longo dos anos, da perspectiva de uma educação para a Matemática, como os títulos dos trabalhos indicam:

FREITAS, Basílio A. **Introdução à geometria euclidiana axiomática com o geogebra**. 63p. Dissertação (Mestrado Profissional em Matemática em Rede Nacional -PROFMAT). Universidade Federal de Juiz de Fora, Juiz de Fora, 2013.

LANA, Maria Cristina A. **Curvas elípticas e criptografia**. 45p. Dissertação (Mestrado Profissional em Matemática em Rede Nacional - PROFMAT). Universidade Federal de Juiz de Fora, Juiz de Fora, 2016.

NASCIMENTO, Matheus. **Uma demonstração do teorema de Euler para poliedros convexos via geometria esférica**. 11p. Dissertação (Mestrado Profissional em Matemática em Rede Nacional - PROFMAT). Universidade Federal de São João del-Rei, São João del-Rei, 2013.

PAIXÃO, Bianca S. **Pontos periódicos de funções por partes e o teorema de Li e Yorke**. 101p. Dissertação (Mestrado Profissional em Matemática em Rede Nacional -PROFMAT). Universidade Federal de Juiz de Fora, Juiz de Fora, 2020.

SALVADO, Claudio D. **Teorema fundamental da álgebra: ferramentas para demonstrar para alunos do ensino médio**. 41p. Dissertação (Mestrado Profissional em Matemática em Rede Nacional - PROFMAT). Instituto de Matemática Pura e Aplicada - IMPA, Rio de Janeiro, 2016.

SANTOS, Wagner L. M. **A Integral de Riemann generalizada**. 71p. Dissertação (Mestrado Profissional em Matemática em Rede Nacional - PROFMAT). Universidade Federal de Ouro Preto, Ouro Preto, 2019.

SCARAMELLA, Diego S. **Teorema fundamental da álgebra para o ensino médio**. 28p. Dissertação (Mestrado Profissional em Matemática em Rede Nacional -PROFMAT). Instituto de Matemática Pura e Aplicada - IMPA, Rio de Janeiro, 2018.

SILVA, Gabriel R. **Grupos e semigrupos**. 165p. Dissertação (Mestrado Profissional em Matemática em Rede Nacional - PROFMAT). Universidade de São Paulo, São Carlos, 2019.

SILVA, Davi S.O. **Teorema da existência e unicidade de soluções de equações diferenciais ordinárias no contexto de espaços métricos**. 72p. Dissertação (Mestrado Profissional em Matemática em Rede Nacional - PROFMAT). Universidade Federal do Tocantins, Araguaína, 2021.

SOARES, Gustavo A.M.J. O **Teorema de Ramsey e outros resultados de combinatória que não são de contagem**. 45p. Dissertação (Mestrado Profissional em Matemática em Rede Nacional - PROFMAT). Instituto de Matemática Pura e Aplicada - IMPA, Rio de Janeiro, 2014.

SOUZA, Fábio H.T. **Aproximação polinomial de funções**. 31p. Dissertação (Mestrado Profissional em Matemática em Rede Nacional - PROFMAT). Instituto de Matemática Pura e Aplicada - IMPA, Rio de Janeiro, 2014.

VENDRUSCULO, Matheus R. **Sobre conjuntos infinitos da reta**. 45p. Dissertação (Mestrado Profissional em Matemática em Rede Nacional - PROFMAT). Universidade de São Paulo, São Carlos, 2021[12].

Estas dissertações são algumas representantes de um número bastante expressivo de trabalhos defendidos neste curso, e trazem consigo as concepções, práticas e discurso que discutimos até aqui, como não poderia ser diferente. Em muitos desses títulos, a menção à Educação Básica, ao Ensino Médio e aos alunos e professores como destinatário dos textos é falaciosa. Em geral, são, como indicamos, textos matemáticos regidos por definições, teoremas e suas demonstrações.

12 As dissertações se encontram disponíveis no repositório: https://profmat-sbm.org.br/profmat

Em muitos casos, o texto produzido é a reprodução do que encontramos em livros-texto da matemática acadêmica, em que o mestrando apenas apresenta com mais detalhes e explicações assuntos dessas obras.

Pelas escolhas dos temas e o conteúdo apresentado nas dissertações, é possível inferir que, muitas vezes, elas abordam questões dentro da zona de conforto do orientador com formação matemática, podendo ser associados à sua pesquisa matemática ou área de interesse. Muitas dissertações versam sobre temas da área da matemática pura, tais como, Análise, Álgebra, Geometria Diferencial e Equações Diferenciais, reproduzindo, talvez, o que vivenciaram em seu doutorado, agora na posição de orientador, como comentou Dieudonné:

> A grande maioria destes trabalhos é com efeito aquele que é chamado *trivial*, quer dizer, que se limita a tirar algumas consequências fáceis de princípios bem conhecidos. Muitas vezes, a tese destes matemáticos (...) inspirada por um "orientador", reflecte mais as ideias deste último do que as dos próprios (Dieudonné, 1990, p. 26).

Além disso, estes trabalhos não refletem o que foi proposto nos documentos submetidos à Capes para o mestrado profissional para a formação de professores da Educação Básica. Por exemplo, a disciplina intitulada, Trabalho de Conclusão de Curso traz a seguinte ementa:

> Disciplina dedicada a apoiar a elaboração de trabalho *sobre tema específico pertinente ao currículo de Matemática do Ensino Básico e que tenha impacto na prática didática em sala de aula*. Cada trabalho é apresentado na forma de uma aula expositiva sobre o tema do projeto e de um trabalho escrito, com a *opção* de apresentação de uma produção técnica relativa ao tema (Catálogo de disciplinas, destaques nossos)[13].

Mas a verificação que fizemos nas dissertações acima mencionadas, nenhuma delas atende a esta determinação, pois tratam de temas de matemática do ensino superior.

---

13 Disponível no site: https://profmat-sbm.org.br/

Também chama a atenção o fato de que sendo um trabalho pretensamente científico de um programa que deveria ser da área de *Ensino não* apresentam nenhuma menção a tópicos obrigatórios, tais como, uma revisão da literatura, o referencial teórico adotado e a metodologia de pesquisa utilizada[14]. Sob essa perspectiva, tais trabalhos acima citados como exemplos, poderiam ser considerados, no máximo, como relatórios de Iniciação Científica ou Trabalhos de Conclusão de Curso de Graduação; ambos de um bacharelado em Matemática. E é digno de nota que, em muitos trabalhos, em particular àqueles desenvolvidos e aprovados no IMPA, tem um número muito pequeno de páginas que dificilmente seriam defendidos como monografia.

Apesar de tudo o que mencionamos um dos pontos mais sérios dos trabalhos, foi não encontrar uma parte essencial e obrigatória aos mestrados profissionais: o produto educacional. Segundo os documentos oficiais da Capes, que norteiam este tipo de mestrado, o produto educacional deve ser produzido em consonância com o problema de investigação da dissertação.

O que observamos em nossa análise é que esses trabalhos expressam claramente as concepções e discursos expressos pelo *Ensino da Matemática*, mas também expressam o descarte do discurso pedagógico apresentado na proposta do mestrado que fica evidente na análise das dissertações.

Além disso, para subverter as obrigações de um mestrado dessa natureza, alguns orientadores e/ou coordenadores, parecem ter uma conduta não ética, ao sugerir, possivelmente aos mestrandos, em algumas instituições, a escrever no final das dissertações – para aquelas exclusivamente voltadas para a matemática do matemático, frases do tipo: "(...), *acreditamos que o texto será de grande valia aos professores do Ensino Fundamental e Médio que queiram ampliar seus conhecimentos em Matemática*".[15] O propósito parece sugerir que assim está justificado o injustificável: que é um trabalho voltado para a Educação Básica.

14 Lembramos que a obrigatoriedade de apresentação de metodologia de pesquisa, por exemplo, vem desde os trabalhos monográficos acadêmicos de uma especialização.

15 Este fato foi mencionado por várias professoras e professores egressos do PROFMAT.

De uma maneira geral, não há, em muitos trabalhos, esta preocupação; ou, em alguns casos esses comentários aparecem apenas no resumo ou nas considerações finais, ou simplesmente nem aparecem.[16]Assim, a maneira encontrada pelos orientadores e/ou coordenadores do Programa para justificar os assuntos abordados nas dissertações não escondem que a grande maioria das discussões presentes nas pesquisas passa longe das discussões de interesse do professor em sua prática letiva.

Para sermos honestos, vale observar, que a inserção de alguns educadores matemáticos que avaliam esse discurso e seu propósito, tem trazido em algumas dissertações os elementos que destacamos a ausência anteriormente, fruto da sua formação. Mas este número de orientadores ainda é pequeno no PROFMAT que, em sua maioria, tem como docentes, doutores em matemática que não fazem a menor ideia do que acontece nas salas de aula da Educação Básica.

Retornando ao estudo de Caldatto, observamos que ela identificou ainda vários pontos de desarticulação do projeto acadêmico do PROFMAT, que para os conhecedores dos trâmites do processo de aprovação da CAPES, para a aceitação de novos cursos, seguindo a via normal de submissão de novos projetos de mestrado profissional - a Área de Ensino - possivelmente teria muito pouca chance do projeto ser aceito.

A conclusão do estudo, explicitado em seu artigo é expresso nos seguintes termos:

> (...) o processo formativo privilegiado pelo PROFMAT é, na verdade, um processo descontínuo de formação do professor de matemática, pois pressupõe, de um lado, que ele é capaz de garantir a qualificação do professor de matemática, promovendo apenas uma formação matemática técnica e formal desconectada da formação didático-pedagógica e da atividade complexa de ensinar e aprender Matemática com diferentes níveis cognitivos e culturais. Essa formação é também descontínua e inócua no alcance de seus objetivos, porque ignora que a Matemática escolar é de outra natureza e apresenta outros desafios e deman-

16 Lembramos que em toda a sua existência o PROFMAT obteve nota máxima na "avaliação" do Curso pela CAPES, feita pelos pares.

> das que caberia ao mestrado profissional tomá-los como objeto de estudo e ponto de partida e de chegada do processo formativo. Ou seja, o PROFMAT parece reproduzir e reforçar o tradicional problema da tricotomia (...) nos cursos de Licenciatura em Matemática no Brasil e que se expressa pela separação ou pelo desencontro entre o que estuda/aprende nas disciplinas de matemática, o que se estuda/aprende nas disciplinas didático-pedagógicas e o que estuda/aprende na prática escolar (Caldatto *et al.*, 2016, p. 924).

Essa análise expressa pela citação é suficiente para entendermos o jogo feito pela SBM de manutenção de sua ideologia e apoiada pela Capes, a qual parece acreditar que tal instituição tem condições de ser uma referência na formação de professores.

Por outro lado, em termos financeiros, o PROFMAT conforme descrito no referido documento, foi fomentado pelo governo federal por intermédio da CAPES, cujos custos iniciais podem ser conhecidos no documento:

> A especificidade do Programa de Mestrado em Matemática em Rede exigiu da CAPES investimentos diferenciados. Para viabilizar esses investimentos, a CAPES firmou, a pedido da Sociedade Brasileira de Matemática, um convênio de cooperação com o Instituto de Matemática Pura e Aplicada (IMPA), por meio do qual foram repassados recursos destinados à manutenção do curso. O citado convênio teve como objetivo: "Concepção, Elaboração e Implantação do curso de Mestrado Profissional em Matemática em Rede Nacional" e importou inicialmente no valor de R$ 14.304.000,00 (*quatorze milhões trezentos e quatro mil reais*), sendo os recursos destinados a: concepção, elaboração e implantação do PROFMAT; obrigações tributárias e contributivas; serviços de terceiros e pessoa jurídica; material de consumo. Além disso, a CAPES concedeu *bolsas de estudo para os alunos do curso* (Brasil, 2013, p. 10, destaques nossos).

Então este tem sido o preço inicial da proposta de *educar professores para a Matemática*, a qual promove a manutenção das concepções da Sociedade Brasileira de Matemática.

Com relação à Capes, vale observar que em sua proposição dos mestrados nos documentos oficiais, na modalidade profissional, sempre esteve explícito que não haveria financiamento para os programas, muito menos bolsas de estudo para os mestrandos dos programas profissionais, e nunca se cogitou bolsa para professores. Além disso, um outro ponto de nosso estranhamento é o que ocorre com relação à avaliação do PROFMAT, pois o grupo que o propõe é o mesmo que o avalia, ou seja, a área de Matemática da Capes. O que fica sugerido é que, caso estivesse no lugar correto, na área de Ensino, possivelmente nunca teria nota máxima desde a sua criação; talvez nem estivesse mais em funcionamento.

Podemos concluir, pois, que a SBM recebe privilégios que não são concedidos igualmente a todas as comunidades científicas acadêmicas e aos Programas de Pós-Graduação na área de Ensino para fazer exatamente aquilo para o qual não tem competência acadêmica para realizar.

Mais uma vez, identificamos o efeito nocivo da concepção do *Ensino da Matemática*, agora, na formação continuada do professor de Matemática e financiada por uma agência do governo federal. E, assim, o mesmo discurso repetido várias vezes e por muitos anos vai ganhando corpo na prática do professor, na concepção dos autores de livros didáticos, na formação dos estudantes da Educação Básica e, de uma maneira geral, na manutenção do fracasso escolar e na péssima formação do professor de matemática.

Uma proposta de um doutorado do PROFMAT não é algo difícil de acontecer para dar continuidade às concepções, práticas e discurso da SBM. Mas, a esta altura, não haveria mais a necessidade de uma análise detalhada deste programa, visto que a proposta e o discurso que o sustentarão seriam exatamente a mesma que acabamos de discutir.

As Olimpíadas da Matemática: a formação de crianças e adolescentes com "talento"

A SBM, no passado, colocou seu foco de interesse na formação de estudantes do Ensino Médio e na formação continuada de professores, deixando o "mercado" do Ensino Fundamental para os autores de livros didáticos. Porém, um certo dia, seus líderes devem ter considerado a possibilidade de usar a Olimpíada de Matemática para ampliar seu público para os estudantes dos Anos Iniciais de formação.

Particularmente, não vemos nenhum problema com a ideia de Olimpíadas, nem nos esportes e muito menos na Matemática, nem na literatura ou em qualquer outra atividade que possamos imaginar, justamente pela motivação que gera em algumas crianças e adolescentes, seja pelo gosto de competir, seja pelo desafio que provoca.

No mundo do matemático sempre houve uma competição muito acirrada entre os pesquisadores – as histórias reais não são poucas – com seus egos inflados, competição motivada pelo discurso do talento, dos pontos fora da curva, daqueles que têm jeito para a coisa. Nesse ambiente, a Olimpíada de Matemática parece ser um bom início para o ingresso nesse mundo, em que o fracasso nunca é bem visto, muito menos tolerado.

Enquanto estudante de um curso de Matemática, participei junto com outros colegas, de algumas edições das Olímpiadas na década de 1980, auxiliando nossos professores na aplicação das provas. Certa vez, por curiosidade, perguntei a um coordenador experiente em Olimpíadas se daqueles estudantes saíam muitos matemáticos para a pesquisa "peneirados" naquela atividade. A resposta dele foi corroborada pelo que informa o processo histórico da própria Matemática, que evidencia que muitos pensadores e produtores de Matemática não tinham como atividade principal nem a docência, nem a pesquisa em Matemática.

Esse professor nos informou que muitos estudantes supostamente "talentosos" em Matemática, passada aquela fase, escolhiam outros diferentes cursos para a sua carreira profissional, que eram, para eles, mais atraentes, promissores e estimulantes que a Licenciatura ou o Bacharelado em Matemática. Vários deles se encaminhavam para cursos de maior demanda ou da "moda", como as Engenharias, Ciência da Computação, Robótica e outros e também para outras áreas sem relação direta aparente com a Matemática, como a Medicina.

Porém, existem dois pontos que nos chamam a atenção quando analisamos as ações da SBM com as Olimpíadas. A primeira diz respeito a como acontece esse processo de preparação dos estudantes. Docentes que participam dessa formação revelam que eles identificam estudantes muito criativos na busca de solução para os problemas que lhe são propostos – muitas vezes, apresentando resoluções muito sofisticadas e originais para a sua idade. Por outro lado, contrariamente a seguir nesse sentido, quando recebem treinamento nas universidades, esses alunos são submetidos ao estudo de teorias matemáticas, sendo a principal delas a Teoria dos Números, em sua versão axiomática e dedutiva. E aí identificamos, mais uma vez, a perspectiva do *Ensino da Matemática* como a única possibilidade de educar para a Matemática do matemático. Esses alunos, então, aos poucos, vão substituindo a sua criatividade e estratégias pessoais de resolução de problemas pela reprodução de uma teoria e tentativa de aplicação daquilo que aprenderam aos problemas propostos.

A esse respeito, observou Morris Kline:

> A mente humana não opera na matemática diferentemente do pensamento político ou social. Pode-se pregar a fraternidade entre os homens, mas essa pregação não faz as pessoas compreenderem-na e praticarem-na. Ensinar as crianças a conviver com pessoas de diferentes raças e crenças e a respeitá-las, nos atos diários, poderá conseguir fraternidade, mas o princípio ético geral não fará impressão alguma. Estudantes, aos quais se ensinam abstrações antes de eles terem adquirido a rica experiência que, de fato, conduzem a essas abstrações, poderão obter um conhecimento superficial e expressar palavras. Mas não se pode dizer que realmente compreendam essas abstrações (Kline, 1976, p. 126).

Como consequência, o sucesso desses alunos passa a estar em conformidade com a proposta de *reprodução* de uma teoria a problemas cuja teoria é aplicável. Daí, como os problemas das questões da Olimpíada de Matemática são selecionados com relação a essas teorias, só vai ter bom aproveitamento os estudantes treinados para desenvolver este "talento". Penso que este é um ponto extremamente preocupante pois, pelo que vimos anteriormente, esta não é a conduta do matemático praticante frente ao novo, frente ao desconhecido.

O segundo ponto preocupante no processo de formação de estudantes para as olímpiadas é a formação específica dos mateólogos que coordenam essas atividades nas universidades, pois eles estarão orientando crianças e adolescentes – o que demandaria um mínimo de atenção com os aspectos afetivos, emocionais e mesmo de como formar estudantes com superdotação, caso eles estejam presentes.

Essa preocupação, que num primeiro momento ficava no nível da suposição, mostrou-se real com o comentário de um colega que ministrava aulas para uma turma preparatória das olimpíadas em uma universidade federal. Ele comentou que, durante uma aula, um dos alunos se afastou dos colegas que participavam de uma atividade de resolução de problemas, isolando-se do grupo. Alguns minutos depois, o aluno teve uma crise de choro. Não sabendo o que fazer, o professor chamou o coordenador responsável, que ao questionar o aluno sobre o que estava acontecendo, recebeu como resposta que, num determinado momento na dinâmica da aula, ele teve clareza de que não era o melhor aluno daquela turma, o mais inteligente – como possivelmente era em sua escola – e de que havia outros naquela sala iguais ou melhores que ele.

A questão que se coloca é: o que se faz num momento desses? Como tratar essa situação de maneira formativa para esse estudante? Infelizmente, respostas a essas questões não podem ser encontradas por alguém que também é fruto de uma formação tradicional, em que o discurso do sucesso, do melhor, do talento é a única possibilidade existente. Nesse momento, espera-se, pelo menos, que o coordenador desse curso faça o encaminhamento desse aluno para um acompanhamento psicológico especializado.

O interessante é que este caso se liga a outro, relatado por um colega de turma em um mestrado em Matemática que cursávamos. Ele nos contou que era um aluno sem expressão na escola e vivia em total anonimato, até o dia em que começou a tirar boas notas em Matemática. Isso fez com que seus professores o valorizassem e os colegas passassem a olhar para ele com distinção e a lhe pedir ajuda. Obviamente, sua fala indicava que mais do que gostar de Matemática, saber a matéria tinha cumprido a função de melhorar sua autoestima, ao lhe dar visibilidade. Esta situação o tinha levado até aquele ponto – estava em um mestrado em Matemática –, porém, com as dificuldades de aprendizagem que estava vivenciando e a possibilidade de ser desligado do curso, se questionava se tinha mesmo "jeito para fazer Matemática", considerando o discurso vigente nesse tipo de Programa de Pós-Graduação.

Estas histórias de vida evidenciam também que não é só gostar de Matemática que leva uma pessoa a estudá-la ou praticá-la; existem muitas outras razões pessoais. Além disso, o que esses relatos reais sugerem é que formar estudantes, seja em que nível for, exige um mínimo de qualificação profissional que habilite o professor e/ou o coordenador a tratar os problemas que fogem da dimensão apenas do conteúdo a ser ensinado e que sempre emergem em ambientes em que existem pessoas em formação.

Por último, vemos que, em termos financeiros e ideológicos, a SBM deu um passo importante em seu projeto de educar para a Matemática a partir da visão do *Ensino da Matemática* com a proposição de levar as Olimpíadas a nível nacional. Esta Sociedade conseguiu, pela via governamental, a adesão das escolas públicas e particulares no evento.

Se recordarmos, antes dessa "adesão" acontecer, deveria haver algumas centenas de estudantes pelo Brasil com interesse pelas Olímpiadas competindo pelo primeiro lugar. E, como mencionamos, eles recebiam formação específica nas universidades, recebendo uma educação para a Matemática. Nos últimos anos, com uma sugestão meio imposta às escolas por diferentes razões, o número de competidores chegou aos vinte milhões de estudantes. É o que observa o diretor-adjunto do Impa Cláudio Landim, na reportagem do Jornal Hoje intitulada *Instituto de Matemática Pura e Aplicada completa 70 anos*, quando ele diz: "São todo o ano 20 milhões de alunos que participam do 2º ano do Ensino Fundamental ao 3º ano do Ensino Médio. Então, nós distribuímos medalhas em todo o Brasil. Quer dizer, a gente consegue detectar alunos com talento para a matemática do Acre ao Rio Grande do Sul"[17].

---

17 Jornal Hoje de 18 de outubro de 2022.

Vemos assim, emergir desta fala alguns pontos poucas vezes explicitados. Primeiro, aquele aluno que era o primeiro lugar nas Olimpíadas antes de 2005, era o primeiro entre, mais ou menos, duzentos participantes que treinaram para competir Brasil afora. Depois, as escolas, por intermédio dos diretores, coordenadores e professores passaram a forçar a adesão dos estudantes em participar, muitas vezes, com uma maioria esmagadora não recebendo treinamento adequado. Assim, o primeiro lugar passa a ser o primeiro entre os vinte milhões de participantes, enquanto que, na verdade, a maioria esmagadora está fazendo papel de figurante nessa história. Guardadas as devidas proporções e a diferença de nível técnico, é como se colocássemos todos os estudantes que fazem Educação Física para correr os 100 metros contra velocistas treinados. Assim, a vitória de poucos é valorizada e maximizada pelo fracasso de muitos!

Em segundo lugar, o foco na *meritocracia* é uma estratégia sempre usada para encobrir alguma coisa ou para se conseguir outras que não devem ser visíveis. Assim, são distribuídas milhares de medalhas aos estudantes para estimulá-los a continuarem e a sustentarem, muitas vezes, uma falsa impressão sobre sua real capacidade para a pesquisa matemática[18].

Alguns dirão que é preciso motivar o estudante; porém, ir bem em uma prova elaborada exatamente pelos próprios treinadores pode não dizer muito. Além disso, não considerar o gosto do fracasso daqueles que não recebem treinamento especializado e não sabem que são apenas figurantes (e por isso se afastam ainda mais do gosto por estudar matemática) deve ser considerado em uma análise séria sobre a avaliação deste projeto.

Mas, por outro lado, a meritocracia vem agradando obviamente o(a) competidor(a) que briga pelos primeiros lugares – mas tem agradado muito mais aos professores (mateólogos) treinadores das escolas, aos diretores destas escolas, aos secretários de educação, aos prefeitos e até aos governadores que passaram a

18 Alguns e algumas medalhistas que se encontram atualmente em Programas de Pós-Graduação em Educação Matemática relataram ao ler esta seção, que os motivos que os levaram a participar das Olimpíadas foram os mais diversos, entre eles, ganhar o dinheiro da bolsa, conhecer uma universidade, conhecer outras pessoas e até comer os lanches que lhes eram servidos.

usar os feitos olímpicos como propaganda na mídia.

Aliás, os meios de comunicação, a partir de seus jornalistas, que ignoram os subterrâneos desse projeto, ajudam a promover as Olímpiadas de Matemática naquilo que ela não tem competência para resolver: o fracasso do ensino da Matemática no Brasil.

Depois da SBM convencer o governo federal de que Olimpíadas da Matemática é bom para o estudante, seu sonho – obviamente olhando para o financiamento que pode vir junto – tem o auxílio da mídia para convencer que ela ajuda a ensinar e aprender Matemática. Uma grande falácia!

Vejamos algumas dessas notícias. Por exemplo, na manchete que destaca a justa honraria ao carioca Arthur Cordeiro de Mello, que ganhou a medalha Fields, em seu discurso reforça nossa observação: "Olimpíadas do conhecimento ajudam a superar deficiência do ensino, diz brasileiro que ganhou o 'Nobel da Matemática'".

Ou, na tentativa de sugerir que as Olimpíadas ajudam a preparar alunos para processos seletivos, tendo como foco de apresentação um salão cheio de adolescentes, sugerindo serem estudantes, e com o seguinte título para a reportagem: "Escolas que fazem OBMEP têm melhor desempenho no Enem". A reportagem traz a seguinte informação:

> Escolas com altas taxas de participação na OBMEP (Olimpíada Brasileira de Matemática das Escolas Públicas) concentram alunos com melhores resultados no Enem (Exame Nacional do Ensino Médio), segundo pesquisa, divulgada nesta segunda-feira (27), pelo Interdisciplinaridade e Evidência no Debate Educacional (Iede) com apoio técnico do IMPA e do Laboratório de Estudos e Pesquisas em Educação Superior da Universidade de São Paulo (Lepes/USP)[19].

19 Disponível em impa.br. Reportagem publicada no dia 25 de maio de 2024.

Em breve, e aos poucos, o convencimento de que as Olimpíadas educam os estudantes será o auge de mais uma farsa instituída pela SBM, tendo o IMPA como fachada.

Aproveitando da aceitação deste discurso, a organização das Olimpíadas de Matemática ampliou sua proposta para os Anos Iniciais da Educação Básica. Esta ação nos faz recordar de que este é um processo parecido com aquele desenvolvido pelo grupo Bourbaki no ensino da Matemática, o qual, segundo Davis e Hersh (1985, p. 385), aconteceu a partir da produção de "(...) uma série de textos básicos, a nível de pós-graduação, sobre a teoria dos conjuntos, a álgebra e a análise, que tiveram uma influência tremenda em todo o mundo, nas décadas de 50 e 60" do século XX e essa inserção chegou até o ensino de Matemática nos Anos Iniciais, como é expresso por eles:

> O estilo formalista penetrou o ensino de matemática em níveis mais elementares e, finalmente, sob o nome de "matemática moderna", invadiu o jardim de infância com textos de teoria dos conjuntos para a idade pré-escolar. Inventou-se um jogo de lógica formal, chamado "WWF and proof", para ensinar crianças do primeiro grau a reconhecer uma fórmula bem formada (WWF) segundo as regras da lógica formal (*Idem*).

A nossa discordância com as Olímpiadas de Matemática *nas escolas* reside em dois pontos: primeiro, na propaganda que a SBM tenta veicular, de que essa atividade dá formação matemática para crianças e adolescentes. Por tudo que dissemos sobre o Ensino da Matemática, é esse tipo de formação que ela promove, e isto, a nosso ver, é o pior tipo de formação que pode ser dada aos estudantes.

O segundo ponto é o fato de que as Olimpíadas entraram na escola. E para entender o que queremos elucidar sobre isto, traremos o comentário de Lins (2002), que faz uma distinção entre uma *educação para a Matemática* e uma *educação através da Matemática*, fazendo uma analogia com a Educação Física na escola:

O que será que diríamos se as aulas de Educação Física na escola fossem, desde os anos iniciais, voltadas para produzir atletas e esportistas de modo geral, tendo como grande meta de sucesso produzir, talvez, atletas olímpicos e jogadores profissionais? Seguramente se oporia a isto argumentos de que nem todos gostam de esportes da mesma forma e que nem todos têm as aptidões adequadas (boa coordenação motora, por exemplo), apenas para ilustrar. Por um lado, é evidente que a Educação Física tem o papel de desenvolver o gosto pelo esporte e promover o bom desenvolvimento físico (geral) dos jovens e, por outro lado, é também evidente que aceitamos que uma fração destes jovens se tornarão esportistas competitivos. Mas, acima de tudo, nós "leigos, e os professores de Educação Física entendemos que esta consiste em uma educação <u>através</u> do esporte, uma educação que visa o desenvolvimento de hábitos saudáveis (por exemplo, realizar regularmente atividades físicas), da capacidade de atuar colaborativamente (através de jogos), de reconhecer a existência de regras e a importância de as respeitar de forma adequada (Lins, 2002, p. 1, destaque do autor).

Na continuação, o autor observa:

Se nos confinássemos a uma educação física "olímpica", seguramente terminaríamos por desenvolver um discurso sobre os alunos no qual prevaleceriam frases como "não tem jeito para a coisa" e "esporte não é para todo mundo". E é muito provável que ao invés de gostar das aulas de Educação Física a maioria dos alunos terminasse por se sentirem frustrados (talvez por ficarem no banco de reservas, já que não eram bons o suficiente para estar no time ou pela pressão do professor quando ele errasse uma cesta) e, em pouco tempo, esta disciplina se tornaria um pesadelo para os alunos. É fácil reconhecer que nos países que sistematicamente tem sucesso nos esportes competitivos encontramos duas componentes: por um lado um acesso amplo a atividades que promovam o desenvolvimento físico saudável e, por outro lado, a existência de programas nos quais aqueles que assim o desejam, podem se encaminhar para uma especialização dentro dos esportes (clubes, centros esportivos, programas especiais, "escolinhas"). É assim que se pode promover ao mesmo tempo saúde da população e o desenvolvimento do esporte competitivo naquele país. Exemplos

> semelhantes podem ser encontrados também com relação à música, à dança e ao xadrez (*Ibidem*, p. 2).

Estes são os perigos de se introduzir uma educação para a Matemática na escola, de maneira competitiva e pela via das concepções expressa pelo *Ensino da Matemática*. E o que mais nos preocupa é o fato que já está acontecendo, com a criação de uma suposta elite de alunos que passam a desprezar os colegas que não ganham medalhas, criando disputas, inveja e todo o tipo de coisas que não deveriam participar da formação de crianças e adolescentes – mas que são naturais no mundo do matemático.

Em suma, o que buscamos esclarecer é que não há nenhum problema com olímpiadas de Matemática! O problema reside no fato desta atividade ser coordenada pelo clã da SBM vinculada à imagem do "alto clero" do IMPA, cujas concepções, práticas e discursos que veiculam, ao contrário do que buscam apresentar ao público, têm um impacto muito negativo pelo despreparo destes profissionais com a formação geral de crianças e adolescentes – muitos deles com altas habilidades para a Matemática.

O que tentamos elucidar até aqui é que a perspectiva do *Ensino da Matemática* se alastrou de modo hegemônico no ensino de Matemática, e que o poder que a SBM foi conseguindo desde o período da Ditadura precisa ser enfrentado se queremos uma boa formação matemática para os estudantes da Educação Básica e para os licenciandos em Matemática. E, para sugerirmos que a proposta desta Sociedade está a todo vapor, faremos uma breve digressão, a fim de elucidarmos como se dá a continuação do projeto das Olímpiadas.

A tradição travestida de inovação: IMPA Tech - A Graduação dos privilegiados

O ponto alto do projeto das olímpiadas ainda estava por acontecer. A SBM, numa jogada genial, convenceu o governo federal e o governo do estado do Rio de Janeiro a bancarem mais uma das suas propostas: um programa de graduação intitulado IMPA Tech, financiado pelo ministério de Ciência e Tecnologia e

Inovação (MCTI) e pelo Ministério da Educação (MEC) – os mesmos financiadores da Olimpíada Brasileira de Matemática das Escolas Públicas (OBEMEP).

A motivação para a análise desse projeto já em curso se faz logo após a nossa discussão sobre as olimpíadas matemáticas, porque a garantia de ingresso na referida graduação se baseia, em grande parte, no sucesso dos ingressantes nas olímpiadas, usada como instrumento de garantia de excelência dos candidatos.

Analisaremos a proposta deste curso de graduação, orientados por tudo que discutimos até este momento para explicitar alguns pontos importantes deste projeto e questionar se serão mantidas as concepções, o discurso e a ideologia da SBM materializada na imagem do instituto.

O discurso do diretor-geral do IMPA dá o tom da pretensão do projeto a partir de conjecturas não confirmadas por nenhum estudo ao afirmar:

> É fato comprovado que a matemática tem um potencial enorme e crescente para produzir riqueza e gerar desenvolvimento. O IMPA tech foi concebido a partir dessa constatação: queremos atrair os maiores talentos do país para transformarem o mundo por meio da matemática[20].

Poderíamos perguntar de qual Matemática ele está falando, mas já sabemos que é o que denominamos de *Matemática do matemático*, e não do que, talvez, pudesse ser uma nova visão, já em curso, de que a Matemática utilizada pela tecnologia não é o objeto de estudo em si, mas uma *ferramenta*. Ao que parece, os pesquisadores em tecnologia podem estar determinando um novo uso e padrão para *a Matemática* e propondo um rigor alheio ao do matemático do século XX, como mencionaremos a seguir.

A perspectiva política se mostra na fala do prefeito do Rio de Janeiro, Eduardo Paes, sinalizando a importância das Olímpiadas e do IMPA no empreendimento que está em curso:

20 Disponível em https://impatech.impa.br. Acesso em 30 de abril de 2024.

> Será um marco no desenvolvimento do Rio. Você terá a OBMEP, que é incrível, e será o principal elemento de seleção para quem vier estudar aqui. É uma oportunidade para quem vem de escola pública, que enfrenta todo o tipo de dificuldade e barreira e poderá vir estudar em uma das melhores faculdades de matemática do mundo. Temos que nos tocar disso: o IMPA é comparado com Harvard e outras universidades sofisticadas e agora vem para o Porto de uma forma democrática para a formação de estudantes de matemática, que é a ciência do futuro[21].

O que parece é que o prefeito do Rio de Janeiro sabe pouco sobre o IMPA e a sua falta de interesse em escola pública e em estudantes de baixa renda, cujos membros sempre primaram por um elitismo na seleção dos alunos para manter o *status* da excelência, como observou Silva:

> Vimos, em vários discursos da comunidade matemática brasileira, ligada ao Impa, o desejo de reputação social, a necessidade de manter e exercer o poder. Segundo essa visão, o instituto não poderia permitir a entrada de membros que não fossem detentores de qualidades intelectuais superiores: "jovens talentosos", "jovens brilhantes", "matemáticos de alto nível" (Silva, 2009, p. 913).

Como comentamos na introdução, nos chama a atenção o fato de que grande parte dos doutores em Matemática não é vista como merecedora de participar da "comunidade dos matemáticos". Esta constatação aparece na fala de matemáticos em diversos momentos em que refletem sobre a profissão, como, por exemplo, na fala de Jacob Palis, César Camacho e Elon Lages Lima, na comemoração dos 50 anos do IMPA:

> Hoje deve haver umas cem mil pessoas no mundo fazendo matemática, divididas em núcleos pequenos, mas só um número limitado realmente conta: os líderes formam um conjunto pequeno. É uma estrutura vertical e quase eclesiástica: cardeal, bispo, arcebispo... Cada um conhece o próprio lugar; as regras de acesso não são escritas, mas são conhecidas (Silva, 2009, p. 911).

21 Disponível em https://notícias/impa-tech-uma-forma-democratica-de-atender-o-pais-diz-viana/ Acesso em 30 de abril de 2024.

Com base neste comentário, Silva (2009) traz à discussão a metáfora proposta por Paul Ernest para designar a comunidade matemática, entendida por ele como um "conjunto *Fuzzy*" de pessoas, a partir do qual a pesquisadora explica seu entendimento da metáfora da seguinte maneira:

> A pertinência das pessoas no conjunto dos matemáticos é como a pertinência num conjunto *Fuzzy*, que varia entre 0 e 1. Quanto mais próximo de 1, maior será a intensidade da pertinência da pessoa ao conjunto, e quanto mais próximo a 0 estiver, mais distante estará pertencer à comunidade de matemáticos. Assim, constata-se a existência de membros fortes (institucionalmente poderosos ou pesquisadores matemáticos ativos), e membros fracos (professores [universitários] de matemática) (*Idem*).

Vemos, então, que a proposta da criação do IMPA Tech, avalizada pelo "alto clero", caiu no gosto de alguns políticos, sem procurar saber se estão "comprando gato por lebre" e, desse modo, a catedral da SBM, o IMPA, é colocada como certificado de garantia do projeto por ser uma vitrine – o centro de excelência da Matemática [do matemático] no Brasil.

A jogada de mestre dos organizadores do projeto foi colocar ao lado da palavra MATEMÁTICA, as palavras TECNOLOGIA e INOVAÇÃO, termos que estão na moda. Além disso, este projeto se alinha a um outro, que visa revitalizar uma parte do centro do Rio de Janeiro, chamado de Porto Maravalley, onde estão sendo construídos novos prédios para receber empresas e centros de tecnologia e inovação, e que a imprensa local tem anunciado como sendo o "Vale do Silício" brasileiro. Assim, incluir as duas palavras-chave pode ter possibilitado tirar o projeto do papel.

Uma dúvida que pode surgir a um observador atento é: por que não se usou toda a verba gasta em novas instalações na mais tradicional universidade do Brasil – a Universidade Federal do Rio de Janeiro – que fica a não mais do que 30 minutos de carro do Vale do Silício brasileiro e que possui pesquisadores de grande potencial nestes temas de interesse nos Departamentos de Matemática, Computação, Estatística e no Instituto Alberto Luiz Coimbra de Pós-Graduação e Pesquisa em Engenharia (COPPE) – um dos principais centros de pesquisa e formação de pesquisadores do Brasil?

A segunda questão que se apresenta quando analisamos o *site* do programa é: será que a SBM e o IMPA vão novamente trair as suas concepções de excelência de educar para a Matemática em favor de mais verba e evidência para que seus matemáticos continuem tendo sua vida calma nas suas salas no prédio do Jardim Botânico?

Se retornarmos ao passado recente, a resposta a esta pergunta é sim, visto que, com a criação do PROFMAT, a comunidade dos matemáticos implementou na Capes um programa de nível de ensino da Matemática de qualidade questionável no que diz respeito à Matemática posta em discussão, considerando que os professores já eram egressos de uma Licenciatura em Matemática. Além disso, as dissertações de mestrado não refletem a proposta de um mestrado profissional e têm sido, ao longo dos anos, de nível inferior a um trabalho de conclusão de curso de uma graduação. Lembremos, como discutimos anteriormente, que parte destes trabalhos foi produzida, avaliada e aprovada por docentes no interior do IMPA.

A SBM, que por algum motivo que não vislumbramos não aparece em nenhum momento no discurso veiculado sobre o IMPA Tech, pode ter orientado, a partir de seus membros diretores, a produção da proposição deste programa de graduação, visto que as mesmas falácias presentes no projeto do PROFMAT aparecem novamente nas páginas de apresentação desta graduação. A utilização de termos vindos da Educação e que possuem muito significado educacional, tais como, interdisciplinaridade e transdisciplinaridade, são usados novamente sem escrúpulos.

Passemos agora a analisar outros pontos falaciosos do projeto a partir do que dele temos acesso pelo *site*. Na descrição "Conheça o Programa", a propaganda é feita apresentando o discurso da inovação e da gratuidade (para um grupo seleto de candidatos): "Gratuito e inovador, o bacharelado em Matemática da Tecnologia e Inovação reúne estudantes de todo o Brasil".

Notamos que a Matemática é colocada em primeiro plano e adjetivada pela Tecnologia e a Inovação sugerindo, como não poderia ser diferente, que a Matemática é o objeto de estudo – o estudo da Matemática pela Matemática –, e a tecnologia e a inovação entram num plano secundário. Mas se isto acontecer, os alunos continuarão, nesta graduação inovadora, a estudar a velha Matemática pura ensinada via aulas expositivo-explicativas, baseadas na reprodução do texto matemático.

A outra dúvida que se instala é: mas não é por esta mesma via que tem se produzido a maioria de doutores em Matemática, que nunca chegaram a se tornar matemáticos praticantes e uma parte deles só chegou até o fim do processo de doutoramento porque o ensino é baseado em adestramento?

Por outro lado, chama-nos a atenção uma mudança que está em curso a algum tempo. Como sabemos, existem congressos internacionais em que a temática em discussão é a Matemática como, por exemplo, um congresso sobre álgebra, mas que os algebristas puros não comparecem porque a proposição e o encaminhamento das discussões são feitos por vários pesquisadores da área tecnologia. Neste caso, a Matemática é tratada apenas como ferramenta para se resolver problemas relacionados à tecnologia. Assim, mesmo se tratando de Matemática, muitos algebristas, analistas e geômetras (puros) não comparecem, pois estar lá os retira de sua zona de conforto, pois, a discussão pura da Matemática, vista como objeto de estudo, por si mesma, não acontece lá.

Atualmente, podemos imaginar, a partir da apresentação e das discussões a respeito do *chat* GPT, a possiblidade de alimentá-lo com as diferentes teorias matemáticas baseadas em um sistema dedutivo e a lógica matemática – que são coisas fáceis de um computador entender e operar – e manipulá-lo para que produzam novos teoremas não triviais e – por que não – novas teorias matemáticas, resolvendo problemas que muitos doutores em Matemática nunca conseguirão ao longo da sua vida profissional e transformando, talvez, a prática do matemático puro em uma atividade computacional.

O ponto-chave dessa discussão é que, se este projeto tiver sucesso, talvez a centralidade das discussões estará na *tecnologia* e na *inovação* e não na Matemática pura, pois esta terá o papel de ferramenta, como é para a maioria dos pesquisadores de diferentes áreas que não os matemáticos ditos puros. Esta afirmação se pauta na informação do *site* que informa: "Com quatro anos de duração, o bacharelado em Matemática da Tecnologia e Inovação tem o objetivo de capacitar os estudantes para entrar de forma efetiva no mercado de tecnologia e inovação".

O terceiro ponto a destacar sobre o curso de graduação diz respeito à seleção dos alunos ingressantes no programa de bacharelado. Ela é feita usando os resultados das Olimpíadas – agora acrescidas do termo científica – numa outra jogada esperta dos elaboradores do projeto, pois garante a manutenção de verba para as Olimpíadas de Matemática. Todavia, os proponentes não poderiam descartar o resultado do ENEM, por ser uma seleção do governo federal e, como uma terceira alternativa, sugerem entrevistas virtuais (talvez destinadas a garantir o ingresso de algum suposto gênio que não se presta a participar das Olimpíadas ou que estará muito entediado para fazer o ENEM).

Mais uma vez, a SBM ou os representantes do IMPA conseguem privilégios que não são dados a todos os candidatos que pleiteiam uma vaga em uma graduação de uma instituição pública. Recordamos que a proposta do PROFMAT possibilitou bolsas de estudo para os mestrandos e bolsas para os docentes quando a Capes garantia que não haveria bolsa para os mestrados profissionais.

Esta possibilidade de acesso à graduação do IMPA Tech abre, então, um sério precedente quando seus candidatos são escolhidos por serem medalhistas olímpicos em Matemática, pois, dentro deste espírito, por que também não garantir vagas em cursos de Educação Física, Fisioterapia e Nutrição aos jogadores e jogadoras de futebol nos diferentes níveis (sub-17, sub-20, profissional) e também aos atletas olímpicos nas diferentes modalidades em que são medalhistas? Estes parecem ser mais merecedores desta oportunidade, visto que não são avaliados pela mesma concepção e grupo que os treina.

Seguindo essa conduta, poderíamos questionar: então, por que não ampliar e garantir a reserva de vagas em instituições de ensino público para os jovens músicos do Olodum – gênios em percussão – e também para os(as) sambistas campeões e campeãs por suas escolas de samba do grupo A, no Rio de Janeiro e São Paulo, em cursos, tais como os de Música e Artes Cênicas?

A resposta a estes questionamentos é que um precedente está aberto e continuamos no Brasil a operar com dois pesos e duas medidas, dando privilégios a grupos específicos.

Em outra direção, também questionamos se algumas informações são explicitadas aos candidatos a graduação do IMPA Tech no seu processo de ingresso[22]. Por exemplo, que bacharelado em Matemática ou um bacharelado interdisciplinar não forma um profissional e que, ao final do curso, o aluno terá um título de bacharel, que não quer dizer muita coisa.

Além disso, suponhamos que alguns destes candidatos vejam neste bacharelado a oportunidade de ingressar no mestrado e depois no doutorado do IMPA, já que são medalhistas olímpicos. O que não sabem é que muitos interessados em trilhar este caminho aprendem muito cedo que não deve cursar o mestrado nesse Instituto, pois, caso sejam vistos como estudantes "normais", não conseguirão acessar o doutorado destinado apenas aos pontos fora da curva. Assim, muitos desses candidatos ingressam no doutorado em Matemática, após cursar o mestrado em outra instituição, mas logo também são descartados durante o processo por não se adequarem ao nível de excelência que garante o *status* da instituição.

Analisando desta perspectiva, esses candidatos – medalhistas olímpicos – já se colocarão em avaliação ainda na graduação, o que pode garantir seu descarte antes mesmo do mestrado.

22 Lembrem-se da fala dos matemáticos em citação anterior: "Cada um conhece o próprio lugar; as regras de acesso não são escritas, mas são conhecidas".

Desta discussão, dois importantes pontos podem ser destacados. Primeiro, é que, a nosso ver, existe uma *falácia* na pressuposta "genialidade matemática", confirmada nas Olímpiadas e materializada pela meritocracia expressa por uma medalha. Uma estratégia mal conduzida por quem não entende nada de formação de crianças e adolescentes e que podem, com suas ações meritocráticas, estar enganando esses estudantes sobre suas reais potencialidades, gerando um alto grau de frustração no futuro. E, também, não podemos perder de vista o que nos disse o escritor estadunidense Saul Bellow, ao afirmar que "O mundo está cheio de idiotas com QIs altíssimos", sugerindo que só isso pode não ser suficiente profissionalmente.

Recordando do que mencionamos anteriormente, muito desta falácia está na condução de todo o processo das Olímpiadas, em que crianças e adolescentes com potencial e motivação são levados para cursos preparatórios – muitas vezes nas universidades – para serem adestrados em resolução de problemas para depois serem avaliados sobre estes mesmos assuntos que foram treinados e pelos mesmos proponentes que conduziram o treinamento – a SBM.

Com isto, queremos também dizer que, visto sobre este prisma, ser medalhista olímpico pode não querer dizer muito. É claro que alguns, independente de todo esse processo, serão matemáticos praticantes e de sucesso (pelo menos é o que torcemos para que aconteça). O problema é que o sucesso destes poucos é que aparece como notícia na mídia e o número daqueles que fracassaram, a maioria, será varrido para baixo do tapete, ou depois, como prêmio de consolo, irão para as universidades fazer o que eles não queriam, ou seja, formar matematicamente os futuros profissionais das mais diferentes áreas.

O segundo ponto a destacar sobre os ingressantes é o fato de que o discurso da genialidade, do talento para a Matemática, esconde o fato de que os pesquisadores do IMPA e os professores que vão ensinar nessa graduação não são formadores, não entendem de formação, não entendem dos processos de ensino e aprendizagem e, assim, escondem sua incompetência jogando todas as fichas na crença no pressuposto de que *gênios se fazem sozinhos, não precisam de formação.*

O quarto ponto a destacar é que não há nada de novo e inovador na proposta de um bacharelado interdisciplinar, como a frase de efeito presente no *site* tenta sugerir: "IMPA Tech abre as portas para a interdisciplinaridade". Nas universidades públicas federais, identificamos vários bacharelados interdisciplinares que, depois da implementação e com anos de execução, lembram aquelas pontes que começam a ser construídas nas estradas e a verba acaba, ficando um pedaço de ponte ligando nada a lugar nenhum.

Esses bacharelados são uma colcha de retalhos, pois apresentam um pouco de tudo e, no final, com um diploma de bacharel interdisciplinar – que não o torna um profissional – o aluno tem que continuar o processo e decidir sobre uma terminalidade em outro curso que pode não ser aquele que escolheria, já que a escolha depende de um índice de rendimento acadêmico. Será este o futuro desta graduação?

Quando olhamos a estrutura curricular proposta, o que percebemos, contrariamente ao discurso apresentado no *site* que afirma que "o IMPA Tech oferece um currículo transdisciplinar para formar o profissional do futuro", vemos uma estrutura muito tradicional em que são introduzidas algumas disciplinas novas – Habilidades linguísticas e Construções de Narrativas Textuais – mantendo a fragmentação e a falta de coerência interna, que lembra os bacharelados interdisciplinares mencionados anteriormente.

A estrutura do curso de quatro anos, segundo o *site*, começa com um ciclo básico de um ano e meio e, em seguida, os alunos escolhem entre quatro ênfases: Matemática, Ciência da Computação, Ciência de Dados e Física. A ênfase em Matemática apresenta, no primeiro ano, as seguintes disciplinas:

1.1 Cálculo 1, Álgebra Linear, Programação 1, Introdução ao Laboratório e Habilidades linguísticas
1.2 Cálculo 2, Mecânica e Termodinâmica, Programação 2, Introdução à Probabilidade e Construções de Narrativas Textuais
1.3 Introdução à Ciência de Dados, Laboratório de Física 1

No segundo ano, as disciplinas são:

2.1 Cálculo 3, Álgebra Linear Numérica, Matemática Discreta, Introdução à Estatística e Inglês 1
2.2 Cálculo 4, Análise no IR^n, Estruturas Algébricas, Eletiva 1, Inglês 2
2.3 Topologia, Eletiva 2.

No terceiro ano, as disciplinas são:

3.1 Análise Complexa, Equações diferenciais Ordinárias, Eletiva 3, Filosofia
3.2 Medida e Integração, Equações Diferenciais Parciais, Eletiva 4, História da Ciência
3.3 Geometria Diferencial/ Estágio 1

No quarto e último ano, as disciplinas são:

4.1 Otimização, Probabilidade, Estágio 2, Eletiva de Humanidades
4.2 Eletiva 5, Eletiva 6[23], Estágio 3, TCC.

A menos da criação de algumas disciplinas estranhas a tradição, tais como, *Habilidades linguísticas* e *Construções de Narrativas Textuais*, e na introdução na proposta de disciplinas, como *Filosofia* e *História da Ciência*, a grade curricular nos sugere que a perspectiva de inovação não acontecerá e deixa claro, mais uma vez, que a SBM não consegue apresentar nada além de suas concepções platonista e formalista materializada em suas disciplinas tradicionais. Assim, este curso parece continuar o processo de adestramento de jovens entusiasmados, ini-

23 Em um exercício de imaginação, nos perguntamos por que tantas disciplinas eletivas? A resposta que encontramos a partir da sondagem com vários docentes experientes foi a suposição de que os formuladores desta grade curricular já não sabiam mais que disciplinas incluir, até que veio a ideia salvadora: "Vamos incluir seis eletivas e depois resolvemos o que isso vai ser". E a melhor saída seria buscá-las nas outras ênfases: Ciência da Computação, Ciência de Dados e Física. Assim, o problema inicial pode ter sido resolvido, mas não o problema maior – a colcha de retalhos criada.

ciado no treinamento para as Olimpíadas.

Como aconteceu com o PROFMAT, que manteve a formação continuada de professores baseados nos pressupostos do *Ensino da Matemática* e na falta total de criatividade de seus formuladores que mantiveram, por exemplo, um exame de qualificação exatamente igual ao exame dos mestrados acadêmicos em Matemática expondo os professores a este obstáculo para chegarem ao final do curso, mais uma vez a história se repete, agora incluindo no discurso a tecnologia e a inovação.

Assim, a estrutura curricular pobre e sem criatividade sugere que nossas grandes universidades poderiam ter proposto uma graduação de muito mais qualidade e de interesse para as empresas que virão para o Vale do Silício brasileiro.

A questão que não podemos evitar mencionar é: por que gastar tanto dinheiro com os projetos propostos pela SBM considerando que, no Brasil, estamos com um déficit crítico de professores para a Educação Básica? Por que não dar prioridade à criação de centros de formação de professores nas universidades, com alojamento estudantil, auxílio alimentação e bolsa de estudos para sanar um problema real, ao invés de apostar as fichas em potenciais talentos num jogo de cartas marcadas?

Mas todas estas questões são menores, quando vislumbramos algo maior ao chegar a este ponto, quando recordarmos a proposta das Olimpíadas de Matemática que já possuem o poder de mudar o cronograma das escolas, o ensino da matemática pela matemática (Matemática pura) sendo o centro da formação matemática do licenciando em Matemática, a abrangência atingida pelo PROFMAT na formação continuada de professores com a possibilidade de um doutorado no mesmo estilo do mestrado e a criação IMPA tech. A questão central então passa a ser a de se estamos, talvez, vivenciando de uma nova maneira, o segundo "Movimento da Matemática Moderna" no Brasil, cujos efeitos da sua primeira edição foram catastróficos para gerações de estudantes e professores com seus resquícios sentidos até os dias atuais.

CAPÍTULO 7

Destruindo as pontes que nos conectam à tradição

É claro que a matemática não teve origem com Euclides e Pitágoras, ou mesmo, com os pensadores do antigo Egito e Mesopotâmia. A matemática é um desenvolvimento do pensamento que teve início com a origem do homem e da cultura, há cerca de um milhão de anos.

Leslie A. White

A tradição é a ilusão da permanência.

Woody Allen

O rigor deve ser uma vontade e não uma condição prévia ao exercício do pensamento.

Abraham A. Moles

A discussão que apresentamos até aqui indica que existem muitos mal entendidos, meias verdades e concepções tradicionais no ensino da Matemática que, por não serem questionados, perpetuam tanto na Matemática escolar quanto nos cursos de formação de professores.

Neste capítulo, proporemos algumas visões alternativas que nos proporcionem pensar e ter ações afirmativas na direção de mudanças no *status quo* vigente na formação de escolares e licenciandos em Matemática.

Como discutimos anteriormente, a formação matemática de estudantes e professores tem sido influenciada, até os dias atuais, pela Matemática do matemático. Essa perspectiva vai sendo mantida porque, mesmo com a escola caminhando para mudanças no sentido de se atualizar, buscando projetos pedagógicos e metodologias de ensino inovadoras, ela esbarra numa tradição de formação matemática que, no fundo, tenta, bravamente, garantir o espaço de trabalho dos matemáticos que não conseguiram fazer pesquisa.

Por este motivo, entendemos que foi necessário apresentar todas as caracterizações anteriores – Matemática do matemático, Ensino da Matemática, mateólogo – a fim de explicitar a gênese das concepções que fundamentam seu discurso sobre ensino baseado no senso comum e no achismo ingênuo, mas sustentada pela comunidade de matemáticos, como se isso fosse garantia de validação.

O que procuramos defender não é simples: destruir as pontes que nos conectam à tradição, que muito têm de falaciosas, mas que possuem, do seu lado, a força política e uma estrutura muito bem montada para manter seu poder. Por exemplo, recordamos que a Capes vê na Sociedade Brasileira de Matemática uma instituição que pode cuidar da formação continuada de professores – o que seria risível se não fosse trágico.

Assim, buscaremos esclarecer, a partir de agora, alguns dos pontos centrais que devemos considerar para podermos caminhar em direção a uma proposição alternativa à perspectiva de se educar para a Matemática no universo que delimitamos para os nossos propósitos: repensar a Matemática escolar e a Licenciatura em Matemática.

As respostas às várias de nossas indagações como professores, ao longo de anos, visam entender quais são as questões sobre nossa prática docente que clamam por mudanças e que precisam ser efetivadas numa tradição que não mais se justifica no século XXI. Obviamente, nossas respostas não são encontradas na própria matemática – como os mateólogos querem acreditar –, muito menos podemos encontrá-la a partir de nada do que foi dito até agora.

Na verdade, muito do que discutimos até este momento deve ter causado ao leitor mais afastamento de sua zona de conforto, construída na tradição em que ocorreu sua formação, do que em um entendimento que lhe faça mover em direção a um projeto de transformação. Por este motivo, começaremos a esclarecer alguns pontos da nossa discussão e lançar alguma luz ao caminho que pretendemos trilhar discutindo o X, o Y e o Z da questão relativos aos nossos posicionamentos e tomadas de decisão. Para isso, retornaremos ao que acreditamos ser o início.

O X da questão: O que é a Matemática?

Muitos especialistas e grande parte das pessoas comuns associam a Matemática àquilo que é produzido, dito e utilizado *exclusivamente* pelos matemáticos e, como consequência, que ela é, indubitavelmente, o que os matemáticos fazem. Com isso, reduzem toda matemática produzida historicamente e dentro de diferentes culturas, ao que designamos de a Matemática do matemático. Dizer isso, em outras palavras, é dizer que, por exemplo, resolver problemas matemáticos se reduz a resolver problemas internos da Matemática pura e esta visão se materializa nos livros didáticos, nos processos de ingresso nas universidades e em todos os lugares em que a Matemática está presente.

Esse discurso aparece de diferentes maneiras e em lugares diferentes, como nos indicou Baldino, que colecionou várias frases ditas por conferencistas em eventos ou em conversas informais com colegas de trabalho nos departamentos de Matemática e mencionou em seus artigos algumas delas: "A Matemática é a Matemática e quem entende dela são os matemáticos"; "Matemática é o que o matemático faz quando ele diz que está fazendo Matemática"; "Nada pode surgir como Matemática no mundo a não ser que se submeta a esta forma"; e "Nada pode surgir na Matemática que não seja submetido à forma atual".

Parece oportuno mencionar, para efeito de registro, que a partir da leitura de falas com estas, dos estudos desenvolvidos em sala de aula, da reflexão sobre a Matemática e a partir de seus pressupostos teóricos, os Cabraldinos, no artigo intitulado *Educação matemática conversando com a psicanálise* (2010), refletem sobre à questão "O que é a matemática?":

> No seminário 17 Lacan nos diz que o significante pode representar tudo, exceto a si mesmo, e que é preciso violar esse *postulado inicial* para que o discurso matemático se inaugure. Ele diz precisamente que "a matemática só pode ser construída a partir do fato de que o significante é capaz de significar a si mesmo. O A que vocês escreveram uma vez pode ser significado por sua repetição de A" (Lacan, 1992, p. 84). Ou seja, a fórmula da identidade simples, é o marco inicial da matemática. É claro que essa identidade expulsa o sujeito, nenhuma significação decorre se um sujeito se fizer representar pelo significante A perante A. Porém, fazer-se representar por essa identidade, proclamar "obviamente A é A" ou ainda "A = A é uma lei básica do pensamento", essa representação do sujeito através da identidade é plena de significados. Hegel dá o exemplo: "Deus é Deus". O efeito de tal representação é remeter a interlocução para fora do domínio simbólico, diríamos nos, para o domínio da ideologia (Cabral; Baldino, 2010, p. 624).

Fazendo menção à Matemática dos matemáticos, os autores interrogam: "Respondemos, então, a terrível questão: o que é a Matemática?"; e concluem: "A Matemática é o discurso em que A = A funciona como S_1[1], e o matemático é aquele que se faz representar por esse novo significante inaugural A = A. Fabrica-se um significante novo a partir de antigos – é isso que caracteriza a matemática do século 20" (*Ibidem*, p. 625).

Sobre esta caracterização, recordamos a frase de Baldino, que nos parece ser um bom fechamento para esta discussão. Em suas palavras: "A matemática do matemático é o esforço milenar de evitar o deslize do significado sob o significante[2]".

Em nossa busca por uma caracterização, seguiremos por um outro caminho alternativo, e observando as falas anteriores colecionadas por Baldino, recordamos o comentário de Lins sobre o processo de depuração da Matemática:

---

1 S_1, segundo os Cabraldinos, "é o significante do mestre; é o traço unário que significa "aqui há significado".

2 Esta frase foi confirmada com o seu autor em trocas de *e-mails* em maio de 2023.

> Antes deste longo e lento processo nos séculos XIX e XX, a Matemática não era "pura", não era do "matemático". Ela servia a quem dela precisasse, astrônomos, comerciantes, diletantes, gente querendo ganhar dinheiro em duelos "matemáticos" com outros (os algebristas italianos da Idade Média). E teólogos escreviam contra o absurdo do Cálculo (Bispo Berkeley) e se falava de funções contínuas por referência ao movimento contínuo da mão, traçando uma curva no papel sem tirar o lápis da superfície. De um certo modo exagerado, era como é a educação hoje: todo mundo se sentia autorizado a dar palpite (Lins, 2005, p. 99).

Na continuação, o supracitado autor indica a passagem que revelamos em detalhes no processo de depuração da Matemática e que chegou ao ensino pelos pressupostos do *Ensino da Matemática*:

> Hoje não. A matemática foi profissionalizada – supostamente em nome de seus assuntos internos, questões de precisão e rigor -, e ficou estabelecido quem é que pode falar disso *propriamente*. Não é à toa que Jean Dieudonné – João Dado-por-Deus, famoso matemático francês, um dos membros do movimento Bourbaki – disse que se deveria perguntar aos matemáticos o que é realmente importante ali e de que modo, pois apensas assim poderíamos aspirar a uma instrução matemática com *alguma qualidade*, do *primário à universidade* (*Idem*, destaques do autor).

E este é o tema principal desta seção: desconstruir esse discurso destruindo essa ponte que nos conecta a tal pressuposto. Pois, como indicaremos, esta premissa – a Matemática é o que os matemáticos fazem, dizem e a utilizam – não é verdadeira, nem do ponto de vista histórico, nem se alargarmos nossos horizontes para incluir a prática de diferentes profissionais que trabalham com a Matemática. E essa compreensão tem sido a causa de muita dificuldade, problemas para escolares, licenciandos e as pessoas em geral, que foram excluídas ou se autoexcluíram da possibilidade de organizar sua atividade humana e profissional pela Matemática, por não se sentirem podendo falar a partir do discurso do matemático.

As consequências do discurso que sugere que Matemática é a Matemática do matemático tem outras sérias implicações, pois esta mensagem (muitas vezes implícita ou subliminar), apresentada aos licenciandos em Matemática, acaba, no futuro, por tirar o sono de muitos professores dedicados e sérios à sua tarefa de ensinar ao se questionar: "Que Matemática ensinar?". Esta pergunta surge naturalmente quando colocadas juntas a formação que esse professor obteve na universidade (quase que exclusivamente pela via da Matemática pura) e a sua experiência em sala de aula com os estudantes na escola, que em nada tem a ver com aquela Matemática.

O que devem ensinar e o como ensinar salta aos olhos rapidamente quando o professor entra na escola e se depara com as dificuldades de aprendizagem dos estudantes e com o desinteresse pela Matemática que não sabem por que estão a estuda-la. Estas são exatamente as questões para os quais os matemáticos, os mateólogos e a Matemática pura não os prepararam para resolver em sua prática docente.

Se olharmos da perspectiva dos autores de livros didáticos de Matemática, formados também pela mesma tradição do *Ensino da Matemática*, percebemos o esforço que desprendem para relacionar esses dois mundos que têm a matemática como objeto de ensino: a do matemático e a escolar. Toda confusão é gerada pelo embate entre uma formação matemática pura acadêmica e a constatação de que, para ensinar Matemática na escola, a concepção do *Ensino da Matemática* não se sustenta.

Em conflito, tanto os autores quanto os professores procuram fazer o melhor dos dois mundos e, muitas vezes, pioram sobremaneira o ensino ao optarem por fazer o que, nos termos linsianos, foi denominado de abordagens facilitadoras; por exemplo, ensinar números inteiros a partir da ideia de temperatura. Esta estratégia didática equivocada é fruto da tentativa desesperada de apresentar aos alunos um caminho alternativo para a aprendizagem da Matemática escolar é, também, um dos fortes indicativos do fracasso do livro didático como um material de apoio ao professor.

O problema dos professores de decidir que Matemática ensinar – visto pela ótica do mateólogo, parece nem fazer sentido ser discutido, pois a resposta sempre existiu, considerando sua certeza inabalável de que Matemática é sinônimo de matemática pura, seu objetivo já está posto – é o estudo da Matemática pela Matemática.

Por outro lado, no interior da área da Educação Matemática, essa questão não passou despercebida e tem sido uma discussão de interesse de muitos pesquisadores. Assim, em um determinado momento, surgiu uma possibilidade alternativa à visão do *Ensino da Matemática* e seus conteúdos estanques, a partir da caracterização de Etnomatemática apresentada por Ubiratan D'ambrósio. Essa proposta continha, na visão de alguns pesquisadores, a ideia e a possibilidade de se falar de "outras" Matemáticas.

Nosso entendimento sobre esta segunda perspectiva é de que a informação mais importante que ela trouxe à discussão, mas que já deveria ser do conhecimento de todos – pois já era do conhecimento dos antropólogos – é que a Matemática é um produto cultural. E focar neste ponto esclarece muita coisa, como veremos. (Para os detalhes, veja o Anexo 2).

Na gênese dessa discussão, pelo menos para as propostas de ensino e aprendizagem da Matemática, há uma precedência que, ao nosso ver, passa por esclarecer o X da questão: O que é a Matemática?

Porém, é preciso advertir o leitor que a resposta a essa questão não tem o interesse de ter uma abrangência universal, fora das questões mais amplas que nos interessam discutir: a formação matemática de escolares e licenciandos. Ela trata, pois, de uma definição de trabalho, para atender aos nossos fins. Faremos isso apresentando três teses[3] que se complementam e apontam para decorrências

3 Nossa primeira tentativa de colocar nossos argumentos junto às teses tornaram o texto muito longo. Por este motivo, optamos por redigir a sustentação dos nossos argumentos em dois anexos: Anexo 1 e Anexo 2.

importantes para uma visão alternativa das referidas questões no foco de nosso interesse. São elas:

Tese 1: O processo histórico de desenvolvimento da Matemática *evidencia* que:

(i) houve (há) *produtores* de Matemática que não *exclusivamente* os matemáticos: por exemplo, físicos, engenheiros, geógrafos e cientistas da computação;

(ii) houve (há) *falantes* e *pensadores*, a partir da Matemática, educados matematicamente, que não *exclusivamente* os matemáticos: por exemplo, professores, filósofos e historiadores da Matemática e da Ciência;

(iii) houve (há) *usuários* da Matemática que não *somente* os matemáticos: por exemplo, arquitetos, todo o tipo de *designers*, astrônomos, economistas, contadores, feirantes, carpinteiros e os cidadãos comuns em geral.

Poderíamos defender nossa tese seguindo por diferentes caminhos. Por exemplo, seria possível discutir a visão etnocêntrica de Matemática que a comunidade dos matemáticos tenta impor, discordando dessa perspectiva, lembrando que, como observou o antropólogo brasileiro Everaldo Rocha:

> Etnocentrismo é uma visão do mundo onde nosso próprio grupo é tomado como centro de tudo e todos os outros são pensados e sentidos através dos nossos valores, nossos modelos nossas definições do que é existência. No plano intelectual, pode ser visto como a dificuldade de pensarmos a diferença; no plano afetivo, como sentimento de estranheza, medo, hostilidade, etc. (Rocha, 1994, p. 7).

Ou poderíamos seguir pelo caminho trilhado pelo educador matemático Rodolfo Chaves, fazendo uma leitura associando a Matemática do matemático ao positivismo. Em suas palavras:

> A matemática segundo o positivismo, por ser a mais simples e abstrata, configura-se como a gênese da taxonomia hierárquico-evolutiva das ciências, que em sua macroestrutura de construção teórica, sustenta-se, em uma tríade reducionista que imobiliza as ideias em quadros e classificações que levam a ideia do saber acabado (Chaves, 2004, p. 100).

E, na continuação, o pesquisador comenta:

> O paradigma de cientificidade positivista busca legitimar o saber que produz, como o único que tem autoridade, defendendo que o poder pertence a quem possui o saber, contrapondo-se ao referencial foucaultiano, onde 'todo saber é político' e 'o poder, longe de impedir o saber, o produz' (*Ibidem*, p. 101).

Ou ainda, como optaram alguns educadores e educadores matemáticos, fazendo uma inserção pela Filosofia da Matemática. E, por essas vias, validaríamos nossos argumentos em favor do rompimento que estamos propondo com o caráter hegemônico da Matemática do matemático[4]. Porém, optamos por um caminho alternativo dentro das nossas possibilidades de diálogo com o professor e com os educadores matemáticos e porque será mais operacional aos nossos propósitos.

A alternativa metodológica que usamos para formular esta tese se baseou, então, nos elementos constitutivos do que denominamos produção de significados – discutido na introdução – entendida como modos de dizer ou modos de se expressar que consideram que os objetos estão sendo constituídos pelos sujeitos históricos que possuem uma maneira singular de operar e que essa maneira de operar ocorre segundo uma lógica.

Recordamos que denominamos *objetos*, na perspectiva linsiana, as coisas (noções matemáticas, por exemplo) sobre as quais podemos dizer algo e dizemos e a partir do qual os diferentes sujeitos falantes de Matemática podem *operar de maneiras singulares*, querendo dizer que o termo operar significa o que o sujeito faz

4 Uma visão alternativa foi apresentada por Martins (2005), ao discutir sobre as revoluções científicas em Matemática.

com esses objetos e a *lógica da operação* é o que garante o que ele pode fazer com tais objetos. O pressuposto é que toda operação é realizada segundo uma lógica[5].

Como vimos, na Matemática do matemático os objetos são, por exemplo, números (como elemento de uma estrutura algébrica), funções, estruturas, métricas, continuidade/descontinuidade, superfícies, categorias, dualidade, invariantes. As operações são as mais diversas – derivação, integração, verificar se são isomorfas as estruturas, os espaços e outros objetos – e a lógica dessas operações são, como vimos, garantidas pela lógica matemática, a Teoria dos Conjuntos e as provas matemáticas baseadas no padrão de rigor vigente.

Com este olhar, identificamos que, do ponto de vista histórico, usando as denominações atuais, por exemplo, os físicos foram e são produtores de Matemática e que operaram e operam de maneira diferente dos matemáticos. E não aceitamos designá-los também de matemáticos como fazem vários historiadores da ciência; eles são físicos produzindo matemática.

Isaac Newton, por exemplo, imerso em problemas físicos, criou a ferramenta chamada cálculo para resolver seus problemas de investigação em Física. De modo inteiramente análogo, o arquiteto Girard Desargues lançou os fundamentos da geometria projetiva, e o cartógrafo e geógrafo Gehard Mercator produziu a noção geométrica, que levou ao conceito de projeção cilíndrica.

Seguindo esta linha de raciocínio, encontraremos uma riquíssima produção matemática original ao longo da história desenvolvida pelos astrônomos, nos estudos sobre geometria náutica, na engenharia, na matematização das relações comerciais e bancárias ao longo do tempo e, mais tarde, com o surgimento da estatística e a economia. Mas, por que toda essa produção matemática é desconsiderada?

A resposta a esta pergunta se sustenta baseada na constatação de que esses outros profissionais foram identificados com um pensar, com um fazer e com

5 Estamos aqui utilizando os constructos do Modelo do Campos Semânticos proposto por Lins (2012).

demandas diferentes daquelas dos matemáticos por constituírem objetos diferentes, por não operarem da mesma maneira como os matemáticos operam quando fazem e falam de Matemática e por usarem lógicas diferentes (e muitas vezes inaceitáveis) pela ótica dos matemáticos. (Para os detalhes, veja Anexo 1).

Seguindo mais além nessa linha de raciocínio, podemos afirmar também que existiram e existem falantes de Matemática, pensadores que estudam a Matemática e usuários de Matemática que não os matemáticos. São eles, os filósofos (em particular os lógicos e filósofos da Matemática), os professores que ensinam a disciplina e muitos outros profissionais.

Assim, quando olhamos para todo o processo histórico de emergência da Matemática desde a Antiguidade aos dias atuais, observamos que os projetos de Euclides, Hilbert e Boubarki são locais e aconteceram internamente a um desenvolvimento, obviamente não linear, muito mais abrangente em todos os sentidos do que o referido processo de depuração da Matemática, o qual levou à constituição da Matemática pura. Logo, a Matemática do matemático é uma parte do processo de emergência e desenvolvimento da Matemática (produto histórico e cultural) e, portanto, *não pode ser entendida como sendo o processo global.*

Portanto, achamos legítimo considerar o incontestável entendimento de que o processo de constituição e desenvolvimento do que veio a se chamar *A Matemática* se deu pela mão de diferentes sujeitos (historicamente situados), com diferentes profissões e, consequentemente, resolvendo diferentes problemas, tais como, os estiradores de corda ou agrimensores, os engenheiros, os filósofos, os artistas, os astrônomos, os matemáticos, os comerciantes, os físicos, entre outros e sendo de diferentes etnias e lugares contribuíram e contribuem para o seu desenvolvimento. Portanto, os objetos por eles constituídos, a maneira de operar e a lógica das operações *não foram e não são as mesmas daquelas praticadas pelos matemáticos puros* (especialistas surgidos nos séculos XIX e XX, fruto do processo de depuração).

Para os nossos fins, esse entendimento nos leva a considerar que o ensino da Matemática escolar e a formação de professores que ensinam matemática não pode ser reduzido à discussão *de um único modo de produção de significados* – a da Matemática do matemático – e, sim, se abrir aos diferentes e ricos modos de produção de significados que *A Matemática* possui e que são exatamente aqueles que a Matemática pura se afastou. Esta compreensão nos leva a concluir que o caminho que devemos fazer no projeto de educar matematicamente é o sentido oposto daquele que seguiu a trilha Euclides-Hilbert-Bourbaki. Precisamos restabelecer a relação íntima que *A Matemática* sempre possuiu com as outras áreas de conhecimento e com as diferentes atividades humanas que a usam como ferramenta.

Essa perspectiva nos leva à:

Tese 2 – *A Matemática* é o nome de um texto – produto do processo histórico e cultural – escrito por diferentes sujeitos em diferentes culturas e em contínuo acréscimo diário de novas informações, incorporando novos objetos e novos modos de operar, segundo novas lógicas.

Quando consideramos o caminho percorrido por todos aqueles que *produziram, utilizaram, pensaram e falaram* a partir do que veio a ser rotulado como *A Matemática*, observamos a riqueza de modos de falar, de usar e de produzir significados para esse objeto a partir das mais variadas demandas. Assim, por *A Matemática*, designamos todos os *modos possíveis de produção de significados* para este texto.

Como consequência desta caracterização, quando dissermos *pensamento matemático, conhecimento matemático, significados matemáticos, noções matemáticas*, esses termos *não* se reduzem à concepção dos matemáticos e nem se refere exclusivamente à Matemática do matemático, como a caracterizamos. Eles dizem respeito a todos os modos de produção de significados presentes em *A Matemática.*

Além disso, nossa caracterização de *Matemática* afirma que ela é um produto de um processo cultural que, para indicar uma leitura dessa afirmação, sugerimos aquela expressa pelo antropólogo Leslie A. White, quando escreveu:

> *A matemática é, obviamente, uma parte da cultura.* Todo povo herda de seus predecessores, ou vizinhos contemporâneos, junto com maneiras de cozinhar, casar, adorar, etc., maneiras de contar, calcular e tudo mais que a matemática faça. A matemática é, de fato, uma forma de comportamento: as respostas de um tipo particular de organismo primata a um conjunto de estímulos. Se um povo conta por cinco, dez, doze, vinte; quer não tenha palavras para números cardinais além de 5, ou possua as concepções matemáticas mais modernas e altamente desenvolvidas, *seu comportamento matemático é determinado pela cultura matemática que os possui* (White, 2006, p. 308, destaques nossos).

Alternativamente à perspectiva apresentada por White, preferimos trocar na citação o termo 'comportamento' por 'modos de produção de significados', alterando nosso destaque nos seguintes termos: *seu modo de produção de significados é determinado pela cultura ao qual está imerso.* Porém, essa questão é menor frente à perspectiva que ele apresenta sobre a matemática. Esse entendimento nos retira das mãos dos platônicos – para quem a Matemática é uma pedra bruta, que é descoberta e lapidada pelo matemático (uma mente única e solitária) – e dos formalistas – para quem a Matemática é uma criação humana levada a cabo por eleitos, consistindo de símbolos formais ou expressões que são manipuladas de acordo com regras ou convenções pré-fixadas. Assim, a perspectiva da Matemática como sendo cultural nos apresenta um outro ponto de partida. (Veja Anexo 2).

Nessa direção, nossa tese possui confluência com a perspectiva sobre a matemática apresentada por Ole Skovsmose e Paolo Valero ao afirmarem que:

> (...) a matemática não pode ser vista como a "Rainha das Ciências", nem ficar adormecida no limbo da neutralidade, associal, amoral e apolítica. Não pode ser concebida independentemente das pessoas que a criaram e usaram num processo histórico e social – nem pode ser separada dos valores, intenções e interesses das pessoas (Martin, 1997), nem pode ser destacada do contexto de análise social onde cresceu, ou das estruturas histórico-sociais que lhe deram poder. (Skovsmose; Valero, 2002, p. 13)

E, na continuação, com respeito ao nosso entendimento sobre o processo de mudança e evolução que passa a matemática ao longo do tempo com implicações para o seu ensino, eles acrescentam:

> Porque a matemática de nossos dias é muito diferente da que era há 50 anos, está em constante evolução, tal como estão as suas funções sociais; é importante que a educação matemática [sic] ajude a identificar os possíveis papéis e funções diferentes da matemática, à medida que a sociedade avança e se torna mais complexa. (*ibidem*, 14)

Observamos ainda que dizer que a Matemática é um texto possui implicações importantes para os processos de ensino e aprendizagem no seguinte sentido: isto quer dizer que é algo que foi produzido pelas mãos de diferentes sujeitos (os autores), os quais produziram significados ao redigir esse texto [matemático] e que, portanto, sabem falar a partir dele, constituir seus objetos, operar com eles.

Por outro lado, para qualquer aprendiz, tenha ele o nível de instrução que tiver – da criança ao pesquisador –, o texto se apresenta como um *resíduo de uma enunciação* dos sujeitos históricos (seus autores). Portanto, é preciso aprender a falar, a produzir significados a partir desse resíduo de enunciação que se apresenta, o que envolve a constituição dos objetos, modos de operar e lógicas presentes naquele texto.

Assim, conhecer *A Matemática* – uma questão epistêmica – necessita de oralidade, de diálogo, de interação entre os sujeitos humanos. Dito em outras palavras, *A Matemática* não se constitui, necessariamente, como conhecimento para o leitor (o aprendiz), que a partir da sua leitura fará emergir os seus e os diferentes modos de produção de significados (matemáticos ou não) para aquele texto. Essa afirmação nos leva à próxima tese.

Tese 3 – A Matemática do matemático e qualquer outra Matemática que se institucionalize com modos de produção de significados específicos, locais, delimitados, isto é, com objetos, modos de operar e lógicas particulares, constituiu-se em um "subconjunto próprio" de *A Matemática* e não outras matemáticas.

A *Matemática*, entendida como produto histórico e cultural, em permanente elaboração de ideias, usos e produção científica, obviamente incorpora também o processo de depuração da Matemática, isto é, ela abrange todos os modos possíveis de produção de significados para o texto matemático.

Como consequência, a Matemática produzida ou utilizada[6] por qualquer grupo social ou profissional específico, estará naturalmente incorporada como *um dos* modos possíveis de produção de significados e não *o único* modo hegemônico, como alguns matemáticos querem fazer entender. Nesses termos, *a Matemática do matemático* é *um subconjunto* (próprio) da *Matemática*.

Como exemplo, também podemos identificar como um subconjunto próprio da Matemática, a Matemática do engenheiro (com os objetos do mundo físico), caso seja requerido ou estabelecido por eles. Do mesmo modo, podemos incorporar aos possíveis subconjuntos desse produto histórico e cultural a Matemática do escultor, tendo o barro e suas formas possíveis – com sua geometria própria – como objeto e onde o conhecimento envolvido é o saber-fazer da Epistemologia.

Se considerarmos mais especificamente no pensamento geométrico como parte do pensamento matemático, podemos considerar a geometria do cabelereiro, cujo objeto cabelo tem como maneira de operar o *design* do corte com base no tipo de rosto da pessoa. A lógica da operação depende do tipo de cabelo e se o que se quer fazer é dar mais volume ou retirar volume do cabelo, ou procurar por cortes com angulações corretas produzindo a necessidade de uma "geometria do corte de cabelo", muito mais adequada a este modo de pensar e operar do cabelereiro do que a geometria euclidiana, na sua visão axiomático-dedutiva. Isto é, em cada caso particular, temos que saber com clareza quais são os objetivos e fins específicos envolvidos. Interseções entre esses subconjuntos naturalmente acontecerão.

---

6 Há colegas educadores matemáticos que criticam a visão de Matemática relacionada ao seu aspecto utilitário. Entendo que só esta visão da Matemática é, de fato, reducionista. Porém, essa perspectiva é menos problemática do que aquela proposta pela Matemática do matemático, que propõe que ela é a rainha das ciências. Para a maioria dos profissionais e pesquisadores não-matemáticos, Matemática é uma ferramenta e não tem um fim em si mesma. Por este motivo, a inclusão de sua visão utilitária é pertinente.

Dentro desta perspectiva, a Matemática escolar se insere nesse contexto quando perguntamos qual Matemática devemos ensinar para os estudantes, viventes do século XXI e como ela se encaixa no projeto maior de uma educação escolar. Como consequência, a formação matemática do futuro professor deverá ser pensada a partir das demandas utilizadas para formar esses estudantes. Com esta afirmação, queremos explicitar nossa posição de que a formação de professores não pode e não deve ser pensada e elaborada de maneira autônoma, desvinculada das demandas da formação dos estudantes da Educação Básica e da proposta mais ampla dessa educação escolar.

Além disso, não podemos perder de vista que nem todos terão interesse ou possibilidade de seguir para a formação profissional pela via acadêmica. Portanto, devemos levar em consideração uma Educação Matemática escolar para todos, no plano do ensino público, mesmo que esteja claro que esta ação política pode não interessar a todos.

O Y da Questão: A formação inicial e continuada de professores

O lado A da formação de professores no interior da Licenciatura em Matemática diz respeito à formação matemática e o lado B resulta na formação didática e pedagógica. O lado A dessa formação tem o seu foco na educação para a Matemática, e está dedicado majoritariamente ao ensino de disciplinas de Matemática pura. Nesta estrutura curricular existe pouco espaço para a Matemática que o professor ensinará na escola, porque quem elabora os currículos a considera básica demais para ser objeto de discussão e interesse; além de ser algo que o professor já deveria saber quando chega ao Ensino Superior. Mas, se analisamos mais de perto a situação, vemos que a razão para isto reside no olhar do matemático, que está exclusivamente sobre a sua Matemática.

Nossa experiência com este tipo de formação matemática nos leva a concluir, a partir de que tudo o que apresentamos e também fruto de nossa experiência como docente que: *quanto mais emergimos o futuro professor na formação proposta pelo Ensino da Matemática com suas concepções, práticas e discurso, mais o afastamos da sua prática profissional.*

Existem dezenas de argumentos que corroboram nossa tese vindos da prática. Por este motivo, não sentimos necessidade de argumentar a favor de nossa afirmação. Apenas recordar que as crianças, em geral, costumam gostar de Matemática até o 5º ano do Ensino Fundamental. A partir desta fase ocorrerá várias mudanças em sua vida escolar, como saída do Ensino Fundamental I para ingressar no Fundamental II. Neste momento, as crianças passarão a conviver com vários professores de diferentes disciplinas, que serão docentes formados nas licenciaturas. Muitas vezes, seu/sua professor(a) de Matemática não terá a mesma sensibilidade e tato para entender as suas demandas emocionais, afetivas e cognitivas, quebrando um processo muito bem iniciado por seus/suas professores(as) dos Anos Iniciais. Na verdade, muitas vezes, estes professores, pela formação que receberam, se encontram mais aptos a ensinar na universidade, pois sua prática se aproxima muito da de seus professores universitários.

Assim, o ponto que destacamos neste momento, fruto de toda a discussão anterior, é nossa renúncia total à crença que a boa formação para o professor de Matemática é uma educação para a matemática, cujo objetivo é formar o futuro matemático para a pesquisa e também de uma formação didática e pedagógica dissociada do objeto Matemática.

O ponto alto dessa formação, conduzida pelo mateólogo que não percebe a fronteira entre a atividade de ensino e de pesquisa, proporciona ao sistema de ensino universitário um alto índice de reprovação e consequente retenção dos estudantes da Licenciatura por causa de disciplinas matemáticas que possuem papel secundário em sua formação.

Assim, enquanto o sistema escolar brasileiro se ressente da falta de professores em exercício, com uma deficiência expressiva em todo o território nacional, a comunidade dos matemáticos vai garantindo seu espaço fora da pesquisa para aqueles que não tiveram jeito para a investigação (seguindo para o ensino e para as universidades), ao passo que o governo federal – que é conivente com este *status quo* – continua assistindo a formatura de número inexpressivo de professores retidos em sua formação por uma injustificável formação matemática.

A fim de avançar para além da proposta veiculada pelo *Ensino da Matemática* vigente – que descartamos de imediato - para a formação de professores nos perguntamos: o ensino da Matemática pura é *fundamental*, *suplementar* ou inteiramente *descartável* na formação inicial e continuada de professores?

Uma *formação* ou *abordagem fundamental* deve ser entendida no sentido usual que o termo fundamental possui nos dicionários: "(...) que serve de fundamento; básica, essencial, necessária". E uma *formação* ou *abordagem suplementar* também deve se associar ao sentido que o termo suplementar quer dizer: "(...) uma ampliação adicional, que acresce alguma coisa".

Dizer que a Matemática pura é descartável em uma proposta de formação matemática do professor *não é uma opção* nossa, pois, ao propor esta alternativa, estaríamos indo contra nossas próprias concepções epistêmicas, em que nosso pressuposto é ampliar os modos de produções de significados dos professores; nunca os reduzir. Isto nos levaria a excluir um dos modos de se produzir significados para a *Matemática* – o que é completamente diferente de aceitar um modelo hegemônico e doutrinador.

A concepção que defendemos é expressa por Lins da seguinte forma:

> O centro da atividade profissional do professor, seja de qual disciplina for, é ler os alunos e tomar decisões sobre o que está acontecendo e como seguir. E é por isso que vou defender que disciplinas de Matemática "avançada" têm um potencial único na formação de professores de matemática, desde que não sejam entendidas em si mesmas, apenas como "de conteúdo" (Lins, 2005a, p. 120).

Ele então esclarece seu argumento ao dizer:

> (...) a matemática do matemático oferece uma oportunidade única de viver o estranhamento peculiar ao encontro com noções que contrariam em tudo o senso comum do cotidiano, da rua (...). É apenas ao se tornar sensível a este estranhamento, por tê-lo vivido como aluno-futuro professor, que o professor poderá ser sensibilizado para a necessidade de ler seus alunos sempre, ao invés

de apenas compará-lo contra um mapa do que deveria ser (*Ibidem*, p. 121).

Lins exemplifica o que disse com os seguintes exemplos:

> (...) se o infinito em si mesmo, já é algo estranho ao imaginário da rua, que dizer da afirmação de que há infinitos de tamanhos diferentes? Ou que há eventos que são possíveis, embora sua probabilidade seja zero? Ou que, para ficar no chão da escola, números inteiros (positivos e negativos) sejam classes de equivalência de pares de números naturais (...). Estas são coisas que povoam a Matemática do matemático, e só é possível produzir significados para elas com modos de pensar que são outros que não os da rua (*Idem*).

E para que o leitor não fique em dúvida sobre o que ele quer dizer, o pesquisador observa: "Ao levar o futuro professor a passear pelo jardim do Matemático, não o faço com a intenção de doutrinação, e sim com a intenção de permitir que eles experimentem a *diferença*" (*Idem*).

Argumentos como estes sugerem que não estamos totalmente no escuro quando pensamos em um caminho alternativo para a formação matemática de professores. Já temos concepções bastante claras sobre o ensino em Educação Matemática. Baldino, por exemplo, ao longo de seus artigos sugeriu, em minhas palavras, que "(...) a Matemática ensina-se ouvindo e aprende-se falando". Com isso, fundamentado na psicanálise lacaniana, coloca de ponta à cabeça os pressupostos do *Ensino da Matemática*. Esta perspectiva não ficou apenas no plano teórico, como uma ideia na cabeça; ela se tornou operacional e foi colocada em prática através da metodologia da Assimilação solidária em salas de aula do Ensino Superior.

Lins, a partir de outro referencial teórico, corrobora a frase assumida pelos Cabraldinos e, ao pensar a dinâmica de sala de aula tanto para a formação de professores quanto para a formação de escolares, pontua olhando para o aprendiz:

> Não sei como você é; preciso saber. Não sei também onde você está (sei que está em algum lugar); preciso saber onde você está para que eu possa ir até lá

> falar com você e para que possamos entender, e negociar um projeto no qual eu gostaria que estivesse presente a perspectiva de você ir a novos lugares (Lins, 1999, p. 85).

O que entendemos desta reflexão diz respeito a dois pontos centrais dos processos de ensino e aprendizagem: interação e intervenção. Como docente, ele sugeriu que é preciso a interação para que o processo se coloque em marcha, e que só com diálogo, escuta ativa e instrumentos de leitura das ações enunciativas dos alunos é que podemos intervir, por exemplo, em suas dificuldades de aprendizagem.

Portanto, com estes educadores matemáticos, vamos aprendemos como sair do senso comum do *Ensino da Matemática.*

Estes poucos vislumbres vindos de frases e citações destes pesquisadores nos sugerem que as concepções, práticas e discurso apontam para algo totalmente diferente do que ocorre no ensino acadêmico da Matemática pura, em cuja crença está a afirmação de que o professor precisa estuda-la para ter acesso aos fundamentos de sua profissão. Se for nesta perspectiva, ela não é de interesse, pois não faz parte de uma *formação fundamental* do futuro professor e não pode ser considerada como *formação suplementar*, no sentido de não ter potencialidade para ampliar seus modos de produção de significados.

Entendemos que a Matemática pura só servirá à formação de professores como *formação suplementar* se forem definidos seus objetivos e fins para atender às demandas de formação no sentido proposto por Lins.

O que precisamos inserir no currículo de maneira mais incisiva, para além da visão tradicional, são disciplinas que levem o futuro professor a vivenciar experiências com a Matemática que não são as do matemático, e que serão típicas da sala de aula, para que ele compreenda como legítimas, por exemplo, as justificações que as crianças e os adolescentes apresentam para suas resoluções dos problemas propostos, quando isso é feito a partir de desenhos, ou diagramas, ou argumentos não dedutivos, entendidos como sendo aquilo que eles podem dizer naquele momento.

Para exemplificar o que queremos dizer, consideremos a seguinte tarefa presente em Van de Walle (2009), proposta a escolares nos Estados Unidos: Dois acampamentos de escoteiros organizaram festas de pizza. O acampamento do *Urso* encomendou 2 pizzas para cada 3 campistas. O líder dos *Guaxinins* encomendou 3 pizzas para cada 5 campistas. Quais os campistas, do Urso ou do Guaxinim, têm mais pizza para comer?

Suponha que a seguinte resolução para a resposta de um dos seus alunos seja a que segue, comparando os dois grupos de campistas:

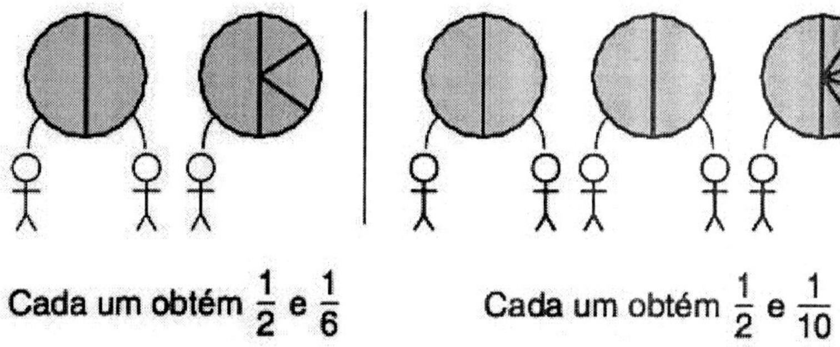

Fonte: Van de Walle (2009, p. 389)

Você aceitaria esta resposta como legítima? Se você foi formado na tradição do *Ensino da Matemática*, certamente ficará muito incomodado com esta resolução, já que não é aquela que você esperaria dos seus alunos. Assim, para um tradicionalista, este seria, no máximo, um rascunho de uma ideia que precisa ser formalizada.

Consideremos, agora, que uma aluna apresentasse a seguinte resolução para a resposta:

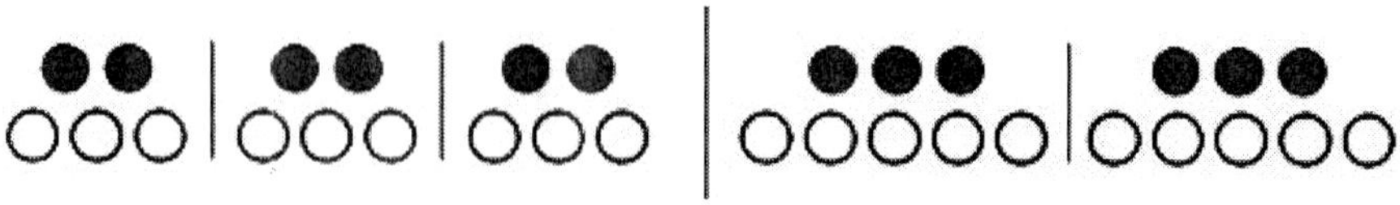

Fonte: Van de Walle (2009, p.389)

Muitos professores teriam dificuldades em aceitar estas respostas como sendo corretas e legítimas – que indicam que a turma A comeu mais pizza -, uma vez que, por sobre os seus ombros, ainda estão os mateólogos que os formaram dizendo que a resposta correta deveria ser formal, e que esses docentes foram formados pelo *Ensino da Matemática* e dominados pelas concepções platônica e formalista.

Falta a estes professores o entendimento de que aprender é um processo, que o aprendiz precisa de tempo para internalizar novos modos de produção de significados e que, no futuro, estes mesmos estudantes poderão dar uma reposta aritmética e/ou algébrica para a mesma questão. O que importa é que eles produzam seus próprios significados para o texto matemático, sem serem doutrinados na direção da Matemática pura.

Voltando agora nosso olhar para o professor em exercício, observamos que, para todos os lados que ele se movimente à procura de informações que o auxiliem a constituir sua visão de Matemática, do que é ensinar, de como ensinar, para quê ensinar, ele encontrará, na maioria das vezes, as concepções, as práticas e os discursos do mateólogo. E esta perspectiva, muitas vezes, se apresenta como mensagens subliminares[7] que acabam por levar às concepções platônica ou formalista.

Suponha, por exemplo, que nas suas férias, este professor, à procura de leitura, abra o livro *A Experiência Matemática* – título que deve ser lido como a experiência matemática do matemático – e encontre a seguinte afirmação dos seus autores, Philip e Reuben, ao discutirem o tema "Abstração como idealização", a partir de um exemplo:

7 O termo é referenciado aqui no sentido psicológico como um estímulo que não é suficientemente intenso para que o indivíduo tome consciência dele, mas que, repetido, atua no sentido de alcançar um efeito desejado.

> Um carpinteiro, usando uma régua de metal, traça uma reta, com um lápis, em uma prancha, para usá-la como guia, ao cortar a prancha. A reta que ele traçou é uma coisa física; é um depósito de grafite sobre a superfície da prancha física. Possui largura e espessura variáveis, e, ao seguir a borda da régua, a ponta do lápis reage às desigualdades da superfície da prancha e traça uma reta que tem desvios e asperezas (Davis; Hersh, 1985, p. 157).

Os autores continuam:

> Ao lado deste exemplo real, concreto, de uma reta existe a ideia mental da abstração matemática de uma linha reta ideal. Em sua versão idealizada, todos os fatos não essenciais e imperfeições do exemplo concreto foram miraculosamente eliminados. Existe uma descrição verbal de uma reta idealizada (*Idem*).

Trocando em miúdos, o que eles querem dizer é que a linha traçada sobre a prancha, do ponto de vista do matemático, não é uma reta. Uma reta é o que o matemático diz que é uma reta. E a questão aqui não é, nem de longe, sobre a discussão do concreto *versus* abstrato, caso o leitor pense nisso. Diz respeito ao fato de que, ao operar desta maneira, o que é reta passa a ter um único exclusivo significado, descartando todas as outras possibilidades. E este é um dos nossos pontos de ruptura com o Ensino da Matemática: tanto a Matemática escolar quanto a Matemática que formará o professor, por ser cultural, deverão incorporar os diferentes modos de produção de significados, inclusive aqueles vindos da rua – como propuseram Lins e Gimenez (1997) – e, inclusive, os significados do matemático de maneira não hegemônica.

Não podemos esquecer que estas mensagens foram historicamente veiculadas no Brasil, como discutimos anteriormente, e impostas ao ensino de Matemática pelo chamado Movimento da Matemática Moderna, cujos resquícios estão presentes até hoje no ensino.

Para ilustrar a limitação do discurso do matemático, imaginamos uma situação em que os autores do livro se encontram com um marceneiro – o Sr. James – que tinha se comprometido com o Sr. Philip Davis – que naquele momento estava acompanhado de sua colega Reuben Hersh – que iria entregar uma mesa a ele encomendada em um determinado prazo, que ele não conseguiu cumprir. O diálogo é o que segue:

Davis: Bom dia Sr. James, minha esposa está aflita esperando a mesa que pedi para o senhor fazer para ela. Temos a festa de 15 anos da nossa filha daqui a 20 dias.

Marceneiro: Bom dia, Doutor Davis! Nos lembramos do senhor outro dia aqui em casa. Meu filho, que o senhor conheceu no primeiro dia em que esteve aqui na oficina, encontrou um livro seu na livraria, comprou e até leu para mim uma parte que o senhor fala dos marceneiros.

Davis: Ah, que bom Sr. James! O meu colega Hersh e eu escrevemos o livro. Mas a mesa está pronta?

Marceneiro: Pois é, Doutor Davis, teve um problema. O senhor mesmo disse que o meu traçado aqui na marcenaria não é uma reta, porque a reta é uma idealização, não é? Aí, na hora que fui começar a fazer sua mesa, fiquei paralisado. Se a reta que eu traço na madeira não é uma reta e se... o tampo da mesa também não é um plano, o que eu deveria fazer, Dr. Davis? Eu atinei que eu não tinha ferramenta para fazer a mesa. Daí, mandamos um *e-mail* para a maior loja de ferramentas do mundo, que fica na Alemanha, e que o *slogan* deles é "Temos todas as ferramentas que existem e criamos aquelas que ainda não existem". E pedi para eles me mandarem, o mais rápido possível, um lápis ideal para desenhar retas e um serrote ideal para cortar retas e planos! Só estou aguardando o lápis e o serrote chegarem... Daí, em poucos dias, entrego a mesa.

O problema é que isso deixa de ser hilário no dia em que começamos a submeter futuros professores, que irão para a escola formar nossas crianças e jovens, a essas visões. Muito dessa perspectiva – que é *uma* visão das coisas – está ainda hoje nos livros didáticos e na fala de muitos professores.

Assim, é preciso desconstruir a impregnação das concepções da Matemática do matemático no que ela propõe em ser *o único modo de produção de significados para a Matemática*. Mas esse é o ponto difícil de romper com a tradição, pois ela está impregnada em nossa formação.

Quando analisamos os livros didáticos, por exemplo, fica bem perceptível a força da tradição matemática expressa pelos autores que, a nosso ver, vivem o conflito entre entender que a formação matemática dos escolares não pode ter a perspectiva do matemático em sua integralidade, e que o fato de que sobre seus ombros, eles – os seus formadores matemáticos – espreitam a sua redação do livro.

Deste conflito são produzidos os livros didáticos escolares que, ao herdarem muitas das características da visão do matemático em sua estrutura, se transformam numa péssima opção para os professores.

A estrutura dos livros didáticos é uma versão simplificada da estrutura do livro-texto escrito por matemáticos para o ensino na graduação das disciplinas introdutórias, constituídos por introdução, definição, exemplos e exercícios; ou abordando a combinação técnica/treino, obviamente, guardadas as devidas proporções para cada nível.

Outra característica muito marcante do livro didático é seu foco na algebrização de todos os assuntos matemáticos, a qual inicia no atual sétimo ano e contamina o texto até o final do Ensino Médio. Por exemplo, não existe na escola uma geometria que seja, mesmo que inicialmente, "geométrica"; ela já nasce algébrica e, na sequência, vêm as fórmulas e o resultado continua sendo uma Matemática escolar com concepções prontas e formalizadas.

O que queremos elucidar com estes comentários é que não adianta procurar por paliativos ou remendos na perspectiva do Ensino da Matemática: ou efetivamos uma mudança radical ou ficaremos presos ao *slogan* já mencionado anteriormente: "É preciso mudar tudo, para deixar tudo do jeito que está".

O Z da Questão: A formação matemática na Educação Básica

O fracasso do *Ensino da Matemática* na formação dos estudantes da Educação Básica é uma constatação inequívoca, e sua perpetuação se mantém, ao longo do tempo, pela disseminação de suas concepções, práticas e discurso, na prática letiva de muitos professores e pela mensagem que passam os livros didáticos, os quais acabam determinando o conteúdo e a forma de como ensinar Matemática. Pois, como esclareceu Lins: "Os livros didáticos são os grandes delimitadores daquilo que os alunos dizem que é 'Matemática'" (Lins, 1994c, p. 3).

As informações desse fracasso nos chegam por mensagens que evidenciam este *status quo* e que, na maioria das vezes, desconsideramos. Elas se apresentam de diferentes maneiras e situações, desde a conversa informal com pessoas que passaram pelo sistema escolar e que afirmam que, de tudo que estudaram, pouco ficou de aprendizagem e quase nada levaram para sua vida profissional, até as mensagens subliminares que chegam até nós por diferentes vias.

Elas surgem em nossas atividades diárias como, por exemplo, quando abrimos um jornal e nos deparamos com a tirinha de Watterson, mostrando que Calvin está sentado à mesa, com o livro de Matemática aberto, se preparando para estudar. Ele então argumenta com seu amigo, o tigre Haroldo[8]:

> **Calvin**: Acho que Matemática não é uma ciência, é uma religião.
> **Haroldo**: [em tom reflexivo] Religião?
> **Calvin**: Claro. Essas equações parecem milagres. Mágica Pura! A gente acredita ou não acredita.
> **Calvin**: [apontando para o livro] Para aceitar isto, é preciso fé. Claro que é religião.
> **Haroldo**: Talvez tenha razão.

---

8 A inserção desses comentários ao longo desta seção e neste capítulo é proposital, pois tem como objetivo nos aproximar do(a)s professor(a)s que estão na escola e que entendem que esta discussão é adequada para quem está formando crianças e adolescentes e para fazer o mateólogo se autoidentificar como tal quando achar que estas questões não interessam e que estamos "baixando" o nível da discussão.

Calvin: Como ateu, eu devia ser dispensado de Matemática[9].

Nesta mesma direção, Ziraldo[10], em uma palestra, afirmou com cinismo que foi só quando saiu da escola que aprendeu que fração é pedaço. E, mais uma vez, afirmamos que essas mensagens estão informando muita coisa e elas seriam hilárias se não expressassem o fracasso do nosso ensino de Matemática ao longo do tempo.

Mas o maior indicativo de que o ensino de Matemática sempre foi "mal das pernas" para a maioria das pessoas são as mensagens subliminares dos estudantes que, como crianças e adolescentes, não têm condições de enfrentar seus pais, professores, coordenadores e diretores para lhes dizer que não querem viver aquela experiência. Mesmo depois de adultas, as pessoas continuam enviando mensagens – como a dos cartunistas Watterson e Ziraldo, e também a pessoa que selecionou exatamente aquela tira – dizendo, das mais variadas formas, que é preciso mudanças.

Na verdade, para aqueles estudantes que não sofrem *bullying* durante a sua vida escolar, se não fosse pela convivência com os colegas, talvez a escola fosse um lugar insuportável, no qual as aulas de Matemática e o sofrimento que o seu estudo causa teriam uma contribuição enorme neste sentimento.

Diariamente, nossos alunos nos enviam mensagens que fazemos de conta que não as entendemos. Elas são do tipo: "Pra que mesmo serve isso que estamos estudando?", "Onde mesmo que vou aplicar esse negócio?". Essas perguntas são detestadas por muitos professores pela própria impossibilidade de uma resposta plausível, visto que toda proposta de ensino nunca foi apresentada ou discutida ou, ao menos, esclarecida para eles.

---

9 Tira de "Calvin e Haroldo" de criação de Watterson, no jornal O Estado de São Paulo, de 13 de abril de 1991.

10 Ziraldo Alves Pinto (1932-2024) foi cartunista, chargista, desenhista, dramaturgo, jornalista e pintor.

Mas este não é um mérito só da Escola: as universidades também fazem bem esse papel. Certa vez, lecionando na universidade para uma turma de Licenciatura em Matemática, durante um seminário sobre Geometria Espacial, estando na posição de ouvinte e sentado em uma carteira enquanto um dos alunos fazia sua apresentação, percebi que uma frase tinha sido entalhada na madeira do tampo da carteira, a qual dizia: "LEI DE SOBREVIVÊNCIA: não deixe o professor perceber que você existe".

Esta certamente é uma das frases mais impactantes e surpreendentes que tive acesso como pesquisador, supostamente registrada por um estudante universitário que buscava sobreviver no mundo acadêmico. Impactante por sua profunda lucidez do sistema de ensino universitário e surpreendente pela alternativa por ele encontrada, de passar invisível pela vida acadêmica, sem se expor, sem ter "existência" para seus docentes. Às vezes, quando penso nessa frase, me ocorre que, talvez, esse estudante anônimo tenha feito o registro na carteira por pura benevolência, tentando dividir com os colegas a sua grande descoberta de sobrevivência.

Essa frase, segundo meu olhar docente, só perde em impacto até hoje para a frase mencionada reiteradas vezes por crianças e adolescentes totalmente perdidos e sem perspectiva, direcionada às vezes para os pais, às vezes para os agentes escolares: "Tanto faz!". Essa enunciação me soa apavorante, como professor – e imagino que para um pai consciente também –, pelo simples fato dela romper com qualquer possibilidade de diálogo e negociação.

Por muito tempo, no período de doutoramento refleti e discuti com colegas professores e pesquisadores em conversas informais sobre o que poderia ser feito com o aluno que diz que não quer aprender, nem participar do processo de ensino (uma versão da afirmação "Tanto faz!"). A resposta que encontramos, depois de levar muito a sério a questão, foi que esta conduta do aluno impossibilita que os processos de ensino e aprendizagem aconteçam porque esses processos são, ou deveriam ser efetivados na interação e, portanto, são interdependentes. Se um dos lados não se propõe a participar do processo, não há o que fazer.

Sobre as duas frases, o que deveríamos considerar é: existe retorno para a relação professor e aluno – ou para pais e filhos – quando deixamos que as coisas cheguem a este ponto? Ou, caso estas expressões sejam entendidas como um pedido de socorro, pelo fato destes estudantes estarem totalmente perdidos, o que pode ser feito?

Mas, como sabemos por experiência própria – e todo estudante aprende ao longo de sua vida escolar – é que o que sempre vem como solução por parte dos gestores e professores não é a tentativa de entendimento, reconciliação e de resgate da relação, mas alguma repreensão, quer seja pela via da avaliação, quer pela via da depreciação pública para esclarecer quem está no comando, ou ainda, pela pior de todas as vias, a da indiferença. O pior disso tudo, é que eles – os estudantes e filhos – entendem essa mensagem que lhes foi enviada e vão ter que viver com ela.

Para sobreviver, tanto o personagem Calvin quanto o nosso autor desconhecido da frase, e também os filhos nas relações com seus pais, criam suas próprias táticas, no sentido proposto por Michel de Certeau, que nos ensina que ela, a tática, "(...) é a arte do fraco", "(...) é movimento 'dentro do campo de visão do inimigo' (...) e no espaço por ele controlado" (Certeau, 2014, p. 94).

No passado, ainda no século XX, a cola em provas, por exemplo, tão antigas no ensino foi uma das estratégias de sobrevivência do aluno em busca por aprovação em um sistema de ensino que tinha (e ainda tem) como objetivo selecionar os aptos, excluindo os que fracassam. Mas no século XXI, uma atitude discente parece estar surgindo, pois nem colar na prova para sobreviver nossos alunos estão interessados e estimulados a fazer.

Aliás, a avaliação é um caso à parte e que merece atenção especial, pois podemos questionar se aprender é um direito e se o principal propósito de ir à escola é um dever ou uma obrigação. Pois, se é um direito, por que a avaliação sempre é muito usada como instrumento de repressão e controle? Este é outro ponto a ser discutido em qualquer processo de rompimento com a tradição.

Os processos de ensino e aprendizagem, muitas vezes, são regidos por uma regra implícita que vigora de maneira satisfatória para alunos desinteressados e professores mal preparados: eu finjo que ensino e você finge que aprende.

Do lado do ensino, esta regra é levada a cabo por aulas de reprodução e treino que no desinteresse docente encontram supostos atalhos que dificultam ainda mais a aprendizagem da Matemática. E os alunos, por sua vez, se apegarão a essas concepções falaciosas e aprenderão a procurar sempre pelo caminho mais curto, por uma via que não demande esforço cognitivo. Mas, nesta situação, sempre quem leva a pior são os alunos, que pouco aprendem no momento mais propício de suas vidas. E, entre estes, os que pagarão a conta mais alta por este tipo de ensino são os não privilegiados financeiramente, que necessitam muito mais de uma formação de qualidade.

O impacto dessa formação matemática pode ser ampliado quando consideramos a regra mencionada, aplicada a toda a educação escolar, pode causar danos irreparáveis à formação geral dos estudantes, como Heimer há muito tempo comentou:

> Os não privilegiados, cujo ambiente doméstico é carente de recursos especializados fornecidos pela escola, não alcançam mais do que um relativo insucesso na escola, e logo a deixam com um sentimento de fracasso e uma convicção de inadequação, assim como um profundo desgosto pelos recursos especializados de educação dos quais são posteriormente privados. Os privilegiados, cujo ambiente doméstico é farto dos recursos especializados, que aprenderiam por si mesmo o que as escolas lhes ensinam, alcançam um relativo sucesso na escola, *que acaba por envolvê-los num sistema que os premia por aprenderem sem o exercício do esforço ou da iniciativa*. Assim, os pobres são privados tanto da motivação quanto dos recursos que as escolas reservam aos privilegiados. Estes, por outro lado, *aprendem a preferir os recursos escolares aos seus próprios e sacrificam o estudo automotivado pelo prazer de se deixarem instruir*. A minoria dos Einsteins e dos Eldridge Cleavers perde somente um pouco de tempo. A maioria perde sua principal oportunidade de adquirir uma educação (Heimer, 1975, p. 45, destaques nossos).

Sabedor desse estado de coisas, o educador matemático Romulo Campos Lins sempre afirmava que o papel do educador matemático deveria ser o de colocar na frente dos alunos tarefas (problemas, situações problemas) da maneira mais engenhosa possível, para que eles tivessem que demandar esforço cognitivo para resolvê-las. Afirmava, também, que o nosso papel não é facilitar a vida do estudante, mas exatamente o contrário. Para ele, ensinar de maneira adestradora, a partir da reprodução de informações prontas e acabadas como propõe o *Ensino da Matemática*, é fazer pouco pelos alunos. Por este motivo, Lins repudiava a proposta de facilitação em Matemática. Mas isso não deve ser entendido fora do contexto mais amplo, a partir do qual ele falava. Ele queria o melhor para os alunos.

Assim, se acostumarmos nossos alunos com a reprodução apenas de técnicas, com atalhos e com facilidades, não devemos esperar que, depois, quando for necessário, poderemos pedir a eles que sejam criativos, originais, imaginativos e autônomos; isso não vai acontecer. Por outro lado, se, desde o início, a proposta de ensino estiver fundamentada na não facilitação, na criatividade, na originalidade e na autonomia, as demandas que surgirem em sua vida, como se preparar para os vestibulares tradicionais e concursos (atividades que se prepara pela via do adestramento) não necessitarão mais do que uma adaptação àquela situação e as demandas que terão que atender.

Porém, se continuarmos na tradição fundamentada apenas na reprodução sem reflexão, com o tempo, muitos deles aprenderão a regra do jogo do ensino tradicional ainda vigente, os atalhos lhes indicam o caminho fácil e sem esforço cognitivo. O mais perverso, como Heimer indicou na citação anterior, é que tais estratégias antes usadas por questão de sobrevivência no sistema de ensino se transformam, depois, infelizmente e para muitos, em um meio de vida.

A ruptura com o *Ensino da Matemática* baseado no rastro de destruição que deixa na formação dos estudantes tem que levar todas essas questões em consideração e em conjunto. Com isto, queremos afirmar, novamente, que não adianta ficar remendando a estrutura vigente, nem tampouco manter a estrutura tradicional com a inserção de novos termos, como a proposta baseada em competências e habilidades.

O principal ponto de nossa ruptura com o *Ensino da Matemática* diz respeito à maneira como crianças e adolescentes devem aprender Matemática. Libertos do formato de uma teoria pronta e acabada, que na prática se reduz a aprender os métodos e as técnicas desconexas que tinham que reproduzir, nossa proposta futura sugere uma aprendizagem que envolva o desenvolvimento de um pensamento matemático e a total interação com todos os modos possíveis de produção de significados nos quais a Matemática se faz presente de modo interdisciplinar; a partir dos quais estes alunos aprendam em um ambiente de sala de aula efervescente, trabalhando ativamente em grupos que discutem suas ideias, se posicionam sobre as questões divergentes e produzem suas próprias definições (provisórias ou não) a partir do texto matemático.

A magnitude deste problema, em todas as suas dimensões – pedagógica, didática, cognitiva, afetiva, epistemológica –, as quais o *Ensino da Matemática* e seus disseminadores, os mateólogos, desconsideram e não saberiam como resolver, serão objetos de nosso estudo e investigação a partir do momento que colhemos e reunimos as informações que discutimos ao longo deste livro. A partir delas, formulamos perguntas diretrizes para nortear nosso trabalho e compartilharmos com o leitor. São elas: Por onde iniciar um projeto de reestruturação da Matemática escolar? Que Matemática ensinar na escola para estudantes que são habitantes do século XXI? Ou, mais detalhadamente: haveria uma outra maneira de organizar a Matemática escolar em oposição a uma educação para a Matemática presente na concepção do Ensino da Matemática e da proposta atual, presente em nosso documento oficial, baseada em competências e habilidades?

É importante ressaltar que tais questões são apresentadas com base no que discutimos neste livro, em que o objeto Matemática esteve no centro das discussões e, portanto, ainda não estamos incluindo todos os aspectos das dimensões supracitadas. Com esta perspectiva em discussão, indicaremos alguns pontos de esclarecimento baseados em nossa proposta de ruptura com a estrutura vigente e tendo em mente as perguntas acima expostas.

De maneira a delimitar nossa proposta, sugerimos que a Matemática que ensinaremos ao longo da Educação Básica, a qual designaremos de *Matemática escolar* será considerada, também, como fizemos com a Matemática do matemático, como um subconjunto inteiramente contido na *Matemática*. E sobre ela temos alguns pontos a destacar, que nos servirão de orientação para o nosso projeto de educar pela Matemática os estudantes do século XXI.

O primeiro ponto a destacar, o qual marca nossa ruptura com a tradição do *Ensino da Matemática*, é que a Matemática escolar não conferirá nenhum *status* epistêmico especial ou hegemônico à Matemática do matemático ou, melhor dizendo, aos significados matemáticos do matemático; eles serão um dos modos de produção de significados possíveis porque, entre outras coisas, têm sua existência declarada.

Com isto, queremos dizer também que os significados produzidos a partir da Matemática escolar – fruto de nosso legado histórico e cultural – terão espaço juntamente com aqueles produzidos pelo aprendiz, considerando suas experiências cotidianas. E, mais que isto, eles serão tratados igualmente como legítimos, como haviam indicado os educadores matemáticos Romulo Campos Lins e Joaquim Gimenez (1997), ao discutirem sobre a Matemática da escola e a Matemática da rua. Além disso, serão incorporadas como legítimas as justificações deste aprendiz que trazem em sua enunciação significados que podem ser entendidos como não matemáticos, mas que são parte do que ele/ela pode dizer e diz, naquele momento, a partir da leitura do texto matemático.

Para contrariar o *status quo* da tradição matemática, nossa afirmação pode ser explicada, em relação a ela, da seguinte maneira: os significados produzidos para a Matemática escolar por um sujeito aprendente, divergentes dos ditos significados "oficiais" [do matemático], não serão entendidos como erro e nem qualificados como sendo de menor "qualidade" epistêmica, nem vistos pela ótica de que falta algo a este sujeito da enunciação; eles serão tratados como parte de seu processo de aprendizagem.

O segundo ponto a destacar é que, até os dias atuais, o currículo da Matemática escolar foi construído a partir de um conjunto de conteúdos matemáticos estanques, que refletiam a visão do matemático de ensinar a Matemática pela Matemática e que sobreviveu até pouco tempo atrás. Atualmente, uma mudança desastrosa está em curso no Brasil a partir da introdução de uma perspectiva teórica baseada em competências e habilidades expressa na Base Nacional Comum Curricular (BNCC), e que não altera a fragmentação dos conteúdos a serem ensinados, mas o maximiza ao fragmentar ainda mais os conteúdos tradicionais em habilidades. Para a solução desta situação, buscamos por respostas científicas vindas da relação existente entre a pesquisa e a prática. Assim, este é o ponto a ser investigado, de modo a encontrar uma resposta plausível e exequível para os professores, para os alunos, para o sistema escolar e que até hoje foi tratada quase que exclusivamente no senso comum.

O terceiro ponto a destacar diz respeito a uma completa revisão da maneira de ensinar a Matemática, que tem causado muitos problemas na aprendizagem e que não será mais aceita. Entre as várias situações, destacamos duas delas como ilustração.

As pesquisas desenvolvidas por vários educadores matemáticos, como indicamos anteriormente, têm trazido como forte sugestão para a sala de aula em que se ensina a Matemática, evitar ao máximo o uso prematuro de técnicas e fórmulas no ensino. E esta informação didática precisa ser incorporada na prática letiva dos professores. Além disso, este é um dos motivos pelos quais rechaçamos a entrada das olímpiadas para dentro das escolas, com sua proposta de treinamento e estudo de "teorias" prontas e acabadas na formação de crianças e adolescentes.

Outro exemplo ilustrativo é o ensino de geometria na escola que, ao longo dos anos, sempre foi, cada vez mais, algebrizado. Esta conduta negativa, presente nos livros didáticos, fica explícita quando encontramos estudantes de graduação que têm sua visualização limitada, por exemplo, ao analisar situações que envolvem figuras tridimensionais. Contrariamente a esta concepção, que obviamente vem da Matemática do matemático, propomos uma geometria "geométrica", que envolve desde o uso dos clássicos instrumentos euclidianos – porque, mais que nunca, eles são necessários por também ajudar na habilidade motora fina que as crianças e adolescentes estão perdendo – até o uso de *softwares* educacionais. E, obviamente, ao longo do processo, a geometria vai se algebrizando.

Nossa proposta também encaminha para a inserção na Matemática escolar de modos de produção de significados matemáticos e não matemáticos que emergem de contextos sociais, econômicos, físicos, artísticos, culturais e científicos, entre outros.

A razão dessa opção baseia-se no fato de que a escola não pode e não deve renunciar aos diferentes modos de produção de significados para a Matemática – os quais, obviamente, como indicado pelo antropólogo Leslie White, são culturais[11] – pois, em nosso entendimento, um dos seus pilares básicos de formação matemática dos escolares é o de ampliar os seus modos de produção de significados a partir da Matemática, isto é, modos de pensar com a Matemática, modos de fazer Matemática, e modos de utilizá-la a partir das diferentes demandas possíveis.

A ideia de entender as possibilidades vindas de uma grande variedade de modos de produção de significados a partir do texto matemático sugere que as escolhas da escola, por seus modos privilegiados desses significados a partir de seus objetivos e finalidades, não podem ser decididas apenas por alguns pesquisadores acadêmicos e gestores com pouquíssima experiência no ambiente escolar – muitas vezes, com viés político e que, na totalidade das vezes, decidem o que vai ser currículo dentro da Academia ou no interior de um ministério.

Para visualizarmos as diferenças que podem existir quando definimos um currículo, perguntamos: Se estamos numa escola agrícola, quais são minhas escolhas dos significados matemáticos a partir dos meus objetivos? E se a escola tem como objetivo preparar futuros profissionais para a indústria, qual é o currículo desejável para ensinar *a Matemática*?

11 Veja Anexo 2.

Para que o leitor tenha clareza da nossa proposição, nossa finalidade com respeito à Matemática escolar é a de investigar uma proposta de currículo baseada em modos de produção de significados (muitos deles históricos, culturais, oficiais ou baseado nas experiências cotidianas das pessoas) que serão expressos a partir de modos de pensar. Desse modo, designaremos mais localmente por *Matemática escolar* aquela dedicada a desenvolver o *pensamento matemático* dos estudantes ao longo da Educação Básica.

Não caracterizaremos o termo pensamento matemático neste momento, mas apenas diremos que esta perspectiva sugere que a Matemática escolar será pensada a partir de objetivos e fins relacionados aos objetivos da escola, e que a formação matemática dos estudantes será entendida – para propor mudanças na estrutura vigente – como um processo que inicia no ingresso da criança na escola e vai até o final do Ensino Médio.

Nossa caminhada segue agora na direção de uma *Educação pela Matemática*, em que retiramos o olhar fixo exclusivamente sobre o conteúdo ou sobre o estudante para olharmos com mais amplidão para as diferentes dimensões – didática, pedagógica, sociológica, cultural, cognitiva, afetiva, epistêmica... – que envolvem os processos de ensino e aprendizagem e a atividade de ensino como um todo.

Reuniremos tudo isso, em conjunto, sob o título de Educação Matemática Escolar, em que a *ferramenta* para educar vem dos objetos da Matemática, da estatística, da lógica, das finanças e da tecnologia, com o objetivo principal de educar a partir dos diferentes modos de produção de significados, os quais envolvem a constituição e a transformação de objetos e as diferentes maneiras de operar e suas lógicas peculiares. Esta discussão acontecerá no livro 3 – *Educação pela Matemática: a perspectiva do educador matemático.*

Por fim, para dirimir qualquer possibilidade em sentido diferente ao que queremos dizer com nossa proposta, ressaltamos que rompemos com qualquer proposta que sugere um currículo baseado em qualquer processo de recapitulação para o ensino, muito menos baseado em competências e habilidades. Como indicativo de nossa direção de encaminhamento de uma proposta futura, afirmamos nossa concordância com Lins (2002b, p. 62), quando diz que "(...) as origens [do que somos] estão perdidas", e "só nos resta aprender o que está sendo". E o que está sendo é a demanda do modo de vida do século XXI.

CAPÍTULO 8

Considerações Finais

A diferença é o que nos une.

A desconstrução não é uma destruição, mas sim, uma desconstrução das estruturas de significado.

Jacques Derrida

A finalidade deste livro foi a de elucidar os problemas gerados por uma educação para a Matemática na formação de escolares e de licenciandos, identificando as concepções, práticas e o discurso que pretende ser hegemônico no ensino da Matemática.

Como mencionamos anteriormente, a SBM é a disseminadora desse discurso no Brasil e amplia seu espaço de atuação de maneira eficaz, mesmo não tendo condições acadêmicas de propor nada em termos de ensino, como evidenciamos ao longo dos capítulos. Porém, como ela "caiu nas graças" dos políticos, desconstruí-la é um trabalho que ficará mais difícil, uma vez que suas iniciativas preenchem um espaço que sempre precisou de uma proposta alternativa de qualidade, embora a instituição apenas consiga entregar o que há de pior em termos de ensino.

O mundo que o matemático construiu para si e que os mateólogos habitam tem muito de perverso e falacioso, e possui muitas implicações negativas quando se volta para o ensino. Este mundo, constituído no discurso da competência e do talento, acaba sendo sustentado e reproduzido, muitas vezes, por aqueles que não tiveram sucesso na carreira como pesquisadores. Como citamos anteriormente numa entrevista com matemáticos, em que esclarecem as regras do jogo: "Cada um conhece o próprio lugar; as regras de acesso não são escritas, mas são conhecidas". Com isso, a comunidade dos matemáticos se divide, segundo eles, entre os matemáticos (praticantes), que produziram teoremas não triviais e/ou que abriram novas áreas de estudo e frentes de pesquisa, constituindo-se no "alto clero", e os doutores em Matemática, como ponderou Jean Dieudonné, que fracassaram nesta empreitada.

Para aqueles que não fazem parte desta casta, têm-se como prêmio de consolo a docência em nível universitário que, entre suas atividades, tem a função de identificar novos talentos para formar a geração futura de matemáticos, ou seja, encontrar os potenciais pesquisadores que não conseguiram ser. Muitos deles, atendendo a este chamado dos eleitos, hoje trabalham com as Olímpiadas de Matemática.

Como vimos, parafraseando Baldino, o mundo em que os matemáticos apresentam externamente frutos de sua pretensa genialidade e talento não é o mesmo quando observamos o que acontece internamente. Neste mundo, habitado, em muitos casos, por seres egocêntricos e competidores, sua imagem não fica atrelada ao insucesso que frequentemente acontece, como aquela que nos informou o ex-editor da *Mathematics Reviews*, ao afirmar que metade das demonstrações publicadas na Revista estava incompleta e/ou continha erros, causando estranhamento com o fato da realidade que se apresenta não ser compatível com o discurso veiculado. Além disso, uma das preocupações constantes dos matemáticos praticantes, que lhe tira o sono, é a revisão do seu trabalho pelos pares, que podem, a qualquer momento, identificar seus erros. Sua sorte vem do fato de que estão parcialmente protegidos por serem um grupo muito pequeno e seleto de pesquisadores que entendem e se interessam pelo que fazem.

Decorre daí nossa preocupação quando as Olimpíadas de Matemática entram na escola e podem levar para seu interior as condutas deste mundo, tais como, a competição, a seleção dos eleitos e a arrogância, transformando um ambiente que deveria ser de cooperação e aprendizagem em um ambiente de inveja, segregação e discórdia. Mas, isto não é de interesse noticiar.

Esta situação de seleção e competição sempre existiu nas universidades em que possuem os cursos de Bacharelado e Licenciatura em Matemática. Vivendo no mesmo espaço, o mateólogo sempre rotulou o licenciando como um futuro profissional que não teve competência de estudar a Matemática do matemático. A ironia desta situação é que o fato deste mateólogo estar na posição de docência em uma universidade e fora do clã dos matemáticos praticantes caracteriza um fracasso muito maior. E olhar para esta situação nos faz lembrar o que dizem os psicólogos: que o pior torturador é exatamente aquele que já foi torturado.

As características do *Ensino da Matemática* que apresentamos se baseiam na reprodução do texto do matemático pronto e acabado, com o aluno passivo aceitando tudo que lhe é transmitido. Este tipo de ensino tem seus tentáculos agora desde os Anos Iniciais – com a proposta das Olimpíadas – até a graduação em Matemática, assim contaminando a formação de escolares e futuros professores.

Olhando mais globalmente, no sentido de pensar em mudanças reais no ensino da Matemática e na formação de professores, observamos que existe a necessidade de transformação do *status quo*, que está protegido pela tradição de grupos, associações, fundações e sociedades acadêmicas que garantem seu protagonismo e a permanência de suas crenças.

Por este motivo, uma tomada de decisão que busque uma transformação que nos tire da visão tradicional está acima da esfera acadêmica, além do domínio exclusivo dos pesquisadores e dos professores, pois inclui a esfera governamental. Por este motivo é necessário atuar em conjunto, pois constitui-se de competências institucionais repartidas entre governos federal, estadual e municipal.

Para ilustrarmos o que queremos dizer, abordaremos dois problemas gerados institucionalmente, que fogem ao controle dos pesquisadores. O primeiro tem a ver com os propositores e formuladores do documento oficial orientador do sistema escolar, responsáveis pela elaboração e implementação de um documento oficial norteador do sistema de ensino brasileiro e os possíveis desdobramentos práticos. O segundo problema gerado pelos processos seletivos brasileiros para admissão nas universidades públicas. Com esta discussão, temos o intuito de jogar luz nos nossos problemas mais atuais que impactam na formação de estudantes em diferentes níveis de ensino.

Nosso documento oficial denominado Base Nacional Comum Curricular (BNCC), que foi produzido para ser *o guia* que orienta a Educação Básica no Brasil, tem suas fichas jogadas na proposição de trocar um conjunto de conteúdos matemáticos estanques pelo que denominaram de competências e habilidades. Os formuladores desta proposta talvez não tenham observado que, ao fazerem isso, apenas fragmentaram ainda mais o que já era muito fragmentado, não alterando em nada o ensino tradicional, mas apenas mudando a estrutura. Como já afirmamos anteriormente, o projeto é claro: é preciso mudar tudo, para deixar tudo do jeito que está.

Para aqueles que acreditam que a coisa não poderia piorar, podemos afirmar que nem tudo foi mantido do mesmo jeito, enfraquecendo nossa afirmação anterior. Pois, o que está expresso nesse documento oficial faz o inimaginável – ao invés de alinhar a Educação Básica a um projeto de uma educação escolar a partir de objetivos didáticos e pedagógicos para as escolas, fornecendo diretrizes para todo o sistema escolar brasileiro; em nosso entendimento, alinharam o guia às avaliações em larga escala, garantindo o treinamento dos estudantes para este tipo de avaliação em busca de melhorar o IDEB das escolas e, se possível, melhorar os indicadores brasileiros no *ranking* do PISA, pois estes números interessam a muita gente[1].

O que fica para nós, como afirmamos anteriormente, é que, ao aceitarmos as premissas da BNCC, não só estamos mantendo a fragmentação vigente no ensino da Matemática, como estaremos maximizando esta fragmentação e desconexão entre os assuntos que os estudantes terão que aprender[2].

1 Uma discussão com mais detalhes fará parte do livro 2.

2 Este tema será aprofundado no livro 2, intitulado *Educação para a Educação: concepções, práticas e discurso*.

Além disso, esta proposta vinda por via oficial pode ser entendida por muitos professores que não gostam de seu trabalho como sendo um bom caminho rumo à sua aposentadoria, visto que não querem ensinar e, com ela, seria possível reduzir suas atividades letivas a treinar os alunos, estando agora avalizados pela via oficial para que possam diminuir ainda mais seu esforço.

Esta classe de professores é constituída por aqueles que, no passado, aguardavam seus alunos resolverem longas listas de exercícios lendo o jornal em sala de aula, mas, atualmente, o tédio da espera pode ser minimizado com o uso de seus celulares. Muito rapidamente terão uma notícia ainda melhor, a de que as provas a serem aplicadas aos alunos virão prontas das secretarias de educação, apenas precisando ser aplicadas com o objetivo de que o governo estadual dite as regras do ensino[3].

Assim, entendendo as potencialidades desta proposta para atender seus objetivos pessoais, esses professores reivindicariam que também as provas deveriam ser corrigidas pelos centros de avaliação em larga escala, e que as notas dos alunos devem ser diretamente colocadas no sistema com acesso para a direção da escola. Talvez, possam ir ainda mais longe, lembrando aos gestores de seu estado da importância da tecnologia no século XXI e sugerindo que suas aulas sejam previamente gravadas e a formação dos estudantes seja feita *on-line*, para que não precisem ir à escola.

O segundo problema sério que colocamos à observação do leitor, para repensar o papel do ensino de Matemática na escola e na educação escolarizada, como um todo, constitui-se dos processos seletivos para ingresso nas universidades públicas brasileiras. Pois eles transformaram todo o Ensino Médio em uma preparação para provas de seleção, jogando por terra qualquer proposta didática da escola de longo prazo.

---

3 Se você pensa que estou querendo apenas ser sarcástico, se informe sobre as avaliações em alguns estados e verá que algumas ações de controle da atividade docente já estão em curso.

Entendemos que seria fácil rediscutir todo o processo de seleção porque ele se constitui numa enorme farsa, instituída por toda uma estrutura montada de avaliação que envolve escolas-cursinho, INEP, universidades públicas e professores universitários que complementam seus salários com a elaboração e correção das provas. Mas o problema é que os envolvidos citados não têm interesse nesta discussão.

Nossos processos seletivos para ingresso nas universidades públicas não se justificam e não se sustentam se for feita uma análise e avaliação séria de sua eficácia. Pois, por experiência pessoal, o que presenciamos, por trinta anos dentro de uma universidade pública, alocados em um departamento de Matemática, foi que ano a ano o seguinte esquema acontece: decidimos sobre o currículo do processo seletivo desconsiderando totalmente o trabalho da escola na formação dos estudantes e, a partir da perspectiva do *Ensino da Matemática*, elaboramos as provas para selecionar os aptos e corrigimos as provas para selecionar aqueles que ingressarão nas universidades. E como resultado de todo o processo, no caso particular dos alunos ingressantes nos cursos de Ciências Exatas, este corpo docente, após receber o pagamento por ter participado desse processo, constata, na prática, em suas salas de aula, que os alunos que eles aprovaram não conseguem acompanhar seus cursos de Matemática e que, portanto, se houvesse uma avaliação séria e de qualidade, não deveriam nem estar ali.

A partir deste momento e de tal constatação, agora no interior da universidade, começam as soluções paliativas: cursos de Matemática básica, cursos de introdução ao cálculo, contratação de monitores para acompanhar os acadêmicos etc. Na prática, são soluções que pouco adiantam, pois só aumenta a frustração, o desinteresse e o entusiasmo daqueles ingressantes que se viam como aptos pela instituição que os avaliou. Este é o momento que deveríamos constatar que todo o sistema escolar e acadêmico falhou, cada um em sua incumbência.

Como consequência, ocorre uma enorme retenção dos alunos novatos nas disciplinas matemáticas introdutórias. Com esse "abacaxi" nas mãos, os chefes de departamento, a cada semestre, são obrigados a aumentar o número de turmas para atender à retenção causada por inúmeras reprovações. Tudo isso custa muito dinheiro aos cofres públicos. E em muitas instituições públicas de ensino, atualmente, varre-se para debaixo do tapete o problema criando-se turmas virtuais em que os alunos repetentes se matriculam e só aparecem na frente do professor para fazer provas.

Em suma, os professores de Matemática das universidades cuidam de todo o processo seletivo e assistem ao fracasso de sua seleção todos os anos. Obviamente, este fracasso é fruto das concepções, discursos e práticas que discutimos ao longo de todo este livro. Na verdade, na expectativa de um professor universitário que não foi formado para ensinar, ele gostaria que a seleção resolvesse dois problemas: um institucional – selecionar os aptos, pois não há lugar para todos; e um profissional – receber como ingressante um estudante que não precisa ser ensinado, que esteja pronto para aprender sozinho; o futuro cientista solitário. O problema é que isso nunca aconteceu.

O que fica explícito quando olhamos globalmente esta situação é que, cada dia mais, o sistema escolar fica dependente de avaliações internas e externas impostas aos estudantes e que são produzidas desconsiderando totalmente os objetivos da escola; o que faz esta instituição se desviar da sua finalidade. Além disso, esta situação nos afasta claramente dos reais problemas que o governo precisa resolver, sendo apenas uma justificativa de que há movimento de "melhoria" do ensino.

O mais perverso de tudo é que, após anos de avaliações, não estamos avançando nenhum milímetro para resolver o problema do fracasso escolar daqueles que conseguem sair da escola, levando pouco do que aprenderam, e daqueles que foram excluídos do processo. Além disso, o que as avaliações trouxeram pode ser explicitado pela observação do inglês Hugh Burkhat, ao afirmar: "Você consegue do sistema [escolar] aquilo que diz que vai avaliar".

Desta perspectiva, atualmente, todo o processo de avaliação proposto pelo governo federal joga contra a formação escolar dos estudantes brasileiros. Alinhar os processos seletivos de ingresso nas universidades aos objetivos da escola e buscar os temas de avaliação a partir daquilo em que a escola pode preparar o aluno seria o mínimo a fazer. Mas não parece que estamos nesta direção quando vemos que a BNCC está alinhada com as avaliações internas em larga escala. Então, o objetivo da escola passa a ser: vamos treinar nossos alunos para as avaliações.

A complexidade da situação reside no fato de que existe, hoje, toda uma estrutura montada, a qual, mesmo que fracassada, não anseia por mudanças. Por exemplo, para garantir sua existência, os centros de avaliação brasileiros, muitos deles geridos por fundações, precisam mais e mais de processos seletivos e diagnósticos que demandem por avaliação. É bem provável que estes centros ainda expandam mais seus serviços, avaliando também os professores.

Para sairmos desta inércia, os governos devem agir na contramão desta tradição, observando que não precisamos mais de avaliações anuais do sistema escolar, pois, o que realmente necessitamos com urgência, é de propostas de INTERVENÇÃO levadas a cabo por pesquisadores e profissionais do ensino que podem fazer uma proposta fundamentada em concepções brasileiras, para que crianças e adolescentes tenham uma formação de qualidade. Mas, para isso, terão que querer mexer no vespeiro ao avaliar a situação atual, sobre a qual, no foco das nossas discussões esses profissionais deverão começar com perguntas do tipo: A SBM, ou sua matriz – o IMPA – têm competência acadêmica para sugerir a formação de profissionais de alguma área da graduação? Por que a SBM tem tanto poder nas agências do governo no que diz respeito à educação? As Olimpíadas Matemáticas fazem mal ou bem ao ambiente escolar? Os professores egressos do PROFMAT têm desenvolvido um bom trabalho quando retornam para as escolas? O PROFMAT não deveria estar na área de ensino em vez de na área de Matemática?

Por último, observamos que as conclusões apresentadas ao longo do livro foram fruto de todo um processo de formação profissional e de pesquisa – ouvindo, pensando, discutindo os temas indigestos que apresentamos, de modo que são fruto dessa história. Elas só foram possíveis de se alcançar por causa da presença de pesquisadores com os quais compartilhamos de suas ideias e estudos, como aqueles vindos do educador matemático Romulo Campos Lins, dos Cabraldinos, da pesquisadora Marlova Estela Caldatto e de todos aqueles(as) educadores(as) matemáticos(as) que participaram deste trabalho e de todos aqueles que foram citados ao longo do texto, bem como daqueles muitos outros que não foram aqui citados. Porém, as possíveis impropriedades, imposturas intelectuais e incorreções a que chegamos e não as identificamos, por estarmos imersos em pensamentos e referências diversas, devem ser debitadas exclusivamente em nossa conta pessoal.

ANEXO 1

Um olhar para o processo histórico da Matemática

O que Euclides pensava, os objetos com que ele pensava, não eram os mesmos com que al-Kwharizmi pensava, ou os mestres chineses, e mais: o que um diria poderia ser indizível para o outro.

Romulo Campos Lins

Introdução

Neste Anexo apresentaremos parte[1] das evidências que, no capítulo 7, fundamentaram a redação das três teses apresentadas e que nos levou a resolver o X da questão: o que é Matemática? Além disso, a leitura histórica, a partir da perspectiva linsiana, que discutiremos a seguir, orientou nosso olhar para a redação do livro como um todo.

Como sabemos, o estudo e a pesquisa sobre História da Matemática não é tema para amadores e, em geral, exigem um nível de esforço que pode se traduzir em trabalho de uma vida acadêmica inteira. Por este motivo é que falamos em evidências, no sentido de sugerir ao leitor que preferimos deixar a discussão aprofundada das afirmações que faremos neste capítulo para os especialistas: os historiadores da Matemática e da Ciência.

1 A parte complementar com respeito às evidências sobre a natureza da Matemática será apresentada e discutida no Anexo 2.

Temos clareza de que as questões que traremos à discussão têm potencial para um debate exaustivo a partir de uma leitura da História da Matemática, denominada epistemológica, a qual compartilhamos, e que exige do pesquisador uma imersão na cultura a qual os sujeitos pertenceram, como elucidaremos a seguir.

Por este motivo, não temos nem interesse e nem tempo para seguir nessa direção, seja pelo reconhecimento da não trivialidade dessa empreitada, seja para não tornar esta digressão tão longa a ponto de perdermos nosso fio condutor.

A expectativa é que os fragmentos que seguem constituam, para o leitor, em elementos suficientes para apreciar e avaliar nossas conclusões. Porém, o leitor que se sentir motivado por justificativas mais aprofundadas terá algumas referências importantes descritas ao longo do texto.

Observamos, em nossa leitura histórica do desenvolvimento da Matemática que tanto alguns historiadores da Matemática, quanto historiadores da Ciência cometem, em nosso entendimento, um grande equívoco ao analisarem a produção matemática de não matemáticos – tais como, daqueles que hoje denominamos de físicos, geógrafos, engenheiros, estatísticos e artistas – rotulando-os também de matemáticos.

Nossa discordância com este ponto de vista reside no fato de que eles produziram Matemática na resolução de problemas internos a sua área de estudo e, portanto, de outra natureza; quer seja de origem prática, quer seja de origem investigativa no interior de suas atividades – artísticas, filosóficas, físicas, geográficas –, as quais podemos caracterizar como sendo atividades não matemáticas em sua gênese; em que a Matemática foi produzida como uma ferramenta, um instrumento, para a resolução de problemas não matemáticos.

Da nossa perspectiva, a necessidade deste Anexo reside exatamente neste ponto e é sobre ele que discorreremos para podermos seguir em frente com nossos argumentos. Pois, se não contrariarmos este entendimento de leitura histórica, esta concepção continuará produzindo implicações que sugerem que Matemática é exclusivamente o que os matemáticos fizeram e fazem, ao transformá-la em objeto e não em ferramenta para estudo em todos os campos do conhecimento humano.

Assim, não deixaremos de evidenciar e de nos posicionar sobre as diferentes maneiras que a leitura histórica da Matemática pode ser conduzida e como ela pode comprometer o entendimento dessa história.

Desse modo, as questões que colocamos sob reflexão neste Anexo foram basilares nas conclusões a que chegamos ao lançarem luz aos nossos questionamentos. Elas foram orientadas pelas seguintes perguntas:

1ª) A Matemática, em seu processo histórico de gênese e desenvolvimento, é uma produção exclusiva dos matemáticos?

2ª) A maneira como historicamente diferentes sujeitos falaram, operaram, pensaram e utilizaram a Matemática restringiu-se ao discurso matemático presente na trilha Euclides-Hilbert-Bourbaki?

Assim, para não nos perdermos numa longa discussão histórica, pois não será esse o nosso objetivo, optamos por nos nortear por essas duas perguntas. Mas, antes de chegarmos a elas, apresentaremos a perspectiva linsiana sobre duas possibilidades de leitura histórica.

Duas Leituras da História da Matemática

A visão de possíveis leituras históricas da Matemática que discutiremos a seguir foi devida ao educador matemático Romulo Campos Lins (1992, 1994), com base na leitura de alguns historiadores da Matemática que orientaram seu trabalho de tese em sua busca por uma caracterização de pensamento algébrico.

Certamente existem outras leituras possíveis da História da Matemática, mas temos interesse especial em discutir duas delas designadas por Lins: a *leitura progressivista* e a *leitura epistemológica* da História da Matemática.

Nosso interesse no primeiro tipo de leitura reside no fato de que muitos professores, em seu processo de formação, tiveram sua visão histórica da Matemática influenciada por ela. Já o segundo tipo de leitura nos interessa porque acreditamos que seja a maneira como deveríamos ler o processo histórico de surgimento e desenvolvimento da Matemática. Sobre essas leituras Lins comentou:

> (...) o entendimento em História da Matemática varia tanto quanto se queira de acordo com assumirmos uma leitura progressivista[2] da história (ler a História em busca de uma sucessão de métodos e teoremas) ou uma leitura epistemológica da História (buscar entender como as ideias contidas em uma cultura matemática estão organicamente articuladas e de que forma certas noções estão naturalmente excluídas desta cultura) (Lins, 1993, p. 78).

Em seu estudo do desenvolvimento histórico da álgebra, Lins entendia a Matemática como parte da cultura optando, portanto, por uma leitura epistemológica da história. Seu entendimento era de que nos textos históricos são encontrados informantes qualificados, pois,

> (...) os que escreveram os textos históricos eram 'profissionais' de quem se esperava apresentações referenciadas nas culturas matemáticas a que pertenciam, de modo que podemos avaliar com razoável precisão em que consistia esta demanda de precisão, bem como de que forma se conduzia a justificação das afirmações feitas, é aí que vamos encontrar com os mundos (epistemológicos) daqueles a quem queremos compreender (Lins, 1994, p. 5).

Em seu estudo histórico, caracterizado por uma leitura epistemológica, o pesquisador buscou evidenciar "(...) de que modo a compreensão do conhecimento matemático de uma cultura – e, portanto, de indivíduos, já que estes são sempre indivíduos de alguma cultura – só se dá na medida em que investigamos os pressupostos mais amplos destas culturas" (Lins, 1994, p. 5).

---

2 Tatiana Roque (2012, p. 15) usa o termo *abordagem retrospectiva* ao observar que certos historiadores da Matemática "seguem uma abordagem retrospectiva, que parte de conceitos tais como os conhecemos hoje para investigar sua origem". A este entendimento de Roque, Lins chamou de "leitura pela falta", como será discutido mais à frente neste texto.

Para Lins (1992) existiam, naquele momento de sua análise, dois grupos de historiadores que representam essas duas perspectivas. Um deles que considerava a História da Matemática como a história da produção de resultados matemáticos. A esse grupo pertencem, segundo sua visão, Van der Waerden (1983) e Bourbaki (1976), ao que incluímos a esta lista os matemáticos e autores de livros-texto de História da Matemática, Carl Benjamin Boyer (1974) e Howard Whitley Eves (1995).

A visão desse grupo foi destacada por Matzloff (1988, p. 5), ao sugerir que uma das condições centrais dessa perspectiva seria a de que "existe apenas uma ciência universal, teleologicamente estruturada desde as origens, de acordo com as categorias de pensamento comparáveis àqueles da ciência atual". Notemos que essa afirmação de Matzloff apresenta uma evidência exatamente do ponto que queremos jogar luz aqui. Essa visão de História da Matemática, encontrada em muitos livros que são propostos para a graduação, vai indicar um modo de entender a Matemática a partir do que caracterizamos como a Matemática do matemático, que foi se constituir como tal apenas no início do século XX.

Um exemplo dessa perspectiva é o livro do matemático estadunidense Carl Benjamin Boyer, intitulado a *História da Matemática*, que foi – e talvez ainda seja – um texto-referência em muitas licenciaturas em Matemática. O autor, ao longo dos capítulos, parece ler o processo histórico como quem está de pé no presente olhando para o passado, comparando a produção matemática da época com aquela do século XX e identificando, assim, as "deficiências" dos sujeitos históricos em seu processo de produção de significados. Sobre a matemática egípcia, ele faz afirmações do tipo: "Não se conhece teorema ou demonstração formal na matemática egípcia"; ou, "Uma deficiência séria em sua geometria era a falta de uma distinção claramente estabelecida entre relações que são exatas e as que são apenas aproximações" (Boyer, 1974, p. 13), ou ainda, "Nem egípcios, nem babilônios introduziram uma medida de ângulos no sentido moderno" (*Ibidem*, p. 26).

E sobre as culturas pré-helênicas, o matemático também comenta:

> São evidentes muitas deficiências da matemática pré-helênica. Os papiros e tabletas encontradas contêm casos específicos e problemas apenas, sem formulações gerais, e pode-se perguntar se essas civilizações antigas percebiam os princípios unificadores que estão no centro da matemática (Boyer, 1974, p. 30).

Para concluir, na sequência, ele aponta que "As culturas pré-helênicas também têm sido estigmatizadas como puramente utilitárias, com pouco interesse pela matemática por ela mesma" (*Ibidem*, p. 31).

O autor também acredita poder comparar dois matemáticos, dando mais valor para aquele com características mais puristas, como quando afirma:

> Mas ao passo que Euler estava sempre disposto a escrever com lógica discutível sobre qualquer aspecto da matemática, pura ou aplicada, Cauchy seguia a tradição de Lagrange em sua preferência por matemática pura em forma elegante com a devida atenção a provas rigorosas (*Ibidem*, p. 377).

Outra obra, intitulada *Introdução à História da Matemática*, do matemático estadunidense Howard Whitley Eves, apresenta ainda no prefácio o que parece ser um diferencial da sua obra em relação às outras, como por exemplo, o referido livro de Boyer. Ele informa ao leitor que seu filho, Jamies Eves, fez uma contribuição importante ao livro ao escrever as seções introdutórias a cada capítulo, denominadas de *Panorama Cultural*.

O problema que identificamos com esta proposta é que cada capítulo passa a ter duas partes que não possuem relação; o panorama cultural de um lado e, do outro, o mesmo estilo de Boyer de ler e escrever a História da Matemática.

Seguindo na leitura do livro de Eves, para o leitor que não concorda com este tipo de leitura histórica, o pior estava por vir, pois, ainda na introdução, o autor afirma que uma disciplina de História da Matemática no Ensino Superior deve ser uma disciplina de Matemática e, em decorrência dessa perspectiva, sugere que os exercícios deixados no final de cada capítulo consistem no expediente pedagógico mais importante do livro – o que, da nossa perspectiva, seria motivo suficiente para fechar o livro e desistir da leitura.

Para exemplificar sua abordagem retrospectiva (no sentido proposto por Roque) ou constatar sua leitura progressivista (no sentido proposto por Lins), ao analisar as obras de Arquimedes de Siracusa (287 a.C. – 212 a.C.) – considerado o maior matemático da Antiguidade e um dos maiores matemáticos de todos os tempos – veremos como Eves possui uma interpretação deturpada da sua produção científica e prática.

Pois quando olhamos mais atentamente o conjunto da produção de Arquimedes, seus interesses e sua prática, talvez fosse melhor chamá-lo de cientista e não de matemático, devido às suas características de um generalista, de um grande pensador e de um resolvedor de problemas práticos e teóricos.

O que o historiador da matemática Howard Eves chamou de "histórias pitorescas" sobre Arquimedes reflete exatamente o seu olhar exclusivo para a Matemática, que exclui toda a atividade que não esteja em consonância com a Matemática do matemático, julgando-a como sendo de menor valor.

As chamadas histórias pitorescas são apresentadas ao comentar sobre a engenhosidade de Arquimedes ao produzir catapultas móveis, de alcance ajustável, para arremessar pesos e proteger a cidade de Siracusa do ataque do inimigo; ou a sua inteligência prática que, com a ajuda de um sistema de polias compostas, conseguiu mover um navio pesadamente carregado que não poderia ser retirado do cais sem grande esforço e muitos homens – fato que ficou associado à frase "Dê-me uma alavanca que moverei a terra". Ou ainda, ao resolver um problema, enviado pelo rei Hierão, relativo à quantidade de ouro contida na sua coroa, baseado em sua dúvida se o ouvires, que construiu a coroa, o estava enganando. A solução do problema levou à descoberta da primeira lei da hidrostática; em que um corpo, quando mergulhado em um fluido, recebe um empuxo de intensidade igual ao peso do volume da água deslocado (Eves, 1995).

Mas, como observamos anteriormente, Eves dá importância apenas à sua produção matemática e exagera ao comparar a produção matemática de Arquimedes com as produções matemáticas do século XX:

> Os trabalhos de Arquimedes são obras-primas de exposição matemática e lembram, consideravelmente, artigos de revistas especializadas modernas. Além de exibirem grande originalidade, habilidade computacional e rigor nas demonstrações, são escritos numa linguagem altamente acabada e desenvolvida (Eves, 1995, p. 194).

Porém, quando analisamos os trabalhos de Arquimedes, identificamos parte deles em Matemática, em obras como *A medida de um Círculo*, *A quadratura da Parábola*, *Sobre Espirais*, *Sobre a Esfera e o Cilindro* e *Sobre os Cones e os Esferoides*; mas também encontramos obras versando sobre outros temas, intituladas *Problema do Gado*, *Sobre o Equilíbrio de Figuras Planas*, *Sobre Corpos Flutuantes*, *Sobre Alavancas* e *O Método*. Constatamos, assim, que sua produção científica sugere uma riqueza maior e com maior grau de generalidade daquela que Eves coloca seu foco.

Sobre as características da leitura progressivista da história que esse grupo propõe, incluiremos mais um importante elemento: sua perspectiva etnocêntrica de ler a História da Matemática.

Para isso, recordamos, fazendo um paralelo com a nossa discussão em tela, que os primeiros estudos antropológicos eram extremamente etnocêntricos, isto é, analisavam as diferentes culturas com base no ponto de vista de uma pessoa imersa na cultura europeia. Como consequência, os europeus visavam mostrar que sua cultura e desenvolvimento eram superiores às demais sociedades, colocando a colonização como um movimento necessário de civilização para aquelas sociedades que, sob esse ponto de vista, eram atrasadas. Notadamente há, também, uma visão eurocêntrica quando lemos os textos históricos desse grupo.

Essa visão leva a várias implicações históricas sérias como por exemplo, o entendimento de que a Grécia antiga – que obviamente teve um papel importante no desenvolvimento da história da civilização na antiguidade – deveria ser o lugar no ocidente para identificar o primeiro matemático, Tales de Mileto, e começar a contar bem a história.

Mas este entendimento pode ser questionado até mesmo por um licenciando que ingenuamente pode perguntar ao seu professor: Por que o primeiro matemático não é um dos engenheiros ou arquitetos que construíram as pirâmides egípcias como, por exemplo, o arquiteto Imhotep[3], que supervisionou a construção da pirâmide há cerca de 5.000 anos, como Boyer menciona em seu livro?

Uma resposta possível seria: porque, assim, a História da Matemática teria um africano e um engenheiro/arquiteto como o primeiro matemático e esta opção talvez não fosse um bom começo para o olhar etnocêntrico dos matemáticos quando contam a sua versão dessa história. Pois, como Rocha caracterizou: "Etnocentrismo é uma visão do mundo onde o nosso próprio grupo é tomado como centro de tudo e todos os outros são pensados e sentidos através dos nossos valores, nossos modelos, nossas definições do que é a existência" (Rocha. 1994, p. 7).

Uma análise sobre esta leitura eurocêntrica da História da Matemática sugere que a maioria das obras com esta perspectiva foi escrita em finais do século XIX e início do século XX e, de fato, elas abordam a Matemática como nascendo a partir dos gregos. Elas apresentam uma trajetória linear da história, partindo da Grécia, onde supostamente teria nascido o conhecimento matemático, assim desconsiderando a produção matemática de egípcios, babilônios, árabes, indianos e chineses.

Nestes livros encontramos afirmações que expressam esse ponto de vista, como por exemplo, o comentário do britânico Walter Willian Rouse Ball (1850 -1925), matemático e historiador da Matemática, entre outras atividades, que

3 Segundo Boyer (1974, p. 9), ele foi "o quase lendário arquiteto e médico do Faraó Zoser, que supervisionou a construção da pirâmide há cerca de 5000 anos".

escreveu em seu livro intitulado *A Short Account of the History Mathematics* (Um breve relato da História da Matemática) de 1888: "A história da matemática não pode, com certeza, ser rastreada a qualquer escola ou período antes do período jônico grego" (Ball, 1960, p. 09). Ou ainda, a análise do matemático estadunidense Morris Kline (1908 -1992) no livro intitulado *Mathematics in Western Culture* (Matemática na Cultura Ocidental) de 1953, mencionando que o período de estagnação e declínio da matemática grega encontraria novos herdeiros na Europa: "(...) Com o declínio da civilização grega, a planta (da matemática) permaneceu adormecida por mil anos... quando a planta foi transportada para a Europa foi propriamente e uma vez mais mergulhada em solo fértil" (Kline, 1953, p. 9).

Além disso, essa perspectiva agrega em sua interpretação as características que discutimos sobre a Matemática do matemático, primando, por exemplo, por discutir questões internas à própria Matemática e diminuindo o feito dos sujeitos históricos fora da Matemática, numa exaltação ao sucesso, ao talento desses sujeitos considerados pontos fora da curva; aquelas mentes solitárias que descobriram ou criaram a matemática.

O segundo grupo ao qual Lins se referiu, apontando para uma leitura epistemológica, inclui os nomes dos historiadores Klein (1968), Rashed (1984), Matzloff (1988) e Unguru (1979). Para esse grupo, a História da Matemática é entendida como a história das culturas matemáticas. Sobre a perspectiva de Klein, Lins comenta: "Klein adota a visão de que é necessário entender o contexto filosófico subjacente à cultura caso queiramos entender a matemática que ela produz, e obter resultados elegantes e profundos com este tratamento" (Lins, 1992, p. 63).

Porém, o pesquisador nos adverte sobre alguns pontos negativos de sua leitura:

> É verdade que desde a primeira leitura de Klein um problema estava claro: Klein preferia perseguir apenas a história branca da matemática, começando com os gregos e pulando diretamente para a idade média europeia. Primeiro, inaceitável do ponto de vista ético e político; depois, inaceitável do ponto de vista teórico e documental. Mas a solidez e profundidade de análise de Klein

fazia com que o encanto não desaparecesse e se mantivesse por mais seis leituras (Lins, 2002, p. 28).

Ilustraremos com um exemplo como essas duas leituras – progressivista e epistemológica - são tão diferentes. Se consultarmos o livro de Boyer para nos informar sobre, por exemplo, o sujeito Al-Khowarizmi (considerado um matemático, astrônomo, astrólogo, geógrafo e escritor persa do século IX) e sua obra, encontraremos a seguinte menção de Boyer:

> A obra de al-Khowarizmi representa um retrocesso com relação à de Diofante. Primeiro é de nível muito mais elementar que o que se encontra nos problemas de Diofante; segundo a álgebra de al-Khoarizmi é inteiramente expressa em palavras, sem nada da sincopação que se encontra na Aritmética do grego ou na obra de Bramagupta. Mesmo os números são escritos em palavras em vez de símbolos (Boyer, 1974, p.156).

Esta interpretação de Boyer foi o que Lins identificou e designou como sendo uma "leitura pela falta", isto é, uma interpretação focada no que falta ao sujeito quando lido do presente para o passado e não para o que ele efetivamente está podendo dizer naquele momento histórico imerso em sua cultura.

Na sequência, Boyer continua fazendo afirmações categóricas de quem lê al-Khowarizmi com a lente do presente vendo suas deficiências no passado em sua leitura progressivista, como quando diz:

> De qualquer forma, a preservação da Álgebra de al-Khowarizmi pode ser tomada como indício de que era um dos melhores textos típicos de álgebra da época. Foi para a álgebra o que Os Elementos de Euclides foi para a geometria – a melhor exposição elementar disponível até os tempos modernos – mas a obra de al-Khowarizmi tinha uma deficiência séria e precisava ser removida antes de poder servir eficazmente aos seus fins nos tempos modernos: uma notação simbólica tinha que ser desenvolvida para substituir a forma retórica. Esse passo os árabes nunca deram (*Ibidem*, p. 160).

Para um leitor iniciante, um aluno de graduação, não seria perceptível o que está acontecendo por trás dessas afirmações. A interpretação de Boyer desconsidera absolutamente a cultura em que al-Khowarizmi pertencia, isto é, os aspectos religiosos e culturais presentes no "mundo" em que vivia, levando a essa maneira de ler a história.

Se Boyer "lesse" a obra de al-Khowarizmi a partir da cultura a qual pertencia, talvez avaliasse: bem, no Corão se encontravam frases do tipo: "O que tem significado pode ser dito". Como observou Lins: "O contrário seria uma insanidade". O bom senso (antropológico) então sugeriria que, se olharmos para o livro de al-Khowarizmi não vendo abreviações, deveríamos, no mínimo, perguntar: Por que isso aconteceu? E buscar uma resposta, pelo entendimento da cultura de que, para eles, é quase um fato religioso escrever, pois a palavra se trata de um conceito absolutamente central no Corão. Em primeiro lugar, porque é através da palavra que Alá se manifesta no Corão, através do que Maomé escreveu. Então, como comentou Lins e Gimenez: "No caso da álgebra islâmica (...) todo tipo de abreviação era estritamente proibida, dado o papel quase sagrado das palavras" (Lins; Gimenez, 1997, p. 96).

No livro intitulado *Perspectivas em Aritmética e Álgebra para o século XXI*, de Lins e Gimenez (1997), apoiados nos estudos desenvolvidos na tese do primeiro autor, eles observam ainda que as obras de Diofanto e al-Khowarizmi não são redutíveis uma à outra. Sobre isso comentam:

> Não é possível ver al-Khowarizmi nem como uma "evolução" em relação ao trabalho de Diofanto nem como "contido" em Diofanto. Do ponto de vista da técnica, a álgebra de al-Khowarizmi é muito mais pobre do que a aritmética de Diofanto, mas o que é feito em al-Khowarizmi não pode ser encontrado em Diofanto. Por exemplo, a álgebra contém, pela primeira vez conhecida, uma sistematização da parte "teórica" que é apresentada antes de ser aplicada a problemas particulares (nesse caso, problemas marcadamente práticos), mas na aritmética o que encontramos é uma sucessão de problemas resolvidos, ao longo dos quais técnicas diversas vão sendo introduzidas. E ainda, em al-Kho-

warizmi associam-se números a grandezas geométricas (segmentos e áreas), como fazemos hoje, mas em Diofanto isso é impossível; em al-Khowarizmi, fala-se do número, mas em Diofanto isso não é número. No livro *Em honra do espírito humano*, o conhecido matemático francês Jean Dieudonné diz, com impressionante falta de profundidade, que al-Khowarizmi foi "autor de obras de astronomia e de um tratado de álgebra sem originalidade... (*Ibidem*, p. 97, destaques dos autores).

Portanto, a consideração apresentada por esses pesquisadores sugere que al-Khowarizmi e Diofanto representam duas maneiras diferentes de legitimar as coisas, de produzir significados para a Matemática. De uma maneira mais ampla, eles chamam nossa atenção para o fato de que na álgebra islâmica medieval e em toda a Matemática chinesa clássica, os sujeitos históricos operavam de maneira diferente, por exemplo, da Matemática grega clássica. Este ponto não passou despercebido para Lins; e sobre isto comentou:

> (...) na cultura islâmica não era possível abreviar (portanto não fazia sentido usar letras isoladas) e (...) na cultura chinesa não era recomendável "dizer demais" (ao contrário de Euclides, que queria dizer tudo)". E, também, que a cultura matemática grega clássica exigia, antes de qualquer método uma antologia, que na cultura islâmica tudo que podia ser dito existia (por exemplo, em al-Khowarizmi, impensável nos gregos clássicos) e que nos chineses clássicos a categoria fundamental era o método (de modo que um zero existia num método, mas não em toda a Matemática) (Lins, 2002, p. 28, destaques do autor).

Contrariamente à perspectiva apresentada por Boyer, Lins comenta ainda que:

> (...) al-Kwharizmi propõe, sim, uma inovação, uma "invenção" simbólica, dentro dos limites de seu horizonte cultural. "Impedido" (ideologicamente) de utilizar abreviaturas (como Diofanto o fez) – porque, sendo o árabe a língua sagrada do Corão, não era permitido abreviar palavras – al-Kwharizmi utiliza, de forma magistral, o sistema de numeração para dizer o que de outra forma não poderia [ser dito], de enunciar as regras básicas da sua álgebra (*Ibidem*, p. 65).

Assim, Lins apresenta uma análise completamente diferente daquela proposta por Boyer a partir de uma leitura epistemológica. Por exemplo, o pesquisador fazia afirmações do tipo: "O que Euclides pensava, os objetos com que ele pensava, não eram os mesmos com que al-Kwharizmi pensava, ou os mestres chineses, e mais: o que um diria poderia ser indizível para o outro"[4] (Lins, 2002, p. 29).

Em comunicação oral e sessões de orientação ou no grupo de pesquisa que coordenava, a partir de seus estudos históricos, Lins comentava, convidando seus orientandos para a reflexão, que: "A matemática chinesa sempre foi acusada de ser pobre, mas não era bem assim..." e completava dizendo: "Quando um mestre chinês ensinava um discípulo, ele sabia que '*dizer tudo não é bom*'" (*Idem*). E reforçava esta citação afirmando que os chineses nunca teriam escrito *Os Elementos* de Euclides porque ele queria dizer *tudo*.

Por fim, gostaríamos de comentar que a dificuldade de uma leitura histórica que seja esclarecedora passa, muitas vezes, pela ótica dos autores e sua maneira de entendê-la. Na direção dos nossos interesses e, em particular, em relação à nossa primeira questão, vale reforçar nosso comentário anterior de que parece existir uma conduta parcial e imprópria quando os historiadores da Matemática e os historiadores da Ciência chamam de matemáticos todos os profissionais não matemáticos que produziram matemática, tais como, astrônomos, artistas, arquitetos, geógrafos. Ao fazer isto, dificultam sobremaneira a identificação da produção matemática de não matemáticos.

O historiador e filósofo da Ciência, britânico, Colin Alistair Ronan, em sua obra *The Cambridge Illustrated history of the word's science* (*História Ilustrada da Ciência da Universidade de Cambridge*) (1987), é um exemplo de historiador da ciência que utiliza essa conduta. De maneira proposital, usaremos alguns de seus argumentos para afirmar exatamente o contrário. Veremos isso a seguir.

---

4 Lins considerou que sua leitura epistemológica foi inspirada pelo pensamento de Klein e alimentada por Rashed e Martzloff (Lins, 2002, p. 29).

As questões que nos interessa discutir

Como sugerimos, a leitura progressivista da História da Matemática, produzida muitas vezes por matemáticos, apresenta a produção matemática no seu processo de desenvolvimento baseada em uma abordagem retrospectiva – no sentido proposto por Roque – e fazendo uma leitura pela falta – segundo a perspectiva linsiana – a partir do que caracterizamos como sendo à Matemática do matemático.

Nossa proposta é evitar essa maneira de olhar para o processo histórico de surgimento e desenvolvimento do que veio a se chamar de *Matemática* e colocar em foco nossas questões anteriores, quais sejam: a produção da Matemática, historicamente constituída, foi obra exclusiva dos matemáticos? A maneira como historicamente diferentes sujeitos operaram, pensaram e utilizaram a Matemática se reduziu às concepções, às práticas e ao discurso do matemático presente na trilha Euclides-Hilbert-Bourbaki?

A segunda pergunta pode parecer óbvia demais para ser formulada, porque claramente sua reposta é não. Porém, ao apresentá-la como digna de ser discutida, temos o objetivo de reforçar negativamente a perspectiva que busca responder positivamente à questão.

Assim, nosso objetivo será o de sugerir que, historicamente, a resposta às duas perguntas é negativa, para nos liberar do reducionismo que elas nos colocariam em termos de produção de significados se fossem verdadeiras ou se não enfrentássemos abertamente esta situação.

Nesse empreendimento, manteremos nossa posição metodológica anterior indicando para onde estamos "olhando" e desenvolvendo nossa leitura, guiados pelas seguintes perguntas norteadoras: Quais são os objetos constituídos pelos sujeitos históricos? Qual é a maneira de operar desses sujeitos ao produzirem significados matemáticos? Para isso, consideraremos os *objetos* que foram sendo constituídos no processo de emergência do que foi rotulado chamar de Matemática e em que contexto os problemas foram gerados, a maneira de *operar* dos diferentes sujeitos históricos, isto é, o que o sujeito fez/faz com os objetos e a *lógica dessa operação* – que é o que garante que ele pode fazer. É preciso lembrar, nesse ínterim, que o pressuposto é que toda operação é realizada segundo uma lógica.

Para simplificar nosso trabalho, vamos considerar o problema gerador fruto da subsequente produção matemática e assim concluir, por exemplo, que a Matemática não estava lá esperando para ser descoberta; pelo contrário, ela foi produzida a partir de uma demanda específica, gerada, muitas vezes, por um problema gerador que pode ser caracterizado como sendo de natureza não matemática. Isso facilitará nossa discussão.

Para responder nossa primeira pergunta, usaremos a estratégia dos próprios matemáticos de apresentar um contraexemplo para refutar a tese de que a Matemática é produção exclusiva dos matemáticos. Assim, deveremos apenas indicar que existe pelo menos um pesquisador não matemático que tenha produzido matemática e resolveremos nosso problema.

Sob essa perspectiva, o que atualmente designamos como sendo *os físicos* – isto é, os pesquisadores da área de Física – podem ser considerados como sendo grandes produtores de Matemática em todos os momentos da história, uma vez que, naturalmente, essa área do conhecimento humano foi uma grande geradora de problemas que demandou produção matemática como meio de resolvê-los. E essa produção não era, em nosso entendimento, Matemática aplicada, nem Física matemática, mas a criação de ferramentas e instrumentos teóricos e práticos para resolver problemas físicos e, portanto, para avançar a Física.

Para ilustrar nossa afirmação, traremos a cena Isaac Newton (1643 – 1727) e o contexto científico em que estava imerso, nas palavras de Ronan:

> A queda da maçã despertou Newton para uma questão: a força de atração exercida pela terra para fazer a maçã cair era a mesma que fazia a lua "cair" para a terra e, assim, a colocava em órbita elíptica em torno de nosso planeta? Os cálculos confirmavam essa hipótese, porém ainda havia muito trabalho a ser realizado (Ronan, 1987a, p. 86).

Newton estava imerso em um contexto de questões físicas naquele momento histórico. Ronan sugere que muitos outros cientistas, tais como Robert Hooke, Jeremiah Horrocks, Christopher Wren e Edmond Halley estavam todos envolvidos na investigação e comenta:

> (...) a solução da questão exigia *a criação de uma técnica matemática radicalmente nova*. Essa necessidade surgiu porque, como os planetas se moviam em órbitas elípticas, sua distância em relação ao sol estava continuamente se alterando, o que fazia com que a mudança da força de atração também acontecesse de maneira constante. *Era necessária uma matemática que pudesse lidar especificamente com quantidades mutáveis* e a criação de tal técnica – o "cálculo" – foi uma das realizações de Newton (*Ibidem*, p. 85, destaques nossos).

E incontestável que Newton produziu matemática a partir de questões físicas e que muitos outros físicos também o fizeram. Esse argumento ainda é referendado por Ronan, ao mencionar Galileu Galilei, colocando as áreas na ordem correta quando comenta: "Sua poderosa abordagem matemática foi, de fato, tão eficaz que se tornaria a marca registrada da nova física que se desenvolveria nos séculos XVII e XVIII; essa é a razão por que o chamam 'o pai da física matemática'" (*Ibidem*, p. 79). Nesses termos, não precisamos nos referenciar a Newton e a Galileu e a todos os outros físicos como físicos e matemáticos, porque eles produziram matemática como parte de sua atividade de pesquisa e seu trabalho não se reduziu a essa produção.

Por outro lado, em seu livro intitulado *O pensamento matemático*, o matemático e fenomenólogo alemão Oskar Becker nos permite dar um salto na história ao comentar sobre os problemas em Física a partir do século XVII:

> As leis mecânicas de Newton são invariáveis no movimento uniforme retilíneo, mas não nas rotações por causa do aparecimento da força centrífuga. Contudo a rotação "absoluta" no espaço vazio não se pode representar concretamente. A dificuldade que daí surge já foi discutida no século XVII (por Huygens e Leibniz) e depois no século XVIII (por Euler e Kant) e no século XIX (por Mach e Andrade) sem que se tenha chegado a uma resposta satisfatória. Einstein em

> sua "teoria da relatividade geral" no século XX tratou o problema de maneira radical e *formulou matematicamente* as leis invariantes da natureza que lhe dizem respeito (Becker, 1965, p. 45, destaque nosso).

A questão que nos remete essa citação é o exercício de imaginação que podemos fazer sobre o volume da produção matemática dos físicos de Newton até Einstein. E mesmo antes, e mesmo depois.

Com este exemplo, sugerimos que existe pelo menos um profissional não matemático – os físicos – que produziram/produzem Matemática original e de qualidade inestimável. E a nossa primeira questão está respondida.

Além disso, vale chamar a atenção para o fato de entre matemáticos e físicos, desde a criação do Cálculo e depois na construção teórica da Análise Standard e a não Standard, existe uma divergência na maneira de constituir os objetos e de operar com estes objetos, que passa para o ensino. É o que comenta Baldino:

> Alguns estudos mostram que a noção de infinitésimo está presente na raiz da constituição do que hoje se conhece como Cálculo Diferencial e Integral. Desde Cauchy e Weirstrass, há mais de um século, portanto, essa noção tem sido expurgada do ensino de matemática, em favor da noção de número real, forma acabada e síntese da noção de limite e cuja construção constituiu a aritmetização da análise. Paralelamente, diante da necessidade de consolidação desse novo sistema axiomático, o dos números reais, no movimento de transmissão do convencimento das novas gerações, abriu-se um fosso entre o ensino da física e o ensino da matemática (Baldino, 1995a, p. 94).

Segundo Baldino, referenciando a autores franceses que identificavam uma ruptura entre o ensino das duas disciplinas devido ao processo de depuração e rigor presente no ensino da matemática, o seguinte comentário esclarece a discussão: "Na Física não se toma conhecimento do acordo estabelecido na Matemática sobre os números reais e continua-se a raciocinar em termos de um sistema que permite a imersão e o lidar com o mundo dos infinitamente pequenos, os infinitamente próximos, etc." (*Ibidem*, p. 95). Esta é mais uma evidência de que matemáticos e físicos constituem objetos e operam com eles de maneira diferente, segundo lógicas distintas.

Poderíamos, na continuação de nossos argumentos, listar outros tantos não matemáticos produtores de Matemática ao longo do processo histórico de desenvolvimento dessa e de outras áreas do conhecimento humano. São, em nosso entendimento, bons exemplos o arquiteto Girard Desargues, que em 1639 lançou os fundamentos da Geometria Projetiva, entendida como estudo de figuras geométricas quando desenhadas a partir de vários pontos de vista; e também o cartógrafo e geógrafo Gerhard Mercator, que elaborou em 1569 a ideia geométrica que levou à projeção cilíndrica – ou projeção de Mercator – a fim de auxiliar os navegadores, uma vez que os loxodromas aparecem como linhas retas (Ronan, 1987a).

Podemos também olhar para diferentes campos do conhecimento em que emergiram questões internas que levaram a produção matemática. Nas artes, por exemplo, nos séculos XIV e XV, em alguns países europeus e em particular na Itália, a nova arte da perspectiva estimulou as investigações geométricas de vários artistas.

A Astronomia, com os estudos sobre o movimento dos astros, cálculos astronômicos, cartografia, navegações (envolvendo uma geometria náutica) foi um outro domínio do qual emergiram problemas que produziram muita Matemática desenvolvida por não matemáticos, tais como assuntos ligados à Geometria e à Trigonometria e muitas outras ideias matemáticas.

Se retornarmos à Antiguidade, podemos identificar muitos sujeitos históricos produtores de Matemática a partir da demanda gerada por problemas de diferentes tipos, como comenta Luis Radford:

> A matemática surge nas civilizações antigas intimamente relacionada ao desenvolvimento social, político e econômico das cidades. Por exemplo, registros históricos antigos sugerem que os sinais numéricos cuneiformes usados na Mesopotâmia eram, de fato, a manifestação de um fenômeno semiótico importante

> precedido por atividades contábeis inicialmente baseadas em ossos entalhados e, posteriormente, em *tokens*. A expansão das cidades impôs formas novas e mais elaboradas de organização interna, o que acarretou novos e complexos problemas – por exemplo, como calcular a área de certa porção de terra, como calcular os juros de um empréstimo, como resolver questões hereditárias, ou como calcular o preço de diferentes mercadorias. Contudo, também encontramos problemas "não práticos", ou seja, problemas que, embora formulados em termos de uma experiência semiótica concreta da vida cotidiana, não possuem relação direta com as necessidades práticas (Radford, 2011, p.118).

Sobre o cálculo do preço de diferentes mercadorias, Radford comenta: "Uma coleção de problemas de Tell Harmal mostra como calcular o preço total de alguns artigos usados em negócio comercial que usa prata como unidade 'monetária' de bens. Tais artigos incluíam gergelim, tâmara e banha" (*Ibidem*, p. 119). E sobre os problemas não práticos, um exemplo apresentado consiste em encontrar os lados de um retângulo cuja largura é igual ao comprimento menos a quarta parte deste comprimento, e a diagonal é 40.

Podemos inferir que os sujeitos históricos envolvidos nessa produção matemática e em produções ulteriores eram escribas, estiradores de corda, engenheiros, agrimensores[5], negociantes, banqueiros, mercadores, artistas, físicos, geógrafos que foram produtores de ideias matemáticas através dos tempos e em diferentes culturas.

Como vimos na Matemática do matemático, os objetos são de outra natureza – estruturas (algébricas, de ordem e topológicas), categorias, variedades – com uma maneira peculiar de operar e cuja lógica dessas operações é, como vimos, garantida pela lógica matemática, a teoria dos conjuntos e as provas matemáticas baseadas no padrão de rigor vigente.

---

5 É digna de nota a menção ao agrimensor dinamarquês Caspar Wessel que, a partir de um artigo apresentado em 1797 e publicado em 1799, nas memórias da Real Academia da Dinamarca, foi um precursor da representação geométrica dos números complexos.

Com isso em mente, mencionaremos ainda dois domínios em que a Matemática aparece como ferramenta para a solução de problemas e, portanto, de produção matemática por não matemáticos que se constituiu sem operar como os matemáticos, pois produziram outros objetos, e outras lógicas para pensar e utilizar o instrumento chamado de Matemática.

Um desses domínios é a Estatística, cujos objetos são, por exemplo, um conjunto de dados em um determinado contexto; temáticas como a incerteza, a aleatoriedade e a descrição da variabilidade; e objetos, tais como amostras e eventos. Assim, desde o início, estes profissionais operavam de maneira muito diferente dos matemáticos para chegar aos resultados de seus estudos e pesquisa. O outro domínio de pesquisa e de prática é o mundo dos negócios e das finanças, cujo objeto principal é a moeda que possibilita as operações financeiras, em que o objeto "dinheiro" tecnicamente não habita o mundo dos matemáticos, embora leve à produção de muita matemática.

De fato, a Estatística de grande interesse no mundo contemporâneo, e também para a Educação Matemática Escolar, muitas vezes, não é considerada pelos matemáticos como algo próximo de sua Matemática. A maneira de operar e a lógica como operam os estatísticos não é identificada como legítima pelos padrões da Matemática do matemático.

Colin A. Ronan (1987b) sugeriu que a Estatística surgiu no início do século XVII, a partir da análise de uma série de relações de taxas de mortalidade realizada por John Gaunt em Londres, no ano de 1662, e que: "Seu trabalho tornou claro que tais tabelas podiam ser usadas pelos governos em sua função administrativa, e vários Estados europeus começaram a coletar informações necessárias, as quais abrangiam nascimentos, casamentos, dados sobre imigração, etc." (Ronan, 1987b, p. 74).

O crescimento dessa importante área de conhecimento e a produção matemática decorrente do seu desenvolvimento podem ser constatados no comentário de Ronan:

> A estatística matemática[6] foi desenvolvida pelo belga Lambert Quételet (...). Em 1825, o filósofo Auguste Comte estava ensinando o que chamava de "*sociologie*", e, por isso, Quételet se interessou pela "física social". Tentou encontrar as influências determinantes de inclinações de comportamento observadas e discutiu as causas naturais e as perturbações provocadas pelo homem. Considerou grande número de casos e definiu médias de várias espécies; traçou, também, uma definição do "homem médio". Tudo isso apareceu em 1835, em seu *Sobre o homem e o desenvolvimento de suas faculdades, um ensaio de física social.* Num trabalho mais teórico, realizado uma década depois, Quételet mencionou o que hoje é conhecido como distribuição "normal" ou "gaussiana" (palavra derivada do sobrenome do matemático alemão Carl Friedrich Gauss); era um resultado importante que mostrava, matematicamente e em forma gráfica, a distribuição de variações normais (as diferentes alturas de um grupo médio de pessoas, por exemplo, ou o modo pelo qual erros randômicos são distribuídos em uma série de observações) (Ronan, 1987b, p. 74).

Notamos que, temos nesse caso, não matemáticos construindo ideias estatísticas e produzindo matemática como ferramenta para fundamentar suas teorias. Também o físico francês Siméon Poisson desenvolveu outro trabalho precoce em Estatística, citado por Ronan nos seguintes termos:

> Ele colaborou em várias investigações e deu contribuições à matemática das perturbações dos planetas uns sobre os outros no sistema solar; elaborou uma análise matemática da teoria do calor e, em 1837, (...) estudou questões de probabilidade. É a ele que devemos o termo "lei dos grandes números", e uma curva especial para mostrar a probabilidade da ocorrência de eventos de plausibilidades desiguais (*Idem*).

Essas informações também revelam algo muito importante de se mencionar: o fato de que, paralelamente ao processo de depuração da Matemática, muita produção matemática, alheia a esse processo, estava sendo produzida e utilizada pelos profissionais de um campo da ciência que viríamos chamar de "Estatísticos".

6 Note que, aqui, o historiador Ronan faz o que mencionamos anteriormente, no caso, ele chama de Estatística Matemática e não simplesmente Estatística.

Mas a visão prevalente do matemático para sua Matemática teve, nesse contexto, como em muitos outros, um efeito muito nocivo. Para ilustrar esta afirmação, observamos que Lehmann, em seu livro intitulado *Fischer, Newman, and the Creation of Classical Statistics* (2011), faz menção ao fato de que Ronald Fisher (1890-1962) foi muito criticado por não incluir as provas matemáticas em seu livro *Statistical Methods for Research Workers* (1928). No prefácio desta obra, Fisher argumenta de maneira pertinente que: "A aplicação prática de teoremas gerais é uma *arte diferente* de seu estabelecimento por prova matemática, uma é útil para muitos para quem a outra é desnecessária"[7] (Fisher *apud* Lehmann, 2011).

Este fato é um exemplo a partir do qual se pode exibir muitos outros, de que a questão ora colocada é simples: o estatístico não opera e não precisa operar com os objetos do matemático, nem segundo a mesma lógica e o padrão de rigor deste. De fato, não só para o estatístico, mas para a maioria dos profissionais que utilizam a Matemática como ferramenta para resolver seus problemas não matemáticos, as demonstrações podem ser desnecessárias, mesmo porque, muitas vezes, estamos falando de resultados já demonstrados.

De modo análogo, discussões acerca, por exemplo, da existência e da unicidade dos objetos matemáticos em estudo podem ser fundamentais na Matemática do matemático, bem como o padrão de rigor envolvido, enquanto para a maioria dos pesquisadores de outras áreas que utilizam matemática, essas questões são desprezíveis; principalmente porque elas já foram resolvidas pelos matemáticos ou são da sua alçada resolver.

Já no domínio do mundo dos negócios e das finanças, verificamos que, historicamente, vimos o surgimento das transações comerciais que envolveram contratos, faturas, notas promissórias, crédito, hipotecas e negócios mercantis que geraram as instituições financeiras, dando origem, no seu processo de desenvolvimento, a um objeto não matemático, "a moeda", e, como consequência, podería-

7 Qualquer conversa com pesquisadores nas áreas das Engenharias, Modelagem Computacional, Economia, deixa claro, em poucos minutos, a afirmação que fizemos aqui. E, na prática, não há nenhuma perda com isso, é exatamente o contrário, se avança mais rápido na solução dos problemas nestas diferentes áreas.

mos dizer que surgia assim uma "matemática do dinheiro", que não é um objeto da Matemática do matemático e que levou à produção dessa "matemática". A relação do dinheiro com o tempo, por exemplo, gerando a noção de juros, sugere uma outra maneira de operar com esse objeto e com uma lógica diferente não contemplada na Matemática do matemático.

Em resumo, nossa conclusão de tudo o que discutimos sobre nossa primeira questão pode ser colocada em dois planos. No segundo plano, secundário em nossos propósitos, destacamos que os historiadores da Matemática que estabelecem uma comparação da Matemática do matemático com a Matemática historicamente produzida fazem uma leitura ideologicamente tendenciosa e reducionista. Isto ocorre ao identificarem a cultura em que os sujeitos estão imersos, sua atividade de pesquisa, a natureza de seus problemas – caracterizada pelos seus objetos, maneira de operar e a lógica subjacente à operação – com a Matemática do matemático. Assim, produzem uma leitura pela falta dos fatos históricos, como encontramos em Boyer, ao falar das deficiências matemáticas de egípcios e babilônios.

Em primeiro plano está a nossa resposta à primeira pergunta, encontrada quando retomamos o processo histórico e identificamos uma produção matemática que emerge de diferentes demandas práticas, existenciais e reflexivas em diferentes culturas e que, portanto, são obviamente diferentes da Matemática do matemático. Isto nos permitiu concluir que: No processo histórico de gênese e desenvolvimento daquilo que veio a se chamar *Matemática*, encontramos produtores de Matemática imersos em diferentes culturas que *não exclusivamente* os matemáticos – por exemplo, físicos, engenheiros, geógrafos, estatísticos e cientistas da computação. E ainda, somos levados a inferir que existe, neste momento, matemática original sendo produzida por não matemáticos, fruto de seus estudos em outras áreas de conhecimento que não a Matemática.

Nossa segunda questão apresentada foi: A maneira como historicamente diferentes sujeitos falaram, operaram, pensaram e utilizaram a Matemática restringiu-se ao discurso matemático presente na trilha Euclides-Hilbert-Bourbaki? A indicação de que estaríamos certos em nossa busca por evidências para encontrar uma resposta a esta questão veio da afirmação de Lins (1994c), ao dizer que "(...) há falantes de Matemática que não os matemáticos" e ao lembrarmo-nos que a Matemática do matemático, como caracterizamos não é uma criação ou uma descoberta restrita a eles, desconectada do processo histórico e cultural que envolveu os estudiosos, os produtores de Matemática e aqueles que a utilizam em seus problemas diários, como ele ponderou ao dizer:

> Mas a Matemática dos matemáticos não inventa para si todo um conjunto de coisas sobre as quais falar: ela apropria-se de crenças-afirmações já enunciadas por outros, por exemplo, "2 + 2 = 4". E, naquele processo de fundir crenças-afirmações com as justificações produzidas dentro de um único modo de produzir significado, a Matemática dos matemáticos termina por outorgar a si própria a função de depositária dos frutos do progresso, visto como acumulação de textos, com a implicação natural, neste contexto, de quem não fala como ela é porque não atingiu o suficiente grau de desenvolvimento. Estabelece-se uma "diferença de potencial" que supostamente justifica a posição de que ensinar Matemática é mostrar Matemática, com a possível concessão de que explicações podem ser necessárias (Lins, 1994c, p. 38).

Esta citação nos sugeriu a possibilidade de que o mesmo processo de depuração feito na matemática também foi levado a cabo por alguns matemáticos, ao contar sua história, omitindo o fato de que problemas (muitas vezes não matemáticos) levaram à produção de Matemática por não matemáticos. E como veremos, a postura de rotular estes profissionais como matemáticos parece uma opção ingênua ou deliberada de colocar todos os produtores de Matemática no interior da comunidade dos matemáticos, o que, como sugerimos, não é o caso.

Assim, usando a mesma estratégia que utilizamos para responder à primeira pergunta, buscamos identificar pelo menos um profissional não matemático, educado matematicamente, para quem a Matemática também fosse seu objeto de pesquisa, ou de estudo ou sua ferramenta de trabalho.

Vale observar que as evidências que apresentamos ao responder a primeira questão também ajudam a esclarecer nossa segunda questão. Como vimos, historicamente, os produtores de Matemática que designamos de não matemáticos – engenheiros, físicos, estatísticos, pintores, escultores, geógrafos, "homens das finanças" etc. – constituem um rol suficiente de profissionais que, além de produzir Matemática, também são falantes, pensadores, estudiosos e usuários da Matemática.

Assim, no intuito de ampliar este rol, apresentamos uma identificação óbvia, de mais um tipo de representante não matemático de grande importância: os filósofos. Em particular, aqueles designados de lógicos, filósofos da Ciência e os filósofos da Matemática que identificamos como investigadores, pensadores e falantes de Matemática que não exclusivamente os matemáticos (apesar de existir doutores em Matemática que não são matemáticos praticantes mas que se dedicaram à Filosofia da Matemática). A Matemática, para eles, se torna um objeto de reflexão, de investigação e de geração de problemas filosóficos, lógicos e matemáticos que não são da natureza nem da alçada dos matemáticos resolver.

A Filosofia da Matemática se constitui em um ramo da filosofia que investiga os fundamentos da Matemática, sua evolução e seus princípios básicos através de diferentes perspectivas, como a metafísica, a epistemologia, a lógica e a filosofia da linguagem. Dentre as suas questões de estudo e reflexão estão indagações do tipo: Qual é a origem dos objetos matemáticos? Como acontece a evolução da Matemática? Qual é a relação entre Lógica e Matemática? Nesse cenário, também os filósofos se dedicam a estudar as diferentes correntes de pensamento sobre a Matemática, tais como o Platonismo, o Intuicionismo, o Formalismo, o Nominalismo, o Ficcionalismo e o Construtivismo. E, para tal empreendimento, é necessário que esses filósofos sejam educados matematicamente, apesar de não serem matemáticos praticantes.

Na Antiguidade observamos pensamentos filosóficos que poderíamos identificar atualmente como sendo de Filosofia da Matemática, sendo desenvolvidos, por exemplo, pelos membros da escola pitagórica e pelos também gregos Platão e Aristóteles, os quais produziram significados, entre outras noções matemáticas, para o objeto número.

Segundo Lins (1992), para os pitagóricos, número era apenas um número inteiro utilizado para uma quantidade precisa de coisas; isto é, a ideia de número não podia ser entendida "fora" do mundo das coisas. Dito em outras palavras, número só era manifesto na grandeza de uma coleção de coisas. Por outro lado, para Platão, a base para qualquer conhecimento de número estava na possibilidade de contar. E para Aristóteles, um número era [apenas] aquilo que foi contado ou que pode ser contado. Com estes modos de produção de significados para número, evidenciamos três modos diferentes de conceber o objeto número.

No processo de desenvolvimento da matemática grega fez surgir uma aritmética prática, com objetivos práticos como as demandas criadas pelo comércio, e uma aritmética teórica. Sobre a segunda delas, Bloor (1998) questionou: Qual é o interesse desta forma de aritmética teórica? E a resposta vem nos seguintes termos, explicitando um pouco o pensamento matemático da época:

> A resposta é que estes pensadores encontraram na aritmética um esquema classificativo que simbolizava a sociedade, a vida e a natureza. Para eles, a sua ordem e hierarquia capturavam simultaneamente a unidade do cosmos e as nossas aspirações humanas, bem como o nosso papel no cosmos. Os vários tipos de números 'representavam' propriedades como Justiça, Harmonia e Deus. A classificação do número tinha ressonância com as classificações do pensamento e vida diários. A contemplação do primeiro era um meio para alcançar, em pensamento, o verdadeiro significado do último. Era uma maneira de estabelecer contato intelectual com as essências e os potenciais subjacentes à ordem das coisas. (...) Os modos de correspondência entre a matemática e o mundo emergem, no seu nível mais simples através da maneira como os pitagóricos, e mais tarde os neoplatônicos, gerem conjuntamente propriedades sociais, naturais e numéricas. A sua famosa Tabela de Opostos revela o seguinte alinhamento das suas categorias:

Masculino	Feminino
Claro	Escuro

Bom	Mau
Ímpar	Par
Quadrado	Retângulo, etc. (Bloor, 1998, p. 64).

Assim, constatamos que os filósofos gregos produziram ideias matemáticas e operavam com elas como elemento de reflexão em busca de respostas às suas indagações filosóficas e existenciais.

Dando um salto no processo histórico, não há dúvidas também de que Bertrand Russell (1872 – 1970) foi um dos mais importantes filósofos do século XX, pois ficou conhecido pelos seus trabalhos em Lógica Matemática e Filosofia Analítica.

Quando do seu ingresso na Trinity College, da Universidade de Cambridge, em 1890, se dedicou ao estudo da Filosofia e da Matemática. No seu primeiro grande trabalho, intitulado *Os princípios da Matemática*, publicado em 1903, Russell demonstrou sua tese central de que todo o edifício matemático podia ser derivado dos princípios fundamentais da Lógica. Mais tarde, sua obra publicada em três volumes, intitulada *Principia Mathematica*, foi considerada o maior avanço nos estudos de lógica desde as obras clássicas de Aristóteles. Temos, assim, mais um exemplo de um filósofo educado matematicamente; um falante de Matemática que não foi matemático.

Nesse sentido, a Filosofia se mostra como um domínio onde encontramos pensadores educados matematicamente com questionamentos e reflexão investigativa de questões epistemológicas e existenciais, desde a Antiguidade aos dias atuais.

Outro exemplo de que há falantes e pensadores sobre e a partir da Matemática, praticantes e produtores de novas ideias matemáticas que não exclusivamente os matemáticos, pode ser observado quando analisamos diferentes práticas culturais. David Bloor (1998), em seu artigo intitulado *Poderá existir uma Matemática alternativa?* no livro intitulado *Sociologia da Matemática*, reuniu diferentes textos sobre o tema, oportunidade em que discutiu a ideia de que número era entendido como número de unidades, e que a própria unidade tinha uma natureza especial – um objeto para contar – que prevaleceu até o século XVI. Um dos sujeitos históricos que ajudou para que esta ideia fosse alterada foi o engenheiro holandês Simon Stevin, o qual, como demanda do seu trabalho, fazia analogia entre número e comprimento, ou tamanho e grandeza. Sobre isto, Bloor comentou:

> Naquela época, a maioria dos que praticavam matemática tinha preocupações tecnológicas ou de aplicação. A sua tendência prática conduziu-os ao uso do número não só para contar, mas também para medir. Foram provavelmente as preocupações de índole prática que quebraram as fronteiras entre a geometria e a aritmética. Os números passaram a desempenhar uma nova função indicando as propriedades do movimento, processos activos de mudança. Por exemplo, número e medida tornaram-se centrais para uma compreensão intelectual da balística, da navegação e do uso de maquinaria (Bloor, 1998, p. 62).

Na continuação Bloor observa:

> Para os que se opunham às novas concepções que a Natureza tinha sussurrado ao ouvido de Stein, o número ainda tinha um caráter mais estático. Compreendia-se o número ao classificá-lo. As suas propriedades mais importantes eram aquelas em virtude das quais lhe era atribuída uma categoria apropriada. A relação do número com o mundo era certamente importante para estes pensadores, mas era frequentemente concebida de uma maneira diferente da dos engenheiros, ou acreditava-se que tinha aspectos para além e acima dos salientados pelo homem prático. O número era uma exemplificação simbólica da ordem e da hierarquia do ser. Tinha significância teológica e metafísica (*Idem*).

Esta citação indica, mais uma vez, diferentes modos de produção de significados para a Matemática, no caso particular aqui tratado, ligado a concepções de número falado, produzido e praticado por não matemáticos.

A *atividade de docência* também esteve historicamente ligada ao ensino do que veio a se chamar de Matemática, iniciada, por vezes, no ambiente familiar a partir de um tutor, ou na formação de adultos nobres e privilegiados que pagavam um professor para aprender sobre alguns temas das denominadas "essências universais" (de onde nasceria o nome de "universidade"). E, ao longo do tempo, a figura do professor esteve presente desde a Antiguidade Clássica, com a Escola de Atenas, fundada por Platão em 387 a.C., passando pela Idade Média, com o surgimento das primeiras universidades (Universidade de Bolonha, 1088; Universidade de Paris, Sorbonne, 1214) até os dias atuais.

Não se pode precisar quando e onde surgiram as primeiras propostas de ensino da Matemática, mas as chamadas sete artes liberais propostas pelos gregos na Antiguidade permaneceram intocáveis por dois milênios, desde a sua origem. Eram formadas pelo *quadrivium* matemático proposto pelo filósofo pitagórico Arquitas, constituído pela Aritmética (ou números em repouso), Geometria (ou grandezas em repouso), Música (ou números em movimento), Astronomia (ou grandezas em movimento) e o *Trivium*, constituído pela gramática, retórica e dialética – proposta a qual Aristóteles atribuía ao filósofo Zeno de Elea (Boyer, 1974). Esse "programa" de ensino veio a ser uma orientação nas tradições educacionais do ocidente por muito tempo. Como consequência, encontraremos os professores na tarefa de ensinar Matemática ao longo de todo o processo histórico.

Mas o que nos importa chamar a atenção é que, historicamente, e até os dias atuais, os professores são também falantes de Matemática, educados matematicamente, fruto do seu ofício. Assim, falar de Matemática com o objetivo de ensinar não é uma exclusividade dos matemáticos.

Como sabemos, muita Matemática foi produzida vinda de problemas práticos presentes nas experiências cotidianas das pessoas comuns e de muitos profissionais. Por este motivo, não podemos desconsiderar sua dimensão *utilitária*, pois, para muitos profissionais, não há interesse no estudo da Matemática por ela mesma considerando seus problemas internos fruto do processo de depuração.

Para economistas, comerciantes, engenheiros, pedreiros, estatísticos, médicos, *design* de interiores, arquitetos, artesãos e as pessoas comuns, *a Matemática foi e é um instrumento, uma ferramenta* para atender às demandas de problemas de diferentes naturezas, emergentes no cotidiano em seus domínios de atuação, a partir de suas experiências ordinárias[8].

E queremos ressaltar, neste contexto, algumas experiências matemáticas que emergem do cotidiano e que, sob nossa perspectiva, caracterizam-se como produção matemática como por exemplo, se considerarmos o dia em que, pela primeira vez, alguém deu um troco – operando com o objeto "dinheiro" – usando a operação de "*completamento*" em vez de usar a operação de *subtrair* – em que alguém pagou uma conta dando uma nota com maior valor do que aquela que vale o produto a ser adquirido[9]. Operar por completamento é inteiramente legítimo e oportuno no comércio, como indicaram Lins e Gimenez (1999, p. 20). E não queremos excluir essa produção matemática (que estes pesquisadores chamaram de *Matemática da rua*) da Matemática escolar e da formação de professores.

Assim, nossa resposta à segunda questão é: No processo histórico de gênese e desenvolvimento daquilo que veio a ser chamar *Matemática*, encontramos *falantes* e, como consequência, conhecedores de Matemática (como os professores, por exemplo); *investigadores* e *pensadores* sobre a Matemática (como os filósofos, por exemplo); e os *usuários* de Matemática (tais como, economistas, comerciantes, engenheiros, pedreiros, estatísticos, médicos, físicos, *design* de interiores, arquitetos, artesãos, feirantes e as pessoas comuns), que, imersos em diferentes culturas e nas mais distintas atividades, produzem significados para a Matemática, indicando que isto não é uma exclusividade dos matemáticos.

Para os não matemáticos, a Matemática pode ter a função de auxiliar na organização da atividade humana e proporcionar uma leitura de mundo que

8 Demandaria muito esforço procurar evidências históricas sobre estes diferentes profissionais porque, em geral, não existe menção às suas falas e práticas matemáticas em livros de História da Matemática e da Ciência.

9 Nos dias atuais, se o valor da compra é de R$ 65,50 e damos uma nota de R$ 100,00, uma operação legítima, opcional a subtrair um valor do outro, é completar o valor da compra até chegar a cem reais, obtendo, assim, o valor do troco.

possibilite às pessoas, em última instância, tomar decisões para a sua vida; como também tem como função relacionar as diferentes áreas do conhecimento humano. E, para muitas dessas pessoas, isto é suficiente.

Em suma, em resposta às nossas questões, sugerimos que, historicamente, a Matemática foi produzida, falada, pensada e investigada por diferentes pessoas e em diferentes culturas, e ela não se reduz apenas à prática científica. E este ponto é de enorme importância e interesse em nosso projeto de ensino, pois ele muda radicalmente a perspectiva que teremos da Matemática.

A resposta às duas questões, em conjunto, nos leva à seguinte conclusão: *o processo histórico evidencia que a Matemática, da maneira como a concebemos, não foi e não é um domínio exclusivo dos matemáticos, nem com respeito à prática científica. Há falantes, pensadores e estudiosos de Matemática, pessoas educadas matematicamente, em diferentes níveis de erudição, que não os matemáticos.*

O que fica em tela é que os objetos com que estes diferentes profissionais constituíram e constituem sua maneira de operar de acordo os seus interesses e com os problemas que atacaram e atacam – dos mais cotidianos aos mais especializados – e a lógica que usaram e usam em suas operações são diferentes da Matemática do matemático do século XX. E isso, em nosso entendimento, não caracteriza perda de legitimidade. E, portanto, entender este ponto dá uma nova perspectiva para o projeto de educar matematicamente crianças, adolescentes e futuros professores.

Assim, ao olharmos para todo o processo de emergência e desenvolvimento da Matemática que ainda está em curso, designaremos como sendo *A Matemática* esse texto produzido historicamente e em constante acréscimo de informações por diferentes profissionais.

Em particular, o que nos interessa para pensarmos a construção de uma Matemática escolar é a riqueza de produção de significados que emerge ao se *falar, a partir desse texto*, de *utilizá-lo como instrumento para resolver problemas*, de *cons-*

tituí-lo como objeto de ensino e relacionar as informações que vêm das mais diferentes áreas do conhecimento humano para informar às futuras gerações do patrimônio cultural produzido ao longo do tempo.

Ao partirmos deste ponto, estamos abrindo as portas da Matemática escolar para toda essa riqueza de modos de produção de significados que parece ter sido apagada, desvalorizada e desconsiderada pelo processo de depuração da Matemática do matemático, que aconteceu por uma via vicinal – o caminho representado por Euclides-Hilbert-Bourbaki – mas que *não representou todo processo histórico*, por ter sido, metaforicamente, uma corrente no interior de um mar de produção científica, resolução de problemas, reflexão e utilidade ao qual rotulamos de *A Matemática*.

ANEXO 2

O Lócus da realidade Matemática

Se Newton tivesse sido criado na cultura hotentote, ele teria calculado como um hotentote.

Leslie A. White

Neste segundo Anexo, apresentaremos uma visão alternativa a uma questão que pode ter surgido ao leitor a partir do capítulo 3, a saber: a Matemática é descoberta ou inventada/criada pelo matemático?

Naquela altura, os autores que trouxemos para a discussão indicavam a visão vinda do mundo dos matemáticos evidenciando as concepções platonista e formalista.

Ao longo da formação de professores, e mesmo na formação do educador matemático, pouco ou nada se discute sobre o que é a Matemática e sobre qual é a sua real natureza. Pois, como vimos, dizer que a Matemática é o que os matemáticos fazem já não é, na nossa concepção, uma boa resposta. Por outro lado, as caracterizações de Matemática que são apresentadas em várias obras não dizem muito para nos ajudar a pensar sobre o que ela deve ser nas atividades que nos interessam, quais sejam, as de aprendizagem e de docência. Além disso, em nossa formação e em nossa prática letiva, estivemos/estamos tão imersos no discurso de *educar para a Matemática* a partir do *Ensino da Matemática* que, em geral, não consideramos a possibilidade de existir uma outra concepção do que vem a ser a Matemática, diferente daquelas vindas do matemático. Logo, nossa questão é: haveria outra possibilidade alternativa, com respeito à natureza da Matemática, diferente daquela vinda do platonismo e formalismo?

Para ampliar nossa visão sobre a temática, optamos por fazer uma leitura comentada do texto do antropólogo Leslie Alvin White, intitulado *The Locus of Mathematical Reality: An Anthropological Footnote* (O Lócus da Realidade Matemática: Uma nota de rodapé antropológica).

Neste texto, White se propõe a responder à seguinte pergunta: onde está o *lócus,* isto é, o lugar da realidade matemática? E, ao fazer isso, ele aborda nossa questão de interesse a respeito da natureza da Matemática e nos esclarece que a visão dos matemáticos não constitui nas únicas maneiras de conceber essa área do saber.

Nossa opção pela resposta de White às questões colocadas se baseia em dois motivos; primeiro, porque sua resposta *não é baseada no senso comum* ou em nenhuma *crença*; ela foi referenciada por estudos antropológicos a partir da noção de cultura. O segundo motivo reside no fato de que sua resposta encaminha bem a direção que seguiremos no projeto de uma educação matemática escolar, embora não necessariamente com a sua caracterização de cultura, mas em oposição às visões vindas da comunidade matemática.

Retornando, em linhas gerais, ao início da conversa, esta pergunta surge a partir das concepções da natureza da Matemática vigentes, por exemplo, o matemático G.H. Hardy, por exemplo, em seu livro intitulado *A Mathematician's Apology* (traduzido para o português com o título *Em defesa de um Matemático*), publicado em 1967, posicionou-se sobre o tema em discussão sugerindo que, para ele, há duas conotações diferentes para a palavra realidade: uma é a "realidade física", relativa ao mundo material, "o mundo do dia e da noite, dos terremotos e eclipses, o mundo que a ciência física tenta descrever"; e uma outra realidade explicada nos seguintes termos:

> Para mim, e penso que para a maioria dos matemáticos, existe outra realidade, que chamarei "realidade matemática", e não há nenhum consenso entre os matemáticos e filósofos quanto à natureza dessa realidade. Alguns sustentam que ela é "mental" e que, em certo sentido, nós a construímos; outros sustentam que ela é exterior a nós e independente de nós. Um homem que conseguisse propor uma descrição convincente da realidade matemática resolveria muitos dos problemas mais difíceis da metafísica. Se conseguisse incluir a realidade física na sua descrição, os resolveria a todos (Hardy, 2000, p. 115).

O interessante é que White vai tratar exatamente dessa questão em seu artigo publicado em 1947. Mas, antes de entrar nessa discussão, vejamos como Hardy se coloca em relação às duas possibilidades; ele diz:

> Acredito que a realidade matemática é exterior a nós, que a nossa função é descobri-la e *observá-la*, e que os teoremas que provamos e que chamamos de modo grandiloquente de nossas "criações" são simplesmente as anotações das nossas observações. Essa concepção foi sustentada, sob uma outra forma, por muitos filósofos de elevada reputação, de Platão em diante (Hardy, 2000, p. 116).

Sua crença afirmada neste comentário o coloca como um matemático platonista; que possui outros adeptos, como por exemplo, o matemático francês René Frédéric Thom, ao lado do filósofo, matemático e lógico Kurt Gödel, segundo Davis e Hersh. Eles comentam que Thom escreveu, em 1971, o seguinte comentário:

> Levando tudo em conta, os matemáticos deveriam ter a coragem de suas convicções mais profundas e afirmar assim que as formas matemáticas têm, com efeito, uma existência que é independente da mente que as contempla... No entanto, a qualquer tempo, os matemáticos têm somente uma visão incompleta e fragmentária deste mundo das ideias (Thom *apud* Davis; Hersh, 1985, p. 360).

Esta concepção de Matemática expressa por eles também é apresentada por outros matemáticos em suas falas, no dia a dia, às vezes, sem saber o que tal visão representa. Por exemplo, em uma entrevista feita por uma youtuber, o matemático Arthur Avila, ganhador da medalha Fields de 2014, responde à pergunta: "A Matemática foi descoberta ou inventada?" de maneira direta: "Foi inventada". Já o diretor-geral do IMPA, Marcelo Viana, na mesma entrevista, foi mais categórico e esclarecedor sobre sua concepção: "Foi descoberta. São como as estátuas inacabadas de Michelangelo, em que o artista parece estar arrancando-a da pedra, a matemática é isso, ela é arrancada de onde está, já está lá"[1].

A partir desta concepção, muitos professores passam a ter, de maneira irrefletida, esta percepção da Matemática como algo que sempre existiu na natureza e tudo que pode ser feito é descobri-la. Um dos discursos frequentes associados a esta posição é o fato de que um matemático produz matemática e, anos depois, ela é descoberta na natureza. Um exemplo muito citado diz respeito à sequência apresentada por Leonardo Fibonacci, uma sequência de números infinita, denominada de sequência de Fibonacci, que depois de definida foi encontrada na natureza na concha de caramujos e nas sementes de girassol. Esta é, pois, uma concepção que vem sendo difundida desde a Antiguidade, na Matemática grega.

Por outro lado, matemáticos como Folland apresentam sua concepção no seguinte comentário:

> Pode-se afirmar que os matemáticos podem *criar* novas estruturas *dentro da realidade matemática*, assim como os engenheiros podem criar novas estruturas dentro do mundo físico, mas a maioria de nós não tem problemas com a ideia de que existe tal realidade e que nosso trabalho consiste em estudá-la (Folland, 2010, p. 1121).

Dentro desta perspectiva, matemáticos formalistas acreditam que a Matemática é uma criação ou invenção humana. Por exemplo, o criador e principal representante do formalismo foi o analista David Hilbert, que afirmava que não existem verdades matemáticas, mas sistemas axiomáticos consistentes. Para ele, a matemática era concebida como um jogo em que o jogador cria seus objetos e

1 Disponível em https://mentalidadesmatemáticas.org.br/a-matematica-foi-descoberta-ou-inventada/ Acesso em setembro de 2021.

suas regras, cuja única condição é manter a coerência. Assim, podemos encontrar afirmações como a do professor do MIT (Instituto de Tecnologia de Massachussets), na mesma entrevista citada anteriormente, que diz: "Quando você olha uma flor, descobre Matemática. Mas isso é a natureza, e nós criamos a linguagem matemática".

Observamos, assim, o entrelaçamento de duas concepções: sobre a natureza da Matemática e acerca da realidade Matemática. Como White chamou a atenção, muitas pessoas afirmam que a realidade da Matemática está dentro de nós (a Matemática é inventada) e outras tantas afirmam que está fora de nós (a Matemática é descoberta). Em geral, tais pessoas e/ou profissionais não concebem que essas não são as únicas possibilidades. E é sobre a realidade matemática que White inicia a discussão.

E sobre o que é a "realidade", o antropólogo começa apresentando um forte indicador de que nosso senso comum pode nos apresentar uma visão limitada do que ela seja ao comentar: "É um erro identificar a realidade apenas com o mundo externo. Nada é mais real do que uma alucinação". De fato, todo psiquiatra sabe que, para um paciente em surto psicótico, ele está tendo uma experiência absolutamente real.

O centro da discussão, segundo White, está na pergunta: onde está o lócus da realidade matemática? A resposta do autor a esta questão foi encaminhada a partir da noção de cultura. Por este motivo, subvertemos a ordem natural do texto de White, iniciando pela sua descrição de cultura apresentada nos seguintes termos:

> Cultura é o termo técnico do antropólogo para o modo de vida de qualquer pessoa, não importa o quão primitivo ou avançado seja. É o termo genérico do qual civilização é um termo específico. O modo de vida, ou cultura, da espécie humana se distingue de todas as outras espécies pelo uso de símbolos. O homem é o único ser vivo que pode livremente e arbitrariamente impor valor ou significado a qualquer coisa, que é o que queremos dizer com "usar símbo-

> los". A forma mais importante e característica de comportamento simbólico é a fala articulada. Todas as culturas, toda a civilização, surgiram, cresceram e se desenvolveram, como consequência da faculdade simbólica, única na espécie humana (White, 2006, p. 307).

Assim, White nos faz entender que a produção de significados, a partir da capacidade dos humanos em usar símbolos, que os leva à linguagem e à fala articulada é, como diria Vigostki, algo tipicamente humano. Esse é o diferencial dos humanos em relação aos animais e, portanto, será geradora da cultura. Por este motivo, ele assume que o símbolo (algo cujo significado ou valor é atribuído pelo usuário) é a base da cultura. Dessa concepção, ele forja o termo *simbologizar*, caracterizado como "a capacidade de originar, definir e atribuir significados, de forma livre e arbitrária a coisas e acontecimentos no mundo externo, bem como de compreender significados" (White; Dillingham, 2009, p. 9). Em seu entendimento, o homem se constitui como humano quando adquire a capacidade de simbologizar.

O antropólogo é conhecido por seu pensamento evolucionista da cultura, isto é, a partir do entendimento de que o desenvolvimento de uma ou mais culturas ocorrem das formas mais simples para as formas mais complexas. Porém, ele considera o humano como sendo fruto de uma evolução e de uma revolução, cuja transformação em sujeito simbolizador lhe possibilitou o domínio sobre o mundo, tendo como instrumento o discurso articulado[2]. Assim, sobre a noção de cultura, ele comenta:

> Cada cultura da atualidade, por mais simples ou primitiva que seja, é um produto de grande antiguidade. A linguagem, ferramentas, costumes, crenças, formas de arte, etc., de qualquer pessoa são coisas que foram transmitidas de geração em geração, de época em época, mudando e crescendo à medida que avançavam, mas sempre mantendo ininterrupta a conexão com o passado. Todo povo vive não apenas em um habitat de montanhas ou planícies, de lagos,

2 Ver White e Dillinghan (2009).

> bosques e céus estrelados, mas também em um ambiente de crenças, costumes, moradas, ferramentas e rituais (White, 2006, p. 308).

White então esclarece o papel da cultura em relação à natureza, explicitando sua importância em nossa constituição humana, introduzindo o termo comportamento que será central em sua análise posterior:

> Cada indivíduo nasce em um mundo de cultura feito pelo homem, bem como em um mundo de natureza. Mas é a cultura, e não o habitat natural, que determina o pensamento, os sentimentos e o comportamento do homem. Sem dúvida, o ambiente natural pode favorecer um tipo de atividade ou tornar impossível um certo modo de vida. Mas tudo o que o homem faz, como indivíduo ou sociedade, é determinado pela cultura na qual ele ou eles nasceram. A cultura é uma grande organização de estímulos que flui através dos tempos, moldando e direcionando o comportamento de cada geração de organismos humanos em andamento. O comportamento humano é uma resposta a esses estímulos culturais que se apoderam de cada organismo no nascimento - na verdade, desde o momento da concepção, e mesmo antes disso - e o mantém em seu abraço até a morte - e além, por meio de costumes mortuários e crenças na terra dos mortos (*Idem*).

É importante considerar que White diferencia em seu estudo comportamento e cultura. Para ele, *comportamento* é "(...) quando as coisas e acontecimentos dependentes de simbolização são considerados e interpretados face à sua relação com o organismo humano; e *cultura* é "quando as coisas e acontecimentos dependentes de simbolização são considerados e interpretados em si, independentes do organismo humano". Considerando esta diferenciação, ele comenta:

> A linguagem que um povo fala é a resposta aos estímulos linguísticos que afetam os diversos organismos na primeira infância e na infância. Um grupo de organismos é moldado por estímulos da língua chinesa; outro, pela inglesa. O organismo não tem escolha e, uma vez lançado em um molde, é incapaz de mudar. Aprender a falar uma língua estrangeira sem sotaque depois de ama-

> durecer ou mesmo, na maioria dos casos, imitar outro dialeto de sua própria língua é extremamente difícil, senão impossível, para a maioria das pessoas. O mesmo ocorre em outras esferas de comportamento. Um povo pratica poliginia[3], tem clãs matrilineares[4], crema os mortos, se abstém de comer carne de porco ou amendoim, conta dezenas, coloca manteiga em seu chá, tatuagens em seus peitos, usa gravatas, acredita em demônios, vacina seus filhos, escalpa seus inimigos derrotados ou os julga criminosos de guerra, empresta suas esposas a convidados, usa réguas de cálculo, joga pinochle[5] ou extrai raízes quadradas se a cultura em que eles nasceram possui essas características. É óbvio, claro, que as pessoas não escolhem sua cultura; elas herdam. É quase tão óbvio que um povo se comporta como se comporta porque possui um certo tipo de cultura - ou, mais precisamente, é possuído por ela (White, 2006, p. 308).

White então esclarece, do ponto de vista cultural e antropológico, seu entendimento sobre o que é a Matemática:

> *A matemática é, obviamente, uma parte da cultura.* Todo povo herda de seus predecessores, ou vizinhos contemporâneos, junto com maneiras de cozinhar, casar, adorar, etc., maneiras de contar, calcular e tudo mais que a matemática faça. A matemática é, de fato, uma forma de comportamento: as respostas de um tipo particular de organismo primata a um conjunto de estímulos. Se um povo conta por cinco, dez, doze, vinte; quer não tenha palavras para números cardinais além de 5, ou possua as concepções matemáticas mais modernas e altamente desenvolvidas, *seu comportamento matemático é determinado pela cultura matemática que os possui* (Idem, destaques nossos).

Esse entendimento de Matemática tem uma conexão íntima com a nossa perspectiva. Ao entendê-la como sendo fruto de um processo histórico e produzida no interior de diferentes culturas, permite-nos colocar em tela "todos" aqueles

---

3 Costume, regra ou ideal de casamento que permite ou prescreve o casamento de um homem com várias mulheres.
4 Matrilinear é relativo aos parentes pela linha feminina; ou relativo à ou que envolve descendência pela linha materna.
5 É um jogo de cartas.

que a produziram e a utilizaram na organização de sua atividade humana e/ou como leitura de mundo.

Por outro lado, existe um entendimento baseado, muitas vezes, numa crença ou no senso comum, de que alguns estudiosos produziram algo sozinhos e o que eles produziram – como um teorema novo, por exemplo – é resultado apenas do seu esforço pessoal utilizando apenas o seu cérebro. Porém, White, ao longo de seu texto vai indicando que não é bem assim.

Com o entendimento de que a Matemática é um produto da cultura, White parte de duas proposições cuja finalidade é que o leitor decida sobre sua veracidade ou não; são elas:

1. "As verdades matemáticas têm uma existência e uma validade fora da mente humana", e,

2. "As verdades matemáticas não têm existência ou validade fora da mente humana" (White, 2006, p. 306).

Ele então nos chama a atenção para o fato de que as proposições, tais como formuladas, à primeira vista, parecem afirmações opostas uma à outra. Mas ele argumenta que podemos ser levados ao engano ao não perceber que o termo "mente humana" é usado em dois sentidos diferentes. Na primeira proposição, nos seus termos, "mente humana se refere a organismo individual"; na segunda proposição, se refere "à espécie humana". Ele então observa que ambas as proposições podem ser, e realmente são verdadeiras; mas é preciso considerar que:

> *As verdades matemáticas existem na tradição cultural em que o indivíduo nasce* e, portanto, entram em sua mente de fora. Mas, à parte da tradição cultural, os conceitos matemáticos não têm existência nem significado e, é claro, a tradição cultural não tem existência separada da espécie humana. *As realidades matemáticas, portanto, têm uma existência independente da mente individual, mas são totalmente dependentes da mente da espécie.* Ou, para colocar a questão em terminologia antropológica: *a matemática em sua totalidade, suas "verdades" e suas*

> *"realidades", fazem parte da cultura humana, nada mais.* Cada indivíduo nasce em uma cultura que já existia e que é independente dele. Os traços culturais existem fora da mente individual e independente dela. O indivíduo obtém sua cultura aprendendo os costumes, crenças e técnicas de seu grupo. Mas a própria cultura não tem, e não pode ter, existência separada da espécie humana. A matemática, portanto - como a linguagem, instituições, ferramentas, artes, etc. - é o produto cumulativo de séculos de esforço da espécie humana (White, 2006, p. 306, destaques nossos).

Reforçando sua perspectiva antropológica, White esclarece, de passagem, também a questão – sempre discutida em diferentes áreas – sobre o papel do biológico e do cultural na nossa constituição como seres humanos e, consequentemente, na cognição humana. Ele comenta:

> Podemos ver agora como a crença de que as verdades e realidades matemáticas estão fora da mente humana surgiu e floresceu. Eles estão fora da mente de cada organismo individual. Eles entram na mente individual, como diz Durkheim de fora. Eles afetam seu organismo, novamente para citar Durkheim, assim como as forças cósmicas. Qualquer matemático pode ver, observando a si mesmo e aos outros, que isso é verdade. *A matemática não é algo secretado, como a bile; é algo bebido, como vinho.* Os meninos hotentotes[6] crescem e se comportam, tanto matematicamente quanto de outra forma, em obediência e em conformidade com a matemática e outras características de sua cultura. Jovens ingleses ou americanos fazem o mesmo em suas respectivas culturas. *Não há um iota de evidência anatômica ou psicológica que indique que existem diferenças inatas, biológicas ou raciais significativas no que diz respeito à matemática ou a qualquer outro tipo de comportamento humano. Se Newton tivesse sido criado na cultura hotentote, ele teria calculado como um hotentote.* Homens como G.H. Hardy, que sabem, por experiência própria e, também, pela observação de outros, que as realidades matemáticas entram na mente de fora, compreensivelmente - mas erroneamente - concluem que têm sua origem e *locus* no mundo externo, independente do homem. Errado, porque a alternativa para "fora da

6 Referente ao povo nômade africano do sul da África.

mente humana", a mente individual, ou seja, não é "o mundo externo, independente do homem", mas a cultura, o corpo do pensamento tradicional e do comportamento da espécie humana (White, 2006, p. 306, destaques nossos).

É interessante observar em um dos destaques da citação anterior que o antropólogo nega, e sempre negou, que a variação cultural derivasse de diferenças raciais entre os humanos, diferente de outros pesquisadores de sua época.

White segue trazendo elementos que indicam que a resposta à questão colocada é encontrada a partir da compreensão da cultura. Segundo ele, a cultura frequentemente nos prega peças e distorce nosso pensamento. Ele comenta:

> Tendemos a encontrar na cultura expressões diretas da "natureza humana" por um lado e do mundo externo por outro. Assim, cada povo está disposto a acreditar que seus próprios costumes e crenças são expressões diretas e fiéis da natureza do homem. É "natureza humana", eles pensam praticar a monogamia, ter ciúmes da esposa, enterrar os mortos, beber leite, aparecer em público apenas quando vestido, chamar os filhos do irmão de sua mãe de "primos", desfrutar de exclusividade e direito ao fruto do seu trabalho, etc., se acontecer de eles terem esses costumes particulares. Mas a etnografia nos diz que existe a mais ampla divergência de costumes entre os povos do mundo: há povos que detestam leite, praticam a poliandria[7], emprestam esposas como sinal de hospitalidade, consideram a inumação[8] com horror, aparecem em público sem roupa e sem vergonha, chama os filhos do irmão da mãe de "filho" e "filha", e livremente colocam todos ou a maior parte dos produtos de seu trabalho à disposição de seus companheiros. Não há costume ou crença que expresse a "natureza humana" mais do que qualquer outro (*Ibidem*, p. 309).

A esta altura, a questão que nos interessa já pode ser respondida, mas ainda não finalizada. Para White, as verdades matemáticas – vistas pela ótica da

7 Costume socialmente institucionalizado, segundo o qual dois ou mais homens podem (geralmente irmãos ou primos) casar-se com a mesma mulher.

8 Enterro, sepultamento.

cultura – são descobertas e inventadas; são ambas. Mas elas são descobertas e criadas/inventadas como "produto da mente da espécie humana".

Assim, a ideia de criação matemática desde um cérebro particular, produzida de maneira solitária, não procede em termos culturais porque existem muitos interlocutores envolvidos. Isso porque o processo de desenvolvimento matemático é um processo em que "as ideias, como outros traços culturais, interagem entre si, formando novas sínteses e combinações. Duas ou três ideias juntas podem formar um novo conceito ou síntese" (White, 2006, p. 313). Sobre esse processo, White comenta:

> Este processo requer, é claro, uma base no cérebro dos homens, assim como uma conversa telefônica requer fios, receptores, transmissores, etc. Mas não precisamos levar os cérebros dos homens em consideração em uma explicação do crescimento matemático e da invenção da mesma forma que não devemos levar em consideração os fios telefônicos quando desejamos explicar a conversa que eles transmitem. Prova disso está no fato de numerosas invenções (ou "descobertas") em matemática foram feitas simultaneamente por duas ou mais pessoas trabalhando independentemente. Se essas descobertas realmente foram causadas, ou determinadas, por mentes individuais, teríamos que explicá-las como coincidências. Com base nas leis do acaso, essas numerosas e repetidas coincidências seriam nada menos que milagrosas. Mas a explicação culturológica torna toda a situação clara de uma vez. Toda a população de uma determinada região é abraçada por um tipo de cultura. Cada indivíduo nasce em uma organização pré-existente de crenças, ferramentas, costumes e instituições. Esses traços de cultura moldam cada vida da pessoa, dá-lhe conteúdo e direção. A matemática é, obviamente, uma das correntes da cultura total. Ele atua sobre os indivíduos em vários graus, e eles respondem de acordo com suas constituições. A matemática é a resposta do comportamento orgânico à cultura matemática (*Idem*).

White observa ainda, com respeito do processo do desenvolvimento matemático, que ele ocorre em toda a extensão da cultura, mas que isso acontece de maneira mais intensa em algumas regiões, que por diversas circunstâncias criam as condições propícias. Ele comenta:

> Quando esse processo de interação e desenvolvimento atinge certo ponto, novas sínteses se formam. Essas sínteses são, com certeza, eventos reais, e têm localização no tempo e no lugar. *Os lugares são, naturalmente, os cérebros dos homens.* Como o processo cultural está ocorrendo de maneira bastante uniforme em uma ampla área e população, a nova síntese ocorre simultaneamente em vários cérebros ao mesmo tempo. *Por sermos habitualmente antropocêntricos em nosso pensamento, tendemos a dizer que esses homens fizeram essas descobertas.* E em certo sentido, um sentido biológico, eles fizeram. Mas se quisermos explicar a descoberta como um evento no desenvolvimento da matemática, devemos excluir o indivíduo completamente. Deste ponto de vista, o indivíduo não fez a descoberta de forma alguma. Foi algo que aconteceu com ele. Ele era apenas o lugar onde o raio caiu. Uma "descoberta" simultânea por três homens trabalhando "independentemente" significa simplesmente que um raio cultural-matemático pode atingir e realmente atinge em mais de um lugar ao mesmo tempo. No processo de crescimento cultural, por invenção ou descoberta, o indivíduo é apenas o meio neural em que a "cultura" de ideias cresce. *O cérebro do homem é apenas um agente catalítico, por assim dizer, no processo cultural.* Este processo não pode existir independentemente do tecido neural, mas a função do sistema nervoso do homem é meramente tornar possível a interação e ressíntese de elementos culturais (White, 2006, p. 314, destaques nossos).

White reforça a tese de que não é apenas a superioridade do cérebro do homem o único elemento para que a criação acontecer; é preciso mais, como ele explica:

> Uma pessoa, um conjunto de cérebros, pode ser um meio melhor para o crescimento da cultura matemática do que outro. O sistema nervoso de um homem pode ser um catalisador melhor para o processo cultural do que o de outro. O processo cultural matemático tem, portanto, mais probabilidade de selecionar um conjunto de cérebros do que outro como seu meio de expressão. Mas é fácil exagerar o papel dos cérebros superiores no avanço cultural. Não é apenas

> a superioridade do cérebro que conta. Deve haver uma justaposição de cérebros com o processo cultural interativo e sintetizador. *Se faltarem os elementos culturais, cérebros superiores serão inúteis.* Havia cérebros tão bons quanto os de Newton na Inglaterra 10.000 anos antes do nascimento de Cristo, na época da conquista normanda ou em qualquer outro período da história inglesa. Tudo o que sabemos sobre o homem fóssil, a pré-história da Inglaterra e a neuroanatomia do homo sapiens apoiará essa afirmação. Havia cérebros tão bons quanto os de Newton na América aborígine ou na África Escura. Mas o cálculo não foi descoberto ou inventado nessas outras épocas e lugares porque faltavam os elementos culturais necessários. Ao contrário, quando os elementos culturais estão presentes, a descoberta ou invenção torna-se tão inevitável que ocorre independentemente em dois ou três sistemas nervosos ao mesmo tempo. *Se Newton tivesse sido criado como pastor de ovelhas, a cultura matemática da Inglaterra teria encontrado outros cérebros para realizar sua nova síntese.* O cérebro de um homem pode ser melhor do que o de outro, assim como sua audição pode ser mais apurada ou seus pés maiores. Mas, assim como um general "brilhante" é aquele cujos exércitos são vitoriosos, também um gênio, matemático ou não, *é uma pessoa em cujo sistema nervoso ocorre uma importante síntese cultural; ele é o locus neural de um evento marcante na história da cultura* (White, 2006, p. 314, destaques nossos).

Em suma, White pontua que, do ponto de vista antropológico, o que é significativo sobre os locais das descobertas e invenções "não é a qualidade dos cérebros, mas a posição relativa dentro da área de cultura: as invenções e descobertas são muito mais prováveis de ocorrerem em centros culturais, em lugares onde há uma grande interação cultural, do que na periferia, em lugares remotos ou regiões isoladas" (*Ibidem*, p. 317).

Do que propusemos responder como questões de interesse, White já nos apresentou as respostas. Falta-nos apenas esclarecer a questão que ele se propõe a resolver no artigo. Nessa direção, ele questiona: "Se as ideias matemáticas entram na mente do matemático individual de fora, da corrente de cultura em que ele nasceu e foi criado, surge a pergunta: de onde veio a cultura em geral, e a cultura matemática em particular, em primeiro lugar? Como surgiu e adquiriu seu conteúdo?" (*Idem*). Sua resposta nos interessa sobremaneira, pois amplia nossa visão sobre o que é a *Matemática*. Ele diz:

> É claro que a matemática não se originou com Euclides e Pitágoras - ou mesmo com os pensadores do antigo Egito e da Mesopotâmia. A matemática é um desenvolvimento do pensamento que teve seu início com a origem do homem e da cultura há cerca de um milhão de anos. Certamente, pouco progresso foi feito durante centenas de milhares de anos. Ainda assim, encontramos na matemática hoje sistemas e conceitos que foram desenvolvidos por povos primitivos e pré-letrados da Idade da Pedra, cujos vestígios podem ser encontrados entre as tribos selvagens de hoje. O sistema de contagem por dezenas surgiu com o uso dos dedos de ambas as mãos. O sistema vigesimal dos astrônomos maias surgiu do uso dos dedos dos pés e, também, dos dedos das mãos. Calcular é contar com cálculos, pedrinhas. Uma linha reta era uma corda de linho esticada e assim por diante (*Idem*).

O antropólogo observa que as primeiras ideias matemáticas a existirem foram, de fato, trazidas à existência pelos sistemas nervosos de seres humanos individuais, mas elas eram extremamente simples e rudimentares. No entanto, foi "(...) a capacidade humana de dar a essas ideias expressão aberta em forma simbólica e de comunicá-las umas às outras para que novas combinações fossem formadas" e para que "(...) essas novas sínteses passassem de uma geração para outra em um processo contínuo de interação e acumulação", que levou a espécie humana a ter progresso matemático além de seu estágio inicial (*Idem*).

Este fato, segundo ele, é apoiado nos estudos de macacos antropoides, sobre os quais se percebeu que são extremamente inteligentes, versáteis e que possuem uma boa apreciação das formas geométricas. Eles resolvem problemas com imaginação e demonstram uma grande originalidade. Mas, em relação à espécie humana,

> (...) eles não podem expressar seus conceitos neurossensorial-musculares de forma simbólica evidente. Eles não podem comunicar suas ideias uns aos outros, exceto por gestos, ou seja, por sinais em vez de símbolos. Consequentemente, as ideias não podem reagir umas às outras em suas mentes para produzir novas sínteses. Tampouco essas ideias podem ser transmitidas de uma geração a outra de maneira cumulativa. Consequentemente, uma geração de macacos começa onde a geração anterior começou. Não há acumulação nem progresso (White, 2006, p. 317).

Assim, White vai reforçando a tese de que o homem é o único ser vivo que pode livre e arbitrariamente produzir significado a qualquer coisa, sendo a fala articulada à forma mais importante e característica de comportamento simbólico. Ele comenta:

> Graças à fala articulada, a espécie humana se sai melhor. As ideias são expressas em forma simbólica e expressas abertamente. A comunicação é, portanto, fácil e versátil. As ideias agora afetam os sistemas nervosos de fora. Essas ideias reagem umas às outras dentro desses sistemas nervosos. Alguns são eliminados; outros fortalecidos. Novas combinações são formadas, novas sínteses alcançadas. Esses avanços, por sua vez, são comunicados a outra pessoa, transmitidos à próxima geração. Em um tempo relativamente curto, o acúmulo de ideias matemáticas foi além do alcance criativo do sistema nervoso humano individual, *sem a ajuda da tradição cultural*. Desse momento em diante, o progresso matemático é feito pela interação de ideias já existentes, e não pela criação de novos conceitos apenas pelo sistema nervoso humano. Muito antes da escrita ser inventada, os indivíduos de todas as culturas dependiam das ideias matemáticas presentes em suas respectivas culturas. Assim, o comportamento matemático de um índio apache é a resposta que ele dá aos estímulos fornecidos pelas ideias matemáticas de sua cultura. O mesmo era verdade para o homem de Neandertal e os habitantes do antigo Egito, Mesopotâmia e Grécia. É verdade para indivíduos de nações modernas hoje (*Idem*).

Portanto, a resposta de White à pergunta "Onde está o lócus da realidade matemática?" é apresentada nos seguintes termos:

> Assim, vemos que não há mistério sobre a realidade matemática. Não precisamos buscar "verdades" matemáticas na mente divina ou na estrutura do universo. A matemática é um tipo de comportamento primata, assim como as línguas, os sistemas musicais e os códigos penais. Os conceitos matemáticos são feitos pelo homem, assim como os valores éticos, as regras de trânsito e as gaiolas de pássaros são feitos pelo homem. Mas isso não invalida a crença de que as proposições matemáticas estão fora de nós e têm uma realidade objetiva. Elas estão fora de nós. Elas existiam antes de nascermos. À medida que crescemos, as encontramos no mundo ao nosso redor. Mas essa objetividade existe apenas para o indivíduo. *O locus da realidade matemática é a tradição cultural, ou seja, o continuum do comportamento simbólico.* Essa teoria ilumina também os fenômenos de novidade e progresso na matemática. As ideias interagem umas com as outras no sistema nervoso dos homens e, assim, formam novas sínteses. Se os proprietários desses sistemas nervosos estão cientes do que aconteceu, eles chamam de invenção, como Hadamard faz, ou "criação", para usar o termo de Poincaré. Se eles não entendem o que aconteceu, eles chamam de "descoberta" e acreditam que encontraram algo no mundo externo. *Os conceitos matemáticos são independentes da mente individual, mas estão totalmente dentro da mente da espécie, ou seja, da cultura.* A invenção matemática e a descoberta são apenas dois aspectos de um evento que ocorre simultaneamente na tradição cultural e em um ou mais sistemas nervosos. Desses dois fatores, a cultura é o mais significativo; os determinantes da evolução matemática estão aqui. O sistema nervoso humano é apenas o catalisador que torna o processo cultural possível (White, 2006, p. 319, destaques nossos).

É interessante constatar que a perspectiva do antropólogo ao longo deste ensaio é compartilhada com outros pesquisadores como por exemplo, o psicólogo russo Lev Semyonovich Vygotsky, que a partir de um olhar psicológico afirmou:

> Todo inventor, até mesmo um gênio, sempre é consequência de seu tempo e ambiente. Sua criatividade deriva das necessidades que foram criadas antes dele. É por isso que observamos uma continuidade rigorosa no desenvolvimento histórico da tecnologia e da ciência. Nenhuma invenção ou descoberta científica aparece antes de serem criadas as condições materiais e psicológicas necessárias

> para o seu surgimento. A criatividade é um processo historicamente contínuo em que cada forma seguinte é determinada pelas precedentes (Vygotsky, *apud* Veer e Valsiner, 1991, epígrafe).

De uma maneira geral, todo o ensaio de White, que culmina na sua citação anterior, e o comentário de Vygotsky, fazem-nos considerar que toda descoberta, criação ou invenção humana, em termos científicos ou não, que faz merecer um prêmio Nobel ou uma medalha Fields ou um tapa nas costas como agradecimento, é um produto da cultura na qual o sujeito está imerso. Assim, em termos científicos, se esta produção fosse publicada em um veículo científico, merecia constar o(s) nome(s) dos(as) autor(es)(as) seguido(s) de uma menção em latim do tipo *et omnes predecessores nostri* (e todos os nossos antecessores). Assim, teríamos menção às obras da seguinte maneira: "A origem das Espécies de Charles Darvin *et omnes predecessores nostri*" ou "O teorema fundamental da álgebra de Gauss *et omnes predecessores nostri*".

De tudo que discutimos, considerar que a Matemática é produto da cultura nos parece ser um bom caminho para pensarmos a Matemática escolar e a formação de estudantes e professores no século XXI, de modo a ampliar seus modos de produção de significados e não os reduzir a um único modo de falar e pensar matematicamente.

Referências

AYER, Alfred J. **O problema do conhecimento**. Lisboa: Ulisseia, s/d.

AUGUSTO, Celina. Em classe: com a ajuda da balança. **Revista do Professor de Matemática**, nº 3, 2º sem., p. 29-30, 1983.

BALDINO, Roberto R. Análise Não-Standard: Hiper-Racionais e o Teorema do Valor Intermediário. **Revista de Matemática e Estatística**. São Paulo: UNESP, v.9, p. 15-21, 1991.

______. Ensino de Matemática ou Educação Matemática? **Revista Temas e Debates -SBEM,** Ano IV, n.3, p.51-60, 1991b.

______. Educação Matemática: do discurso da ordem a ordem do discurso. **Pro-Posições**, vol.4, nº1 [10], 1993.

______. A ética de uma definição circular de número real. **Boletim de Educação Matemática - Bolema,** Rio Claro, SP, v.9, n. 10, p. 31-52, 1994.

______. **Assimilação Solidária**. Rio Claro, SP: Notas do Grupo de Pesquisa-Ação em Educação Matemática – GPA, IGCE – Departamento de Matemática, 1995a.

______. Cálculo Infinitesimal: passado ou futuro? **Tema & Debates** – Sociedade Brasileira de Educação Matemática, Ano III, nº 6, p. 5 – 21, 1995b.

BALDINO, Roberto R. et al.. Do coeficiente angular da reta ao conceito de diferencial: crítica ao ensino atual e proposta alternativa. **Revista Quadrante**. Lisboa: APM, vol.6, nº 1, p.29 -50, 1995c.

BALDINO, Roberto R.. Educação Matemática do Discurso da Ordem à Ordem do Discurso. **Boletim GEPEM** (USU): Rio de Janeiro, Ano XIX, v. 33, p. 73 - 100, 1995d.

_____. O mundo real e o dia a dia na produção de significados matemáticos. **Boletim de Educação Matemática - Bolema**, Rio Claro, ano 11, n.12, p.1-11, 1996.

BALDINO, Roberto R.; CABRAL, Tânia C. B. Os quatro discursos de Lacan e a Educação Matemática. **Quadrante** (Lisboa), v.6, n.2, p. 1-24, 1997.

BALDINO, Roberto R. **Desenvolvimento de Essências do Cálculo Infinitesimal**. Rio de Janeiro: MEM/USU, 1998.

BALDINO, Roberto R.; CABRAL, Tânia C. B. Erro do significado ou significado do erro. **Boletim GEPEM** (Online), Rio de Janeiro, v.35, p. 9-41, 1999.

BALDINO, Roberto R. Pesquisa-Ação para a Formação de Professores: leitura sintomal de relatórios. In: Bicudo, M. A. V. (org.). **Pesquisa em Educação Matemática: concepções e perspectivas**. São Paulo: UNESP, p. 221 - 245, 1999.

_____. **Os Conjuntos numéricos do ponto de vista da Educação Matemática**. Rio Claro, SP: Notas de aula, IGCE – Departamento de Matemática 2000.

_____. Infinitésimos: quem ri por último. **Boletim GEPEM** (USU): Rio de Janeiro, v. 36, p. 69-82, 2000b.

_____. **Carl Boyer diante da teoria da essência de Hegel.** Rio Claro: Notas de Aula, Programa de Pós-Graduação em Educação Matemática. p. 01- 05, 1º semestre, 2001.

BARICHELLO, Leonardo. Painel III: Balança e a base 3. **Revista do Professor de Matemática**, nº 79, 3º quadrimestre, 2012.

BLANCHÉ, Robert. **A Axiomática**. Lisboa: Presença, 1978.

BECKER, Oscar. **O Pensamento matemático**. São Paulo: Herder, 1965.

BLOOR, David. Poderá existir uma matemática alternativa? Org. Grupo TEM. In: **Sociologia da Matemática**, nº 3. Lisboa: Associação de Professores de Matemática, p. 53-74, 1998. (Série Cadernos de Educação e Matemática)

BOYER, Carl B. **The History of the Calculus and its Conceptual Development.** New York: Dover, 1949.

_____. **História da matemática**. São Paulo: Edgard Blücher, 1974.

BOURBAKI, Nicholas. **XXII Éléments de Mathématique.** Livre I: Théorie des ensembles. Chapitre 4: Structures. Paris: Hermann, 1966.

_____. **Theory of Mathematics:** Theory of sets. Califórnia, London: Addison-Wesley, 1968.

_____. **Elementos de Historia de las Matemáticas**. Madri: Alianza, 1976.

BRASIL, Coordenação de Aperfeiçoamento de Pessoal de Nível Superior. (Capes). **Ofício nº031_06/2010/CTC/CAAIII/CGAA/DAV/CAPES**. Brasília, DF, 2010.

BRASIL, Coordenação de Aperfeiçoamento de Pessoal de Nível Superior. (Capes). **Avaliação Suplementar Externa do Programa de Mestrado Profissional em Matemática em Rede Nacional** (PROFMAT). Brasília, DF, 2013.

BUNGE, Mário. **La Investigación Científica**. Barcelona: Ariel, 1983.

CABRAL, Tânia C. B. **Vicissitudes da aprendizagem em um curso de cálculo**. 2vols. Dissertação (Mestrado em Educação Matemática) – IGCE, Universidade Estadual Paulista, Rio Claro, 1992.

CABRAL, Tânia C. B. **Contribuições da psicanálise à educação matemática**: a lógica da intervenção nos processos de aprendizagem. 1998. Tese (Doutorado em Educação) – Universidade de São Paulo/USP, São Paulo, 1998.

CABRAL, Tânia C. B.; BALDINO, Roberto R. Educação Matemática conversando com Psicanálise. **Zetetiké** – FE -Unicamp, v.18, p. 621-652, 2010.

CABRAL, Tânia C. B.; CATAPANI, Elaine. Imagens e olhares em uma disciplina de cálculo em serviço. **Zetetiké** – Cempem -FE – Unicamp, v.11, nº19, jan./jun., 2003.

CABRAL, Tânia C. B.; BALDINO, Roberto R. Mathematics? What do you mean? - Don´t play the fool; everebody knows it. **Bolema**, Rio Claro (SP) v. 36, n.72, p. 1- 18, abr., 2022.

CALDATTO, Marlova E. **O PROFMAT e a formação do professor de matemática**: uma análise curricular a partir de uma perspectiva processual e descentralizadora. Tese (Doutorado em Educação para a Ciência e a Matemática) Centro de Ciências Exatas, Universidade Estadual de Maringá, Maringá, 2015.

CALDATTO, Marlova E., PAVANELLO, Regina M.; FIORENTINI, Dario. O PROFMAT e a formação do professor de matemática: uma análise curricular a partir de uma perspectiva processual e descentralizadora. **Boletim de Educação Matemática**, Rio Claro, (SP), v.30, n.56, p.906-925, dez., 2016.

CARROLL, Lewis. **Aventuras de Alice** (No país das maravilhas, Através do espelho e o que Alice encontrou lá e outros textos). Rio de Janeiro: Fontana/Summus, 1977.

CARMO, Manfredo P. Da Matemática, dos jovens e da pesquisa. **Revista do Professor de Matemática**. N. 10, 1º sem., 1987.

CERTEAU, Michel. **A Invenção do Cotidiano**. 1. Artes de fazer. 22 ed. Petrópolis, RJ: Vozes, 2014.

CHAVES, Rodolfo. **Por que anarquizar o ensino de matemática intervindo em questões socioambientais.** 223p. Tese (Doutorado em Educação Matemática) – IGCE, Universidade Estadual Paulista, Rio Claro, 2004.

COSTA, Newton C. A. **Ensaio sobre os fundamentos da lógica**. São Paulo: EDUSP-HUCITEC, 1980.

_____. **Introdução aos fundamentos da matemática**. 3 ed. São Paulo: HUCITEC, 1992.

COURANT, Richard; ROBBINS, Herbert. **O que é matemática?** Rio de Janeiro: Ciência Moderna, 2000.

D'AMBROSIO, Ubiratan. Matemática, Ensino e Educação: uma proposta global. **Temas & debates,** Ano IV, nº 3, P. 1 -15, 1991.

_____. **Etnomatemátic*a***: Elo entre as tradições e a modernidade. 2 ed. Belo Horizonte: Autêntica, 2005. (Coleção Tendências em Educação Matemática)

DANCY, Jonathan. **Epistemologia contemporânea**. Lisboa: Edições 70, 1985.

DAVIS, Philip J.; HERSH, Reuben. **A Experiência matemática**. Rio de Janeiro: Francisco Alves, 1985.

DIEUDONNÉ, Jean. **A Formação da Matemática Contemporânea**. Lisboa: Publicações Dom Quixote, 1990.

DOMINGUES, Hygino H. A Demonstração ao longo dos séculos. **Boletim de Educação Matemática - Bolema**, Ano 15, nº 18, p. 55-67, 2002.

DORIER, Jean-luc. Analysis historique de l'emergence des concepts élémentaires d'algëbre linéare. **Cahier Didirem**, n.7, IREM, Paris 7, 1990.

EUCLIDES. **Os Elementos**. Trad. Irineu Bicudo. São Paulo: UNESP, 2009.

EVES, Howard. **Introdução à história da matemática**. Campinas, SP: Editora da Unicamp, 1995.

FIORENTINI, Dario Fiorentini. Alguns modos de ver e conceber o ensino de matemática no Brasil. **Revista Zetetiké**. Ano 3, nº4, p. 01-38, 1995.

FOLLAND, Gerald B. Speaking with the Natives: Reflections on Mathematical Communication. **Notices of the American Mathematics Society**. 57(9), october, p.1121-1124, 2010.

FREITAS, Brasilio A. **Introdução à geometria euclidiana axiomática com o geogebra**. 63p. Dissertação (Mestrado Profissional em Matemática em Rede Nacional -PROFMAT) - UFJF, Juiz de Fora, 2013. Disponível em: sca.profmat-sbm.org.br/profmat_tcc.php?id1=149&id2=36082. Acesso em 05 de janeiro de 2003.

FUCKS, Walter R. **A Matemática moderna**. São Paulo: Polígono, 1970.

GARBI, Gilberto. Decorar é preciso. Demonstrar também é. **Revista do Professor de Matemática**, nº 68, 1º quadrimestre., 2009.

GARDING, Lars. **Encontro com a Matemática**. Brasília: Universidade de Brasília, 1981.

GEERTZ, Clifford. **O saber local**: novos ensaios em antropologia interpretativa. 14 ed. Petrópolis, RJ: Vozes, 2014.

GOODMAN, Nelson. **Modos de fazer mundos**. Porto: Edições Asa, 1995.

GRANGER, Giles G. **Filosofia do Estilo**. São Paulo: Perspectiva/Editora Universidade de São Paulo, 1974.

GruPo TEM. **Sociologia da Matemática**. Cadernos de Educação e Matemática, nº3. Lisboa: Associação de Professores de Matemática, 1998. (Série Cadernos de Educação e Matemática)

HARDY, Goldfrey H. **Em defesa de um matemático**. São Paulo: Martins Fontes, 2000.

HARTHONG, Jacques. L'analyse non-standard. **La Recherche**. Paris, n. 148, p. 1184-1201, 1983.

HEIMER, Everett. **A Escola está morta**: alternativas em educação. Rio de Janeiro: F. Alves, 1975.

JAPIASSU, Hilton; MARCONDES, Danilo. **Dicionário básico de filosofia**. 2 ed. Rio de Janeiro: Jorge Zahar, 1990.

KASNER, Edward; NEWMAN, James. **Matemática e imaginação**. Rio de Janeiro: Zahar, 1968.

KLEIN, Jacob. **Greek Mathematical Thought and the Origins of Algebra**. Cambridge, MA: The M.I.T. Press, 1968.

KLINE, Morris. **Mathematics in Western Culture**. New York: Oxford, 1953.

KLINE, Morris. **O fracasso da matemática moderna**. São Paulo: IBRASA, 1976.

LAKATOS, Imre. **A lógica do descobrimento matemático**: provas e refutações. Rio de Janeiro: Zahar, 1978.

LAMON, Susan J. **Teaching fractions and ratios for understanding**: Essential content knowledge and instructional strategies for teachers. Mahwah, NJ: Lawrence Erlbaum, 1999.

LANA, Maria Cristina A. **Curvas elípticas e criptografia**. 45p. Dissertação (Mestrado Profissional em Matemática em Rede Nacional -PROFMAT) - UFJF, Juiz de Fora, 2016. Disponível em: sca.profmat-sbm.org.br/profmat_tcc.php?id1=2910&id2=95042. Acesso 05 de em janeiro de 2003

LIMA, Elon L. **Curso de análise**. Vol.1. Rio de Janeiro: Instituto de Matemática Pura e Aplicada, CNPq, 1976.

______. **Logaritmos**. Brasília: Sociedade Brasileira de Matemática, 1985.

______. **Análise Real**. Vol.1. Rio de Janeiro: Instituto de Matemática Pura e Aplicada, CNPq, 1989.

______. **Medida e Forma em Geometria**. Rio de Janeiro: VITAE, 1991.

______. **Meu Professor de Matemática e outras histórias**. Rio de Janeiro: Sociedade Brasileira de Matemática, 1991b.

LIMA, Elon L.; CARVALHO, Paulo C.P.; WAGNER, Eduardo; MORGADO, Augusto C. **A Matemática do Ensino Médio**. Vol.1. Rio de Janeiro: Sociedade Brasileira de Matemática, 1998.

LINS, R. C. **A Framework for understanding what algebraic thinking is**. .330p. Phd Thesis (Doctorate in Philosophy) – Shell Centre for Mathematical Education, University of Nottingham, England, 1992.

______. Epistemologia, História e Educação Matemática: tornando mais sólidas as bases da pesquisa. **Revista de Educação Matemática**. SBEM – São Paulo, Campinas, SP, Ano 1, nº 1, p.75-91, set., 1993.

______. **Um quadro de referência para entender-se o que é pensamento algébrico**. Seminário Novas Perspectivas da Educação Matemática no Brasil. Águas de São Pedro. INEP/MEC, Série Documental: Eventos, nº 4, 3ª parte, maio, 1994.

_____. O Modelo Teórico dos Campos Semânticos: uma análise epistemológica da álgebra e do pensamento algébrico. **Revista Dynamis**. Blumenau, v. 1, n.7, p. 29 - 39, abr/jun., 1994b.

_____. Epistemologia e Matemática. **Bolema**. Rio Claro, SP: Unesp – Rio Claro. Ano 9, Especial 3, p. 35 - 46, 1994c.

LINS, Romulo C.; Gimenez, Joaquim. **Perspectivas em aritmética e álgebra para o século XXI**. Campinas: Papirus, 1997. (Coleção perspectivas em Educação Matemática).

LINS, R. C. Por que discutir teoria do conhecimento é relevante para a Educação Matemática. In: Bicudo, M. A. V. (org.). **Pesquisa em Educação Matemática: concepções e perspectivas**. São Paulo: Editora da UNESP, p.75-94, 1999.

_____. Análise sistemática e crítica da produção acadêmica e da trajetória profissional 2002. 87p. **Tese** (Livre Docência) – Instituto de Geociências e Ciências Exatas, Universidade Estadual Paulista, Rio Claro/SP.

_____. Matemática, monstros e significados em Educação Matemática. In: Bicudo, M. A. V.; Borba, M. C. (org.). **Educação Matemática: pesquisa em movimento**. E ed. São Paulo: Cortez, p.92 - 120, 2005a.

_____. A Formação pedagógica em disciplinas de conteúdo matemático nas licenciaturas em matemática. **Revista de Educação PUC-Campinas**, n. 18, p. 117-123, 2005b.

_____. A diferença como oportunidade para aprender. In: Peres, E.; Traversini, C.; Eggert, E.; Bonin, I. (orgs.). **Trajetórias e processos de ensinar e aprender: sujeitos, currículos e cultura**. Porto Alegre: EDIPUCRS, p. 530 - 550, 2008.

_____. O Modelo dos campos semânticos: estabelecimentos e notas de teorizações. In: Angelo, C.L. et al. (orgs.). **Modelo dos Campos Semânticos e Educação Matemática: 20 anos de história**. São Paulo: Midiograf, 2012.

MACHADO, Nilson J. A Alegoria em Matemática. **Estudos Avançados**. 5(13), dez., p.79 -100, 1991.

_____. **Matemática e língua materna**: análise de uma impregnação mútua. 3 ed. São Paulo: Cortez, 1993.

MARTINS, João Carlos G.. **Sobre revoluções científicas em matemática**. 2005. 175 f. Tese (Doutorado em Educação Matemática) – IGCE, Universidade Estadual Paulista, Rio Claro, 2005.

MARTZLOFF, J.C. **Historie des Mathématiques chinoises**. Paris: Masson, 1988.

MASHAAL, Maurice. **Bourbaki**: a Secret Society of Mathematicians. Providence, Rhode Island: American Mathematical Society, 2006.

NAGEL, Ernest; NEWMAN, James R. **A Prova de Gödel**. São Paulo: Perspectiva, 1998.

NASCIMENTO, Matheus. **Uma demonstração do teorema de Euler para poliedros convexos via geometria esférica**. 11p. Dissertação (Mestrado Profissional em Matemática em Rede Nacional -PROFMAT) - UFSJ, São João del-Rei, 2013. Disponível em: sca.profmat-sbm.org.br/profmat_tcc.php?id1=31&id2=26834. Acesso em 05 de janeiro de 2003

NIVEN, Ivan M. **Números:** racionais e irracionais. Rio de Janeiro: Sociedade Brasileira de Matemática, 1984. (Coleção Fundamentos da Matemática Elementar)

NOVY, L. **Origins of Modern álgebra**. Leyden/Prague: Noordhoff International Publishing, 1973.

OLIVEIRA, Marta K. **Vygotsky**: aprendizado e desenvolvimento um processo histórico. 2 ed. São Paulo: Scipione, 1995.

PAIS, Luiz C. Transposição Didática. In: Machado, S. D. A ... et al (org.). **Educação Matemática:** uma introdução. São Paulo: EDUC, p. 13 – 42, 1999.

PAIXÃO, Bianca S. **Pontos periódicos de funções por partes e o teorema de Li e Yorke**. 101p. Dissertação (Mestrado Profissional em Matemática em Rede Nacional -PROFMAT) - UFJF, Juiz de Fora, 2020. Disponível em:

sca.profmat-sbm.org.br/profmat_tcc.php?id1=5612&id2=171052346. Acesso em 05 de janeiro de 2003

PAVANELO, Regina M. O que ensinar de matemática hoje? **Temas & Debates – A Matemática Hoje**. Sociedade Brasileira de Educação Matemática. v.1, n.1, p. 48–52, 1994.

POLYA, George. O ensino por meio de problemas. **Revista do Professor de Matemática**, nº 7, 2º semestre., p. 11 – 16, 1985.

_____. Dez mandamentos para professores. **Revista do Professor de Matemática**, nº 10, set., 1987.

POST, Thomas R.; BEHR, Merlyn J.; LESH, Richard. A proporcionalidade e o desenvolvimento de noções pré-álgebra. In: Coxford, Arthur F.; Shulte, Albert P.(org.). **As ideias da álgebra**. São Paulo: Atual, p. 89 – 103, 1995.

RADFORD, Luis. **Cognição matemática**: história, antropologia e epistemologia. São Paulo: Livraria da Física, 2011.

RASHED, Roshid. **Entre Aritmétique et Algébre**: recherches sur l'historie des mathématiques arabes. Paris: Société d'Edition Les Belles Lettres, 1984.

RIOS, Diogo F. A Expansão do Impa durante o regime militar no Brasil. In: II Encontro Nacional de Pesquisa em História da Educação Matemática, **Anais** ... Bauru/SP: Unesp, 2014, p. 32.42. Disponível em: https://www2.fc.unesp.br/enaphens/anais. Acesso em 10 de dezembro de 2022.

ROBINSON, Abraham. **Nonstandard analysis**. Amsterdam: North Holland, Pub. Co., 1966.

ROCHA, Everaldo. **O que é etnocentrismo**. São Paulo: Brasiliense, 1994.

RONAN, Colin A. **História ilustrada da ciência da universidade de Cambridge**: Da Renascença à Revolução Científica. Vol. III. São Paulo: Círculo do livro, 1987a.

RONAN, Colin A. **História ilustrada da ciência da universidade de Cambridge**: A Ciência nos Séculos XIX e XX. Vol. IV. São Paulo: Círculo do livro, 1987b.

ROQUE, Tatiana. **História da matemática**: uma visão crítica, desfazendo mitos e lendas. Rio de Janeiro: Zahar, 2012.

ROUSE BALL, Walter W. **A Short Account of the History Mathematics**. 6 ed. Londres: Dover, 1915.

RPM 1 – **Revista do Professor de Matemática**. São Paulo: Sociedade Brasileira de Matemática, v. 1, nº. 1, 1982.

RPM 2 – **Revista do Professor de Matemática**. São Paulo: Sociedade Brasileira de Matemática, nº. 2, 1º semestre, 1983.

RPM 7 – **Revista do Professor de Matemática**. São Paulo: Sociedade Brasileira de Matemática, nº. 7, 2º semestre, 1985.

RPM 10 – **Revista do Professor de Matemática**. São Paulo: Sociedade Brasileira de Matemática, nº. 10, 1º semestre, 1987.

RPM 68 – **Revista do Professor de Matemática**. São Paulo: Sociedade Brasileira de Matemática, nº. 68, 1º quadrimestre, 2009.

RPM 79 – **Revista do Professor de Matemática**. São Paulo: Sociedade Brasileira de Matemática, nº. 79, 3º quadrimestre, 2012.

RUSS, Jacqueline. **Dicionário de Filosofia**. São Paulo: Scipione, 1994.

SALVADO, Claudio D. **Teorema fundamental da álgebra**: ferramentas para demonstrar para alunos do ensino médio. 41p. Dissertação (Mestrado Profissional em Matemática em Rede Nacional -PROFMAT) – Instituto de Matemática Pura e Aplicada - IMPA, Rio de Janeiro, 2016. Disponível em: sca.profmat-sbm.org.br/profmat_tcc.php?id1=2419&id2=74997. Acesso em 05 de janeiro de 2003

SANTOS, Wagner L. M. **A Integral de Riemann generalizada**. 71p. Dissertação (Mestrado Profissional em Matemática em Rede Nacional -PROFMAT) - UFOP, Ouro Preto, 2019. Disponível em: sca.profmat-sbm.org.br/profmat_tcc.php?id1=4989&id2=160861513. Acesso em 05 de janeiro de 2003.

SCARAMELLA, Diego S. **Teorema fundamental da álgebra para o ensino médio**. 28p. Dissertação (Mestrado Profissional em Matemática em Rede Nacional -PROFMAT) – Instituto de Matemática Pura e Aplicada - IMPA, Rio de Janeiro, 2018. Disponível em: sca.profmat-sbm.org.br/profmat_tcc.php?id1=3841&id2=1500441491. Acesso em 05 de janeiro de 2003

SILVA, Amarildo M. Sobre o assincronismo nos processos de ensino e de aprendizagem em uma sala de aula de matemática. **Revista de Educação, Ciências e Educação Matemática**. V.5, nº 3, p. 92-102, 2015.

______. **O Modelo dos Campos Semânticos:** um modelo epistemológico em educação matemática. Rio de Janeiro: Ciência Moderna, 2022.

SILVA, Amarildo M.; OLIVEIRA, Viviane C. A.; ALMEIDA, Vitor R. O Modelo dos Campos Semânticos: teorização e desdobramentos para a pesquisa e para o ensino. In: **Processos Cognitivos e Linguísticos na Educação Matemática**: teoria, pesquisa e sala de aula. MAGINA, Sandra M. P.; LAUTERT, Síntria L.; SPINILLO, Alina Galvão (Orgs.) Brasília: SBEM Nacional, p. 98 -122, 2022.

SILVA, Amarildo M.; BASTOS, Ronaldo R.; OLIVEIRA, Rosana. Educação Matemática Escolar no século XXI: a formação de estudantes e professores da educação básica. In: Programa de Pós-graduação em Educação Matemática: perspectiva de pesquisa e implicações no ensino e na aprendizagem de matemática. Silva, A.M.; Rodrigues, C.K; Cruz, W.J. (orgs.). Juiz de Fora: Editora da UFJF, 2024. p. 92-109.

SILVA, Circe M.S. O Impa e a comunidade de matemáticos no brasil. **Cadernos de Pesquisa**, v.39, n.138, p.897-917, 2009.

SILVA, Gabriel R. **Grupos e semigrupos**. 165p. Dissertação (Mestrado Profissional em Matemática em Rede Nacional -PROFMAT) - USP, São Carlos, 2019. Disponível em: sca.profmat-sbm.org.br/profmat_tcc.php?id1=4683&id2=150540226. Acesso 05 de em janeiro de 2003.

SILVA, Davi S.O. **Teorema da existência e unicidade de soluções de equações diferenciais ordinárias no contexto de espaços métricos**. 72p. Dissertação (Mestrado Profissional em Matemática em Rede Nacional -PROFMAT) – Universidade Federal do Tocantins, Araguaína, 2021. Disponível em: sca.profmat-sbm.org.br/profmat_tcc.php?id1=6484&id2=171055236. Acesso em 05 de janeiro de 2003.

SKOVSMOSE, Ole; VALERO, Paola. Quebrando a neutralidade política: o compromisso crítico entre a educação matemática e a democracia. **Quadrante**, Vol.11, nº 1, p. 07-28 2002

SOUZA, Antonio C.C.; BALDINO, Roberto. A Pesquisa em Sala de Aula: Grupo de Pesquisa-Ação em Educação Matemática (GPA). **Revista Brasileira de Estudos Pedagógicos**, Brasília, v.76, n. 182/183, p. 367-402, jan./ago, 1995.

SOARES, Gustavo A.M.J. O **Teorema de Ramsey e outros resultados de combinatória que não são de contagem**. 45p. Dissertação (Mestrado Profissional em Matemática em Rede Nacional -PROFMAT) – Instituto de Matemática Pura e Aplicada - IMPA, Rio de Janeiro, 2014. Disponível em: sca.profmat-sbm.org.br/profmat_tcc.php?id1=1209&id2=669. Acesso em 05 de janeiro de 2003.

SOUZA, Fábio H.T. **Aproximação polinomial de funções**. 31p. Dissertação (Mestrado Profissional em Matemática em Rede Nacional -PROFMAT) – Instituto de Matemática Pura e Aplicada - IMPA, Rio de Janeiro, 2016. Disponível em: sca.profmat-sbm.org.br/profmat_tcc.php?id1=2405&id2=94497. Acesso em 05 de janeiro de 2003

VENDRUSCULO, Matheus R. **Sobre conjuntos infinitos da reta**. 45p. Dissertação (Mestrado Profissional em Matemática em Rede Nacional -PROFMAT) - USP, São Carlos, 2021. Disponível em: sca.profmat-sbm.org.br/profmat_tcc.php?id1=6305&id2=160540237. Acesso em 05 de janeiro de 2003.

UNGURU, Sabetai. History of ancient mathematics: some reflections on the presente state of the art. **Isis. 70** (254): 555—565, 1979.

VILLIERS, Michel D. Papel e funções da demonstração no trabalho com Skeetchpad. **Educação e Matemática**, nº 63, maio e junho, p.31-36, 2001.

VAN DE WALLE, John A. **Matemática para o ensino fundamental**: formação de professores e aplicação em sala de aula. 6 ed. Porto Alegre: Artmed, 2009.

VAN DER WAERDEN, B.L. **Geometry and Algebra in Ancient Civilizations**. Berlin: Springer-Verlag, 1983.

VER, René V.D.; VALSINER, Jaan. **Vygotsky:** uma síntese. São Paulo: Edições Loyola, 1996.

WHITE, Leslie A; DILLINGHAM, Beth. **O Conceito de sistemas culturais**: como compreender tribos e nações. Rio de Janeiro: Zahar, 1978.

WHITE, Leslie A. The locus of mathematical reality: an anthropological footnote. In: **18 Unconventional Essays on the Nature of Mathematics**. Hersh, Reuben (ed.) New York: Springer, p. 304 – 319, 2006.

WHITE, Leslie A; DILLINGHAM, Beth. **O Conceito de cultura**. Rio de Janeiro: Contraponto, 2009.

Impressão e acabamento
Gráfica da Editora Ciência Moderna Ltda.
Tel: (21) 2201-6662